ロミオと呼ばれた
オオカミ

A WOLF CALLED ROMEO
Nick Jans

ニック・ジャンズ 著
田口未和 訳

X-Knowledge

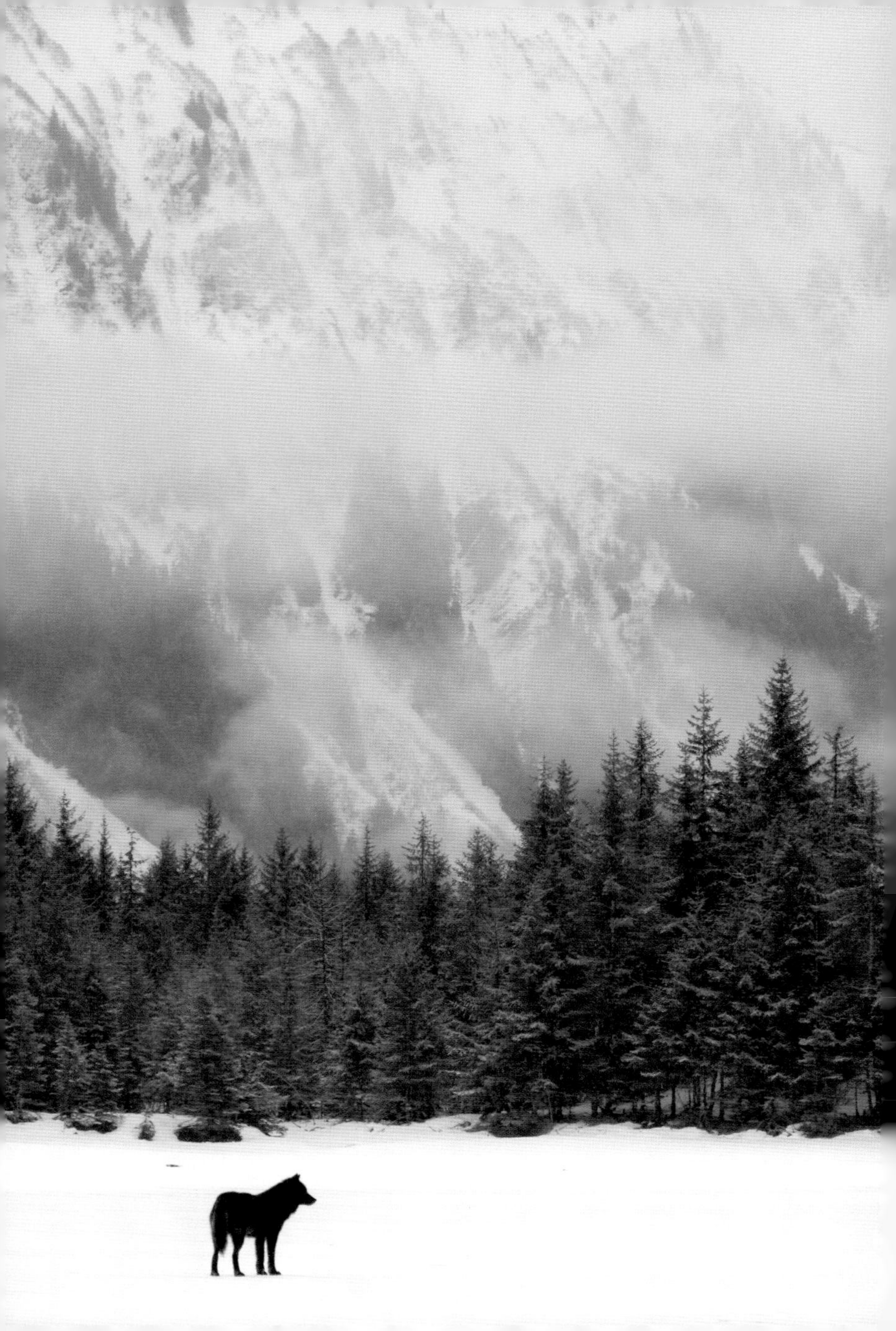

見物人を前にするロミオ

ロミオとガス

遊んでいるロミオと
ブリテン

ロミオと呼ばれたオオカミ

A Wolf Called Romeo

by Nick Jans

ブックデザイン：松田行正＋日向麻梨子
本文組版：有朋社

グレッグ・ブラウンの思い出に
一九五〇〜二〇一三
生きとし生けるものすべての友人

動物を人間の物差しで測るべきではない。
人間の世界よりも古く完全な世界にすむ動物たちは、
完成された存在なのだ。
彼らは私たちが失った、
あるいは手に入れられなかった鋭い感覚を与えられ、
私たちが決して聞くことのない声に従って生きる。
彼らは人間の同類ではない。
人間より劣るわけでもない。
人間とともに限られた生と時間を生きてはいても、
別の国の住民なのだ。

ヘンリー・ベストン
『ケープコッドの海辺に暮らして――大いなる浜辺における1年間の生活』

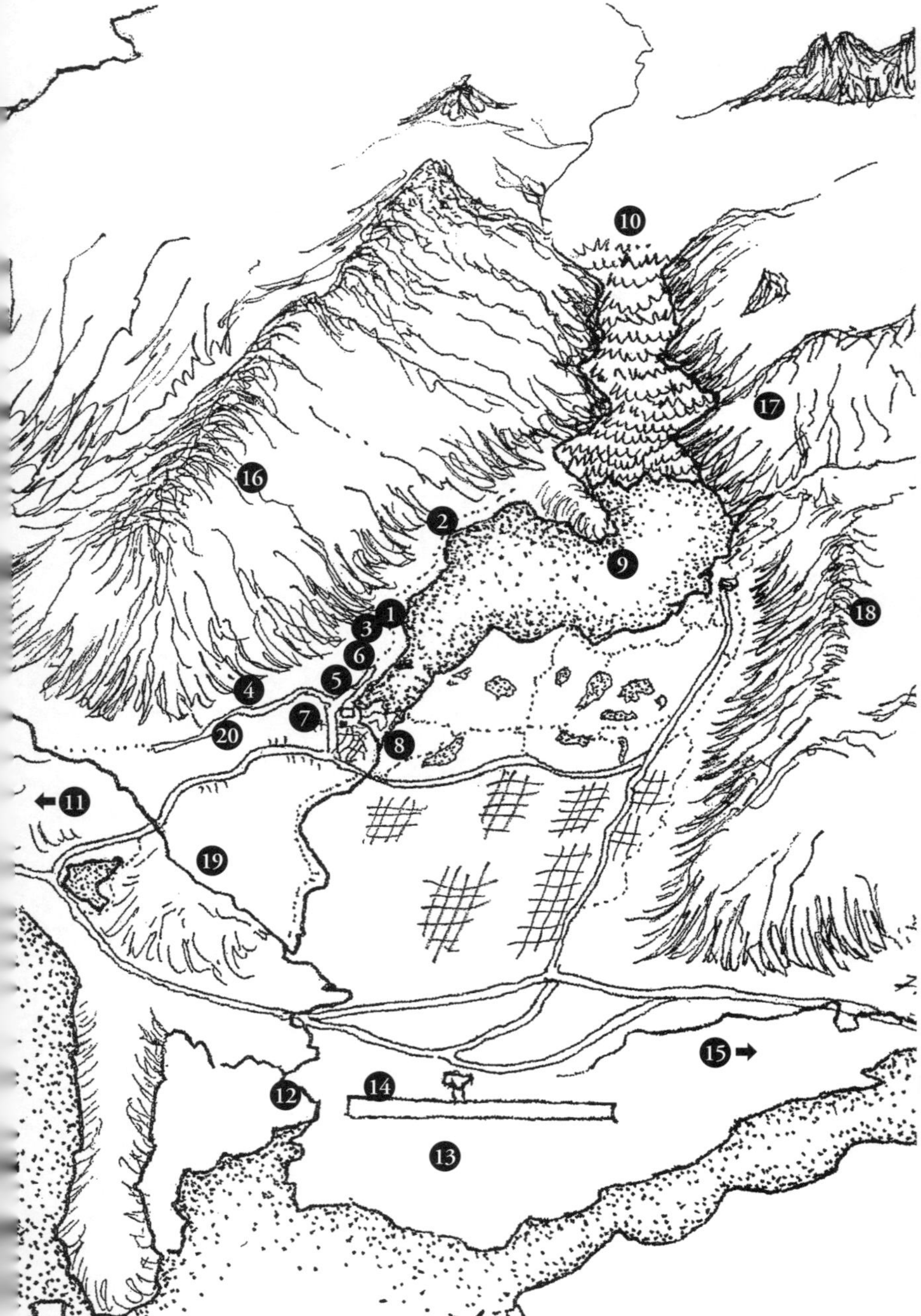

10
17
16
2
9
1
3
18
6
5
4
7
20
8
11
19
15
14
12
13

ロミオの縄張り

❶ ビッグロック
❷ ターン島
❸ ウエスト・グレイシャー・トレイル駐車場
❹ 射撃場
❺ スケーターズ・キャビン
❻ スケーターズ・キャビン・ロード
❼ ニックとシェリーの家
❽ メンデンホール・キャンプ場
❾ メンデンホール湖
❿ メンデンホール氷河
⓫ ハーバート川とアマルガ港へ
⓬ メンデンホール河口
⓭ メンデンホール湿地
⓮ ジュノー空港
⓯ ジュノー市街へ
⓰ マクギニス山
⓱ ブラード山
⓲ サンダーマウンテン
⓳ モンタナ・クリーク
⓴ モンタナ・クリーク・ロード
㉑ イーガン・ドライブ（グレイシャー・ハイウェイ）

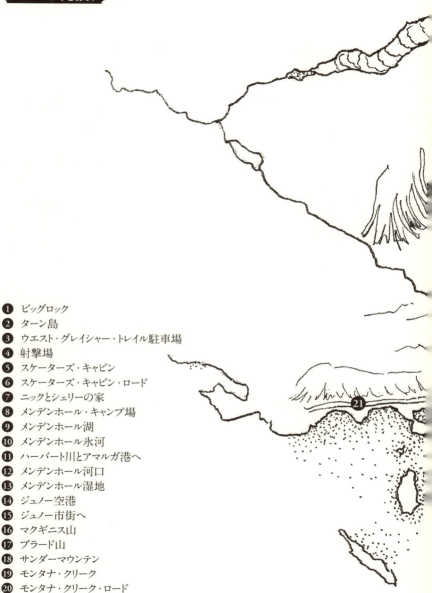

謝辞

物を書く仕事は、孤独な作業ではあるものの、1人の力では決して成し遂げられない仕事である。本書についても例外ではなく、書き始めるまでの7年間と書き始めてからの3年間に、僕を励まし支えてくれたすべての方たちのおかげで世に出すことができた。

ハリー・ロビンソンには、彼の思い出を惜しみなく語ってくれたことに特別な感謝を捧げたい。コリー・ドナーは僕の原稿の隅々まで何度も目を通し、鋭い指摘と意見をくれた。妻のシェリーは、この物語を語るように僕の背中を押してくれ、ずっとそばで見守っていてくれた。ティナ・ブラウン、ジョエル・ベネット、ヴィック・ウォーカーは、いつも変わらず友人でいてくれた。ローリー・クレイグは、最高のマップアーティストだ。ヒュートン・ミフリン・ハーコートのスーザン・キャナヴァンは、信じる心を持っていた。そして非凡なエージェントのエリザベス・カプランは、僕に指針を与えてくれた。研究者のヴィック・ヴァン・ボーレンベルグ博士とパトリック・ウォルシュにも感謝している。2人は僕の原稿の中の生物学的研究に関連した部分をチェックしてくれた。

また、貴重な経験と知識を分け与えてくれた以下の多くの方たちにも心から感謝する。ジョン・ハイド、マイケル・ローマン、ライアン・スコット、ニール・バーテン、ダグ・ラーセン、マット・ロブス、レム・バトラー、クリス・フラリー、ピート・グリフィン、ロン・マーヴィン、ジョン・ステットソン、ジョン・ニアリー、キム・ターリー、デニーズ・チェイス、リン・スクーラー、ネネ・ウルフ、アーニー・ハンガー、エリーズ・オーガストソン、スー・アーサー、ハリエット・ミルクス、アラスカ州警察のダン・サドロスク、ウィリアム・パーマー博士。そして、ここに名前を挙げられなかった多くの方と、オオカミの世界に光を当ててくれた多くの研究者にも心から敬意を表したい。最後に、イヌピアックのハンターたちに感謝を。とくにクラレンス・ウッドとネルソン・グライスト・シニアは、彼らの知恵を僕に伝授しようと努力してくれた。

「本当に近づいても大丈夫？」妻のシェリーがささやくように言った。夕暮れが間近に迫る凍った湖の上に、黒いオオカミが立っている。シェリーは振り返って夕陽に染まる湖畔のわが家を見やり、それからまたオオカミに視線を戻した。アラスカ南東部の寒さに耐えられるよう、たっぷり着込んだ僕たちは、わが家で飼っている3頭の犬のうち雌のダコタだけを連れてきていた。イエローのラブラドール・レトリーバーだ。ダコタの身のこなしはいつも完璧で、野生の動物が近くにいても——クマだろうとヤマアラシだろうと——飼い主の声にきちんと反応する。

シェリーは当然ながら少し怖がってはいるものの、飛び上がりそうなほど興奮もしていた。何年も追いかけ続け、それでも見ることができなかった生き物が、今、目の前にいるのだ。彼女が初めて目にするオオカミ。完璧だ、と僕は思った。これほど簡単でいいのか、と思うくらい完璧だった。だが、僕たちが氷の上をさらに進むと状況は一変した。それまでの何回か、僕が1人で来たときには、オオカミは樹木の生えている境目からじっとこちらを見つめているだけだった。ところが今日は、速足でこちらに向かってくる。それが跳ねるような駆け足に変わったかと思うと、口を開き、足元の雪を蹴散らしながら僕らに向かって突進してきた。

思わずシェリーを自分のほうに引き寄せ、ダコタの首輪に指をかけた。視覚が研ぎ澄まされ、神経がピリピリ張りつめる。これまでにも何度かオオカミを間近で見てきたが、パニックに陥ったことは一度もなかった。でも今日はそうはいかなかった。オオカミがまっすぐこちらに向かってくるのに、武器もなければ逃げる場所も見当たらない。しかも、守らなければならない人が隣にいる。こんな状況でアドレナリンが全身を駆けめぐらない人がいるとしたら、それは相当頭がおかしいか、嘘をついているかのどちらかに違いない。

40メートルを切るほどに距離が縮まった。そこでオオカミは足を突っ張らせて立ち止まった。尻尾を背中より高く上げ、まばたきもしないで僕たちを見据えている。優勢に立っている側の姿勢だ。とても安心できる状況ではなかった。そのとき、ダコタが低くうなるような声を上げた。そして体をよじり、首輪をつかんでいた僕の2本の指を振りほどくと、まっすぐオオカミのほうに走っていった。シェリーが悲鳴に近い叫び声を上げたが、いくら名前を呼んでもダコタは止まろうとしない。オオカミまで数メートル……ようやくダコタは横滑りしながら止まった。怖気《おじけ》づくことなく、尻尾をピンと上げている。僕たちが息を止めて見守るなか、オオカミのほうも、それに合わせるかのように口を開いたまま姿勢を低めた。

2頭がまさに接触しようという距離になって初めて、このオオカミの大きさをほぼ正確に知ることができた。ダコタはがっしりした体格の、典型的な雌のラブラドール・レトリーバーだ。筋肉質で、体重は25キロ。そんなダコタを見下ろすようにオオカミは立ちはだかっている。55キロはあるだろうか。それ以上かもしれない。頭と首回りだけでも、ダコタの胴体と同じくらいの大きさに見える。

オオカミは足をこわばらせたまま近づいた。ダコタもそれに応じる。僕たちの呼び声が聞こえているのかいないのか、ダコタはまったく応えようとしなかった。目の前の相手に集中しつつ、完全に沈黙している。いつものラブラドールらしい穏やかさは消え、半分催眠状態にあるかのようだ。オオカミとダコタは互いに相手をじっとにらみつけたまま動かない。忘れかけていた顔を見て誰だったかを思い出そうとしているようにも見える。まさしく、時間が止まったような瞬間だった。僕はカメラを構え、目の前の光景を1枚、フレームに写し込んだ。

その小さなシャッター音が指をパチンと鳴らす合図になったかのように、世界はまた動き出した。オオカミは体勢を変え、耳を狭めてピンと立たせると、体ひとつ分だけ前進した。そして前足を反らしたかと思うと、今度は後ずさりして片足を宙に浮かせた。一方のダコタも尻尾を直立させ、体をやや斜めにして円を描くように距離を縮めていく。互いに相手の目から視線を外そうとしない。鼻と鼻が触れ合うまであと30センチというところで、僕は再びシャッターを押した。

今度もまた、その小さな音が呪文を解く合図になったようだ。ダコタはようやくシェリーの声に反応し、きびすを返すと、野生の呼び声を振り切って僕たちのほうに駆け戻ってきた。ダコタが僕たちの足元で、黒く凛々《りり》しいよそ者のほうを見つめながら優しく鼻を鳴らす間、僕たちもずっとオオカミを見守っていた。向こうも立ち止まったままこちらをまっすぐ見つめている。それから周囲の静けさを埋めるように甲高く悲しげな吠え声を上げた。シェリーと僕は、半ば呆然とした状態で、目の前で見たことが何を意味するのかについて、答えの出ないやりとりを続けた。

だが、もうあたりは暗い。そろそろ戻らなければならない。じっとしたまま引き揚げていく僕たち

ロミオとダコタの出会い

を見つめていたオオカミも、尻尾を下げ、鼻口を天に向けて打ちひしがれたような遠吠えをあたりに響かせると、ようやく西に向かって歩き出し、樹木の間に姿を消した。冬の夕闇が迫るなか、自宅へ向かって歩いていると、曲線を描く湾の上に一番星が輝いた。背後で、オオカミの遠吠えが再び氷河にこだました。

２００３年12月のこの出会いから、野生の黒オオカミは僕たちの生活の一部になった。夕暮れ時にちらっと姿を見かけるだけではない。僕たちだけでなく近隣の住民たちも、それから何年もこのオオカミと触れ合うことでこの動物をよく知るようになり、オオカミも僕たち人間のことを知るようになったのだ。僕たちとオオカミが隣人だったことは間違いない。そして、大げさだと思われるかもしれないが、僕はこのオオカミを友人だと考えていた。

これから語るのは、光と闇、希望と悲しみ、恐れと愛、そしておそらく、ほんの少しの魔法が加わった物語だ。僕は、野生生物種が減りつつあるこの世界のひとつのストーリーとして、この物語を語らなければならないと思った。それは、僕自身にとっても必要なことだった。夜遅くなっても、頭の中はオオカミのことでいっぱいでなかなか眠れず、僕は事実をありのまま語ることで、自分の頭の中にあること、そして答えの出ない疑問を吐き出す必要があったのだ。こうして文章の形にすることで、何年か先になれば、少なくとも僕は夢見る以上のことをしたのだと言える日が来るだろう。

昔、あるところに僕たちがロミオと呼んだオオカミがいた。これは、そのオオカミについての物語である。

第 1 章

オオカミだ！

2003
December

12月初旬のある午後、僕はいつものようにスキーを履いて、家のすぐ裏手にあるメンデンホール湖の上を滑っていた。氷結した湖の前方にはメンデンホール氷河の青い氷塊の壁がそびえ、それを縁取るように雪を頂いた険しい山々――マクギニス、ストローラー・ホワイト、メンデンホール・タワーズ、ブラード、サンダーマウンテン――が、青い冬の光の中で輝いて見える。一番近くにいる人間は、1・6キロ離れたところを歩くハイカーだ。僕はスキーのフォームに集中するあまり、もう少しで自分のスキー板と交差する足跡を見逃すところだった。ちらっと目に入っただけだったが、その足跡には、スキーを止めて後戻りし、もう一度確認したいと思わせる何かがあった。

まさか、そんなはずはない。

だが、そのまさかだった。

僕の手のひらをすっぽり覆ってしまうほどの足跡は、犬の足跡より大きく、前足も後ろ足もほとんど同じ大きさで、形はダイヤモンドに近い。僕がここから1600キロ北の北極圏の荒野で暮らした20年間に何度も目にしてきた、あの流れるような特徴的な足跡だった。そのひとつを手でなぞってみると、縁の部分は固まってパリッとしているが内側は羽毛のように柔らかい。せいぜい2時間前に

右：左後ろ足を引きずって
歩くロミオの足跡

つけられたものだろう。

オオカミの足跡だ！　アラスカの州都ジュノーの町外れに、オオカミの足跡がある！　もちろん、州都の町外れとはいえここもアラスカだが、ハイイロオオカミ（学名*Canis lupus*。一般的にオオカミと呼ばれている種）の最後の生息地のひとつと言われる「偉大なる土地《グレート・ランド》」［訳注：先住民アリュート族の言葉で「アリエスカ」と言い、これが「アラスカ」の語源となった］においてさえ、彼らは今やところどころにわずかな数が残るだけだ。州の推定によれば、陸地面積50万平方マイル強（約150万平方キロメートル）のアラスカに生息するオオカミの数は7000〜1万2000頭で、1平方マイル当たりの平均は0・02頭以下となる。

　実際、アラスカの住民のほとんどは生涯一度もオオカミの姿を目にすることがなく、こだまする遠吠えを聞いたことすらない人もいる。人口3万人強とアラスカでは3番目に住民の多いジュノーの町でも、オオカミの群れ《パック》について話す人と言えば、アウトドア好きの住民や生物学者くらいだ。彼らは、南のバーナーズ湾からメンデンホール氷原を横切り、タク氷河まで続く稜線を走破する群れを見たと語る。深い雨林とのこぎり歯のような険しい山々、雪原、そしてあちこちにクレバスが口を開ける氷河が続く地域だ。

　僕も妻のシェリーも、町の郊外と原野のちょうど境目にあたる土地に建てたばかりの自宅のデッキから、ときおりオオカミのかすかな遠吠えを聞くことができるだけでも、自分たちはラッキーだと思っていた。だから、冬には地元で最も人気のある遊び場となる湖の上に、まだ新しいオオカミの足跡が見つかったことは、この町の大ニュースになるはずだった。

　僕は数分かけて足跡をじっくり調べてみた。それはウエスト・グレイシャー・トレイルの起点近くに始まり、迷路のように入り組むトレイルを越え、ビーバー池やドレッジ・レイクスと呼ばれる雑木林を曲がりくねりながら進んでいる。オオカミの中でもかなり大きな足跡だ。また、左の後ろ足を引きずって歩く癖があるようで、それが雪の上に特徴的な溝をつくっていた。

家へ戻るために輪を描くようにスキーを滑らせながら、もしかしたら足跡が見えたのは錯覚だったのではないかと思い、もう一度目を見開いてしっかり確認した。やはり本物だった。樹木の生えている境目まで足跡を追っていくと、別の古い足跡と重なり、円形の窪みのあるところまで続いていた。そこにねぐらをつくっていたのだろう。このあたりに最後に雪が降ったのは数日前だ。つまり、オオカミはそれ以降にうろついていたことになる。

このニュースをシェリーに話さずにはいられなかった。彼女はうなずいたものの、僕の話をあまり信じていない様子だった。野良犬だったんじゃない？　コヨーテとか？　ほら、前に湖の上で見かけたことがあったでしょう？　15年前にフロリダからアラスカに移り住んだシェリーは、オオカミの姿を一目見たくて、この想像を絶するほど広大な州を数千キロも旅してきた。だが、それっぽい毛が落ちているのすら見つけることはできなかった。それなのに今、自宅の玄関からほんの800メートルほどの距離に、州知事邸からでさえ車で20分の距離に、まだ新しいオオカミの足跡があるのだ。僕自身、一度戻って再確認したにもかかわらず、まだ自分が目にしたものを信じられずにいた。

2日後、僕は肩のコリをほぐそうと、裏のデッキで湯気の上がる温かい風呂に浸かっていた。すると、はるか遠くの氷の上で黒っぽいものが動くのが目に入った。遠目にも、まっすぐな背中、宙に浮くような速足は、オオカミだとわかった。僕はバスタブから飛び出し、体を拭くのもそこそこにスキーウェアを着込み、10分後には湖の西岸に沿って滑り出していた。僕の後ろを3頭の犬が走ってついてくる。犬たちは、いつだって飼い主とともに行動する、信頼できる相棒《コンパニオン》だ。決して僕のそばを離れない。それでも万一に備えて、一番若い犬のリードを持ってきていた。

僕は、せめて遠くの蜃気楼のようにでもその姿をおがむことができれば、それだけでも幸運だと思っていた。

このあたりに詳しい人たちがビッグロックと呼んでいる、高さ3メートルほどの岩がある。湾曲した西岸の浅瀬に突き出ている花崗岩で、氷河が堆積してできたものだ。そこを回ると、犬を連れた2人の女性と出くわした。彼女たちは慌てふためいた様子で、大きな黒いオオカミに400メートルほど追いかけられたと話した。オオカミは2人をじっと見つめたまま恐怖を感じる距離まで——2人の身振りから判断すると6メートルくらいか——近づいてきたが、追い払おうと手を振り回したり叫んだりしているうちに去ってしまったらしい。「どこへ?」僕が尋ねると、2人は湖の北のほうを指さした。

彼女たちが駐車場へと足早に去っていった後、僕はスキーで先へ進んだ。そして1200メートルほど湖を進んだあたりで、ついに樹木を背にした動物の姿をとらえた。立ち止まり、こちらを振り返るようにして見つめている。

間違いない。オオカミだ! 心臓の鼓動が高まるのがわかる。20年以上前に初めてオオカミを見たときと同じくらいドキドキした。2頭のラブラドールとブルーヒーラー［訳注：オーストラリア原産の牧畜犬。正式名称はオーストラリアン・キャトルドッグ］も、それが道に迷ったハスキー犬ではないとわかっているようだ。最近うちで引き取ったばかりの黒のラブラドールのガスは、元盲導犬で穏やかな性格だが、そのガスでさえ首回りの毛を逆立て、うなり声を上げていた。ほとんど白に近いイエローの毛色のダコタはクンクン鼻を鳴らし、1歳のブルーヒーラーのチェイスは野生動物から家畜の群れを守るように改良された犬種のためか、必死に吠え続けていた。

早く写真を撮らなければ——。僕は急いで家に戻り、カメラと三脚を手にとった。そして、悲しそうに窓ガラスに鼻を押しつける犬たちを残して、オオカミがいた入江近くまで息せき切って戻った。するど、オオカミはまだそこに立ち、深い雪に覆われた湖岸に影を落としていた。僕が戻ってくるのを見ていたはずだが、それでも逃げようとはせず、ゆっくりと歩き出して周囲のにおいを嗅ぐと、ハンノキの茂みの近くにうずくまった。たまたま風呂の中からオオカミを見つけ、今こうして目の前にしている。この一連の出来事すべてが、僕には現実とは思えなかった。

だが、身を隠す場所もない戸外では、写真を撮れる距離までオオカミに近寄るチャンスはなさそうだった。それでも一番長い望遠レンズをカメラに取りつけると、スキーを脱ぎ捨て三脚を肩にかついだ。はやる気持ちを必死に抑えながら、ひざまである深い雪の中を一歩ずつ、ジグザグを描くように前進した。以前、生態学者のトム・スミス博士が僕に教えてくれた。ある動物が別の動物を直視しながら近づくとき、そこに潜むメッセージには3つの可能性がある——おまえを追い払いたい、おまえを餌にしたい、おまえと交尾したい、のどれかだ。つまりどのケースでも、相手に警戒心を起こさせる。さらに、カメラのレンズという大きく見開かれた目の後ろで前かがみになった2本足の動物が、静かな興奮をあたりに放ちながら近づいてくるとなれば、相手はいっそう警戒を強めるだろう。

そこで僕は頭を下げてゆっくりと進み、オオカミがこちらに視線を向けたときには座り込み、何分もじっとしていた。そうしておよそ２００メートルの距離まで近寄ると、オオカミはあくびをして伸びをし、それから数歩移動して再び横たわった。野生動物を必要以上に刺激することは避けなければならないが、どれほど意識の高い動物写真家たちだって、これほどの大チャンスに遭遇すれば自分に甘くなるだろう。それに、このオオカミは緊張しているふうでもなく、こちらを警戒して立ち去ることもなかった。

それでも僕は、オオカミの領域の奥深くにまで入り込みたいという誘惑に必死に耐えた。そして僕とオオカミはたっぷり1時間かけて、人間と野生動物によるツーステップ・ダンスを完成させた――うずくまり、視線を逸らし、ときには背を向けて距離を少し広げる。それを何度も繰り返し、ようやく75メートル圏内に入ることができた。それは少なくとも2回、オオカミのほうから近づいてくれたおかげでもあった。

僕は三脚を立てて呼吸を整えると、青白く弱々しい光の中で何枚も写真を撮った。その間、オオカミは湖の向こうからこちらをじっと見つめていたが、やがて鼻口を空に向け、雪をかぶった木々を背景に遠吠えをすると、ツガの木立の奥に消え去った。僕は『ナショナルジオグラフィック』誌の有名カメラマンにでもなった気分で、夕暮れの中を自宅に向かった。

家に着くと、ちょうどシェリーが仕事といくつかの用事をすませて帰ってきたところだった。僕が一部始終を語ると、思ったとおりシェリーは大騒ぎしだした。何ですって？　本当に……？　そしてやはり、今から自分も見にいくと言い出した。僕は、もう真っ暗だよ、と窓の外を指さした。おまけに凍えるほどの寒さだ。結局、明日の夕方、シェリーが帰ってきたらすぐに連れていくことで話はまとまった。それから2人で庭に立ち、遠吠えが聞こえないかとしばらく待ったが、何も聞こえなかった。きっとオオカミは森の奥深くに帰ってしまったのだろう。そのままもう二度と戻ってこないかもしれない——。

翌朝、夜が明けると、もう一度会える確率はかなり低いだろうと思いながらも、僕は1人で湖に出てみた。すると、まるで僕が姿を現すタイミングを見計らっていたかのように、オオカミが前の日と同じ場所にいるではないか！　ウエスト・グレイシャー・トレイルから少し離れたビッグロックの裏側の、入江に沿って立ち並ぶ木々を背景に。でも、この日はずっとオオカミらしく見えた。前日とは違い、近寄られることを嫌がっているようなのだ。そこで僕は座り込み、双眼鏡で観察した。

彼（雪をかぶった丸太にマーキングするときに片足を上げたことから、雄と確認できた）は、そのへんの普通のオオカミとは違った。僕が北極圏で目にしてきた１００頭ほどのオオカミの中でも際立っている。まず、幅のある頭部から樽型の深い胸までのバランスが完璧だ。次に、正確な大きさまではわからないが、オオカミの中では明らかに大きいほうだ。そして、つややかで豊かな黒い毛に覆われ、すっかり身づくろいも終わっているように見える。まるで全米最大の「ウェストミンスター・ドッグショー」で優勝して戻ってきたばかりのようだ。これほど見事なオオカミは見たことがなかった。

どこを見るべきかさえわかっていれば、オオカミと犬を見間違うことはない。大きさや体重だけの違いではない。オオカミは犬とは体型が異なるのだ。足が犬より長く、背骨がまっすぐで、首ががっしりと太い。尾も犬よりふさふさしていて、体全体が何層もの毛で覆われている。滑るような無駄のない動きも足跡と同じくらい特徴的だ。しかしオオカミと犬の違いが最もよくわかるのは、何と言っても眼光の鋭さだろう。オオカミのまばたきしない目に射すくめられると、レーザー光線を当てられたような気になる。穴が開いてしまうのではないかと思うほど強い視線で、相手がどれほどの存在かを見極めているかのようだ。この黒オオカミの深い琥珀色の瞳にもその力が宿っていた。そのうえ、ほかの野生のオオカミからは感じたことがない何か別のものも発散されていた。

彼はリラックスして僕の存在を受け入れた。僕がこれまで遭遇したオオカミの中には、好奇心からかこちらに近寄ってくるものもいた。だが、そういったときでさえ神経を張りつめて相手の様子をうかがい、ほんの少しでも怪しい動きがあったり、かすかにでも相手のにおいに違和感を覚えたりしたら、いつでも地平線の彼方に走り去れるように体勢を整えていた。実際、僕がこれまで出会ってきた野生のオオカミはほとんどみな、人間の存在に気づいたとたんに逃げてしまった。1キロ半以上の距離があっても逃げることすらあった。そもそも、彼らは姿を見られることがないように細心の注意を払っていた。

一方で、人間に慣れた保護地域にいるオオカミのみならず、完全に野生のオオカミの中にも、人間が目立った行動を起こさないかぎりはその存在を無視して、観察者の姿など見えないかのようにいつもどおりの行動を続ける個体がいる。まれな例ではあるが、オオカミ――通常は若い個体か、それまで一度も人間を見たことがない個体――が好奇心もあらわに人間を観察することすらある。

僕は以前、イヌピアック［訳注：アラスカ州北部に居住する先住民族］のハンターたちと一緒にブルックス山脈西部でオオカミを追跡したことがあり、写真家、ライター、そして動物研究者としての目でオオカミのあらゆる行動を観察してきた。しかし、この黒オオカミだけはどこかが違った。彼はそこに寝そべり、ただこちらを見つめている。もっと言えば、僕が彼のことを観察しているのと同じように、彼も僕を観察し、僕が次に何をするつもりなのかを読み取ろうとしている。まるで僕やこの町の人たちが、これからどんな行動をとるのかを見極めているかのようだった。

オオカミが何を思っていたのか本当のところはわからないが、僕にはやらなければならないことがひとつあった。シェリーとの約束を果たすことだ。実は、もう何年も前のことだが、最初のデートのときに彼女にオオカミを見せると約束していたのだ。これまでにも何度か、もう少しでその約束を果たせそうなことがあったのだが、惜しいところでチャンスを逃していた。恋に落ちようと計画しても無理なように、計画的にオオカミを見ることなどできない。

この日、シェリーが仕事から帰ってきたころには、すでに夕暮れが迫り、地平線に暗い雲の筋ができていた。僕が急かすまでもなく、彼女はすぐにパーカーとスノーパンツとブーツに身を包み、僕たちはダコタだけを連れて湖へと向かった。ブルーヒーラーのチェイスは初めて見るイヌ科の動物には何にでも激しく反応してしまうので、ガスと一緒に家に残すことにした。温厚な性格のガスはベビーシッターとして完璧なのだ。

20分後、冬のたそがれのなか、わが家の裏口からほんの数百メートルのところで、僕たちは黒オオカミと対面した。それが本書の冒頭で語った出会いだ。それから何年かの間にさまざまなことがあったが、目を閉じると、一陣の風で舞う雪のように、この出会いの光景が僕の周りで渦を巻いて流れていく。あのころにはもう、戻りたくても戻れない。

次の週には、僕たちの暮らしは一変していた。シェリーは職場の歯科医院から何度も電話をかけてきては何か新しい動きがないか僕に確認し、暗くなる前にほんの数分でも湖に出ようと急いで帰宅した。僕はと言えば、家事を放り出し、原稿の締め切りも無視した。洗い物は流しに積み上げられ、買い物にもろくに行かず、卵さえ切らす始末だった。一瞬たりとも時間を無駄にしたくなかったのだ。

もちろん、僕たちは興奮のあまり、友人みんなにこのことを知らせてまたとない経験を分かち合いたいという誘惑に駆られた。雪の上に残る足跡を見るだけで、みんなワクワクするだろうし、たった1秒でもその足跡をつけた動物を実際に目にすることができれば、もっと興奮するに違いない。

でも、僕たちはこのことを知る人間は少なければ少ないほどいいと判断した。間違った相手の耳に入れれば、大失敗に終わるサーカスみたいになってしまうかもしれないからだ。結局、このニュースを打ち明ける相手は、階下の部屋を貸している親友のアニタ・マーティン（彼女は毎日、自分の2頭の飼い犬を湖に散歩に連れていくので知らせておく必要があった）と、僕の古くからの親友であるジョエル・ベネットだけにとどめることにした。ジョエルは野生動物を専門に撮っている一流の映像カメラマンだ。何年も前に、彼がコブク谷でカリブー（トナカイ）とオオカミの撮影を試みた際に僕がガイドを務めたことがきっかけで親しくなった。アニタもジョエルも秘密を守ると約束してくれた。そして2人とも、まずは数回僕たちと一緒にオオカミと対面した後、単独で、あるいはほかの誰かを連れて会いにいくようになった。

こうして毎朝、僕は湖に向かうようになったが、最初のうちは犬たちは置いていった。たとえ友と呼べる間柄であろうが、訓練されていようが、野生動物の撮影に犬を連れていくのは禁物だ。それがどんなによくしつけられた犬であっても、動くものがひとつ増えれば、それだけ野生動物の縄張りに入り込むことも、被写体が向こうから近づいてくることもむずかしくなる。野生動物は、数で相手に優位に立たれることを好まないのだ。それに、ほとんどの動物のレーダーにおいて、犬は捕食者として登録されている。実際、人間と多くの野生動物（クマ、シカ、オオカミなど）との出会いの場面に犬が存在するだけで、生物学者が「不自然」あるいは「侵略的」と呼ぶような状況がつくりだされてしまう。僕自身の経験から言っても、これまで単独行動のときのほうが幸運に恵まれ、貴重な体験ができることが多かった。

冬至が近づき、おまけに寒冷前線が居座っていた。太陽が山並みの上に姿を見せるのは1日にほんの数時間だけで、朝の気温は零下。以前住んでいた、もっと北のコブク谷と比べればまだ穏やかだが、それでも厳しい寒さには変わりない。撮影機材も、しもやけの指先も思うように動いてくれなかったが、僕は覚悟を決めて、できるかぎりオオカミに会いに出かけた。

北極圏では発汗後の冷えと動かない機材にさんざん苦しめられながら長い年月を過ごしたにもかかわらず、見せるに値するようなオオカミの写真は3枚しか撮れなかった。残りは20～30回ほどの撮影チャンスに、急いで逃げ出すオオカミの毛で覆われた尻をとらえた程度だった。超望遠レンズと最高級の機材があっても、動物のまともな写真を撮るには数十メートルの距離まで近づかなければならない。なかでも野生のオオカミは撮影がむずかしいことで知られている。僕のそれまでのオオカミとの遭遇のほとんどは、ほんの数秒の出来事だった。

だが、今回はまったく違う。

黒オオカミは、僕を見かけても姿をくらまさない。それだけでも永遠に感謝したい気分だった。しかし彼は、あたりが明るくなる前には必ず立ち去り、さらには写真を撮られる射程圏内のぎりぎり手前でとどまるという信じられない本能を持っていた。僕の心は、完璧なショットをモノにしたいという欲望と、彼を逃したくないという思いの狭間で揺れていた。

準備した機材は、バズーカ砲のようなニコンの600ミリのマニュアルレンズ。それに焦点を1.4倍にするテレコンバーターをつけたので、そのぶんレンズが暗くなり、シャッタースピードも遅くなる。そのため、ファインダーが息で曇ったり三脚が揺れたりしないように注意しながら、苦痛になるほどのスローシャッターで望遠ショットを撮り続けた。青白い風景の中に暗いシルエットが写り込んだ、シャープとは程遠いスライドの数だけが増えていく。最初のころの写真は、プロの基準からすれば失敗作ばかりだったが、オオカミ——どんなオオカミでもそうだが、だんだんとこのオオカミは僕にとって特別な存在になった——がどう動き、どこに行き、何をするのかを観察できるだけでも、これ以上ないほどの興奮を覚えた。

撮影を始めて間もないある日のこと。僕は夜が明けるとすぐに湖岸に出て、また前のようにオオカミが近づいてきてくれるよう願いながら、遠くからカメラのファインダー越しにその姿を見つめていた。すると突然、彼は首を回し、湖の上に目を凝らすと、耳を立てた。女性スキーヤーが1人、彼に近づいていた。彼女は混血《ミックス》のハスキーを従えている。

次の瞬間、そちらに向かってオオカミが走り出した。僕はその様子を、半分息を止めて見守った。2、3日前、『ジュノー・エンパイア』紙が、300キロほど南にあるケチカンの町で、オオカミが犬を襲ったという記事を一面に掲載していた。ダコタとこのオオカミとの最初の接触は友好的だったが、それがもう一度繰り返されるという保証はない。オオカミはオオカミだ。彼らが生きるために何をするかについて、幻想を抱いてはならない。ぜいたくな食事を与えられているハスキーの足が、彼の好みの味だったとしてもおかしくはない。

オオカミが近づくと、ハスキーは興奮して真正面から対峙する体勢をとった。2頭は鼻先を突き合わせ、立ったまま尻尾をピンと伸ばし、背中をこわばらせている。ハスキーはがっしりした体格をしていたが、オオカミとはまるで大きさが違う。このオオカミなら、30キロ近くあるイヌ科の親戚にグリルソーセージのように食らいつき、背骨が折れるほど揺さぶり、そのままくわえて走り去ることもできるだろう。2頭の動物の間で緊張が高まった。

しかし次の瞬間、オオカミはおじぎをするように頭を下げると、バレリーナのように優雅に腰を浮かせ、そのまま静止した。そして爪先立ちで回転したかと思うと、ふわりと着地した。それに比べればためらいがちでぎこちないものの、犬も同じ動きで応じた。それから2頭はまるで子犬のようにじゃれ合い、優しく噛み合った。ときおりオオカミは跳躍し、回転する。その動きには、遊びを超えた芸術性さえ感じられた。何かを祝福しているような動きとでも言おうか。ダンスに近いかもしれない。僕が呆気《あっけ》にとられている一方で、女性はストックにもたれかかってその様子をうっとりと見つめていた。緊張している様子もなければ、自分や犬の安全について心配している様子もない。

北にいたころ、北極圏に生息する攻撃性のない一匹オオカミは移動する犬ぞり隊のあとを追い、短いと数分、長いときには何日も彼らのキャビンの周りをうろつくことがある、と聞いたことがある。とくに春先の繁殖時期、若いオオカミが群れから離れて単独で行動するときに多いらしい。こうした放浪オオカミは本能的に仲間を探す。それがまだ若い孤独なオオカミであれば、ときには犬たちが仲間の代わりとなるのだ。

友人のセス・カントナーは、コブク川のほとりにある彼の小屋に雌の黒オオカミが何度か現れ、ウォルフという名の大きな半野生のそり犬に近づこうとしたが、犬のほうはその気にならなかったと言っていた。雌オオカミが現れるたびに犬は自分に与えられた骨をかき集めて、その山の上に覆いかぶさり、うなり声を上げたという。また、僕が生活をともにしていたイヌピアックの祖先は、優れたそり犬の血統を築くためにしばしばオオカミとの交配を促すことがあった。

いずれにしても、つながれた犬たちのグループにオオカミが入り込んで受け入れてくれる相手を見つけてしまえば、交尾は避けられないだろう。実際、コブク川やノアタック川の上流にいるハスキー犬にはオオカミとの混血の名残が見られるものも多く、とくにウォルフのように今も労働用に使われている少数の大型犬には、それが顕著だった。

このウォルフは、毛色自体が野生種と飼い犬の混血であることを示している。2007年、全米科学財団が資金を提供し、国際的な生物学者チームによる最先端の遺伝子マーカー研究が実施された。その結果、オオカミに見られる黒または暗色の毛（北米では一般的だが、ヨーロッパとアジアでは非常にめずらしい）は、数千年前の初期のアメリカ先住民の飼い犬との交配によるものと結論づけられた。当然ながら、オオカミのほうから繁殖のために人間の飼い犬たちに寄ってくるだけでなく、逃げ出した飼い犬が野生化してオオカミと交尾することもあったに違いない。オオカミと犬の混血は現在でも見られるが、人間の手による交配の場合もあれば、自然による場合もある。そう考えれば、この黒オオカミは、古くから現在まで続く異種間の遺伝子交換を証明する生きた例と言えるだろう。

たしかに、交尾の可能な種同士が近づくことは理解できる。クンクンとにおいを嗅ぎ合うとか、多少の交流があってもおかしくはない。しかし、一緒に遊ぶのは？　犬と踊るオオカミなんて、まるでディズニー映画のようで、少しばかり出来すぎではないだろうか。

すると突然、ハスキーがオオカミに関心を失い、彼を残して何か別のにおいを嗅ぎにいった。どうやら同じ言語を話す仲間ではないと気づき、相手の言葉の意味を辞書で調べることにも飽きてしまったようだ。犬は飼い主の女性のほうに速足で駆け戻り、同時にオオカミもその場を離れていった。僕は彼女のほうにスキーを滑らせた。彼女はざっくばらんで、このすべてをスピリチュアルな現象ととらえていた。あの黒オオカミとはこの数日間に何度か出くわしたらしい。最初から、オオカミは「自分を遊び相手として売り込んできた」と言う。オオカミを見たのは初めてですか？　と僕が尋ねると、彼女はこう答えた。「ええ、そうよ。彼は〝心優しきオオカミ〟ね」

心優しきオオカミであれ何であれ、今みたいなことが起こるとは、アラスカでもほかのどこでも聞いたことがなかった。キャベツが言葉を発したという話のほうがまだ信憑性があるくらいだ。しかし、彼女にこれがどれほどめずらしい経験だったかを力説したところで何の意味もない。

一方で、彼女の態度は僕に重要なことをひとつ気づかせてくれた。それは、今まではたまたまそうだったにすぎない、ということだ。なぜ、どうして、ということばかり考えていると、大事なことを見逃しかねない。そういえば、昔の狩り仲間であるイヌピアックのクラレンス・ウッドは以前、すぐに物事を分析しようとする僕の癖を改めさせようと、目を細めてぶっきらぼうな調子でこう言った。

「つまらないことを考えすぎるな」

オオカミはもう、そのころには数百メートル先の湖岸の柳のところまで戻っていた。ちょうど樹木と氷の境目あたりで頭を上げ、前足を伸ばして、穏やかに寝そべっている。彼女は犬を連れて再び湖の上をスキーで滑り出したので、僕はゆっくりと、あまりあからさまにならないように注意しながらオオカミのいる方向へ進んだ。そして距離を100メートル以下に縮めたところで三脚とカメラをセットし、もう一度撮影を始めた。もちろんこんな暗がりで、これほど離れた距離からでは、オオカミのまともな写真を撮れるわけがない。岩山からマーモットを探し出すのと同じくらい無駄な努力なのはわかっていた。でも、絶好とは言えないまでも、チャンスはチャンスだ。野生のオオカミを撮影すること自体が貴重なのだ。僕は20分の間にプロ用フィルムを3本使い切った（当時はまだ完全にデジタルに移行していなかった）。すべてのカットはゴミ箱行きになるだろうが、それでもとにかく撮影を続けた。プロの写真家なら誰もがそうしただろう。

家までスキーで戻りながら、頭の中の考えを整理していった。謎の解明に一筋の光を見出した気がした。おそらくあのオオカミにとっては、犬たちは人間の付属物ではなく、犬こそが主役で最も強く惹かれる相手なのだろう。僕は人の多い時間を避けて朝早くか夕方に湖に出ていたのであまり目にすることはなかったが、きっとオオカミとほかの犬たちの間にもたくさんの接触の機会があり、ダコタやあのハスキーとの間に見られたのと同じようなパターンが繰り返されてきたに違いない。

もっとも、彼は見境なくどの犬にでも駆け寄るわけではなかった。犬を連れて湖を横切る人たちはたくさんいるが、オオカミが現れることはめったになかった。遠くから眺めていたのかもしれないが、ほとんどの場合は姿すら見えなかった。もしかしたら、彼を犬と見間違えた人もいたかもしれない（実際に何度も間違えられることがあった）。

その一方で、彼は何日か前、何らかの理由で、前述のように2人連れの女性と連れの犬たちに近づいていている。僕とシェリーとダコタが彼に遭遇したのがその翌日だ。そして今日会った女性とハスキーは、少なくとも数回は彼と会っている。ボディランゲージから判断すると、どの出会いも、オオカミの側からの友好的な誘いのように思えた。オオカミの態度が攻撃的に見えたことは一度もない。近寄ってくるかどうか、どのくらい近寄るかは、おそらく相手とそのときの状況によるのだろう。彼にしかわからない身体的な合図、気分、かすかな気配といったものがあるに違いない。オオカミは、相手の意図を探ることにかけては名人と言っていい。

そうした全般的な状況認識から、僕はもうひとつ教訓を得た。僕はもっとスローダウンし、自分を落ち着かせ、自分が望むことに夢中になりすぎないように注意する必要があったのだ。

それから数日たっても、オオカミはまだそこにいた。シェリーと僕は日がたてばたつほど、彼が次の瞬間にはいなくなってしまうかもしれないと危惧するようになった。クリスマス休暇が近づいていた。僕たちはメキシコのビーチで1週間過ごすつもりで予約を入れていた。だがシェリーが、それをキャンセルしようと言い出した。「だって意味がないじゃない？　ここで今、こんなにすばらしいことが起こっているのにわざわざ遠くへ行くなんて」

その決断で何を犠牲にしようとしているのかは、彼女が育ってきた背景を知ればわかってもらえるだろう。シェリーはフロリダ出身で、寒さが苦手で、鬱蒼とした雨林にうんざりしながらここでの生活を送っているのだ。僕はすでに、自分のシュノーケリング用具とビーチサンダルを引っ張り出していた。それでも、ビーチでの休暇をあきらめることは少しも残念なことではなかった。プエルト・バジャルタのビーチは1年後も変わらずそこにあるだろうが、オオカミはそうではない。野生のオオカミを間近で観察する生涯に一度のチャンスかもしれないのだ。彼の姿をあと数回見られるだけでも、休暇をとりやめてここに残る価値はある。

このころには、ただひとつの話題以外はどうでもよくなっていた。もちろん、オオカミの話題だ。彼にはいったい何が起こっているのだろう？　どこから来て、どうしてここに落ち着くことになったのだろう？

1頭だけでいるオオカミを見かけること自体はめずらしくはない。事実、僕が長い間に遭遇してきたオオカミの半分以上は1頭でいた。見つけた数知れない足跡のほとんども、単独で行動しているオオカミのものだった。ただし、どれも短期間だけ単独行動をとっていた個体のはずだ。オオカミは本来、群れで生きる動物である。ファミリーとの絆が強く、一緒に狩りをし、戯れ、集団で子育てをして群れの縄張りを守る。しかし、そうした結束の強さにもかかわらず、しばしば群れから離れ、数時間から数日間、単独で狩りをしたり、群れの縄張りをパトロールしたりすることもあるのだ。もしかしたら、ここにいる黒オオカミも、山岳地帯からちょっと下りてきて、しばらく単独で自由に行動し、また群れに戻ろうとしているところなのかもしれない。

あるいは、彼はまだ若く、群れから離れて移動している最中のオオカミで、自分自身の群れをつくるためにつがいの相手となる雌と縄張りの両方を探しているところなのかもしれない。実際、このオオカミは行動からも体つきからも、まだ若いように見える。オオカミに詳しい者ならすぐにわかることだが、彼はやんちゃで少しおどけたところがあり、まだすり減っていない完璧な歯を持っている。ただし、この春に生まれたばかりのオオカミではない（まだ自立してはいないものの、生後6、7カ月にしては大きすぎる）。少なくとも生後1年半、もしかしたらもう1歳か2歳上かもしれない。群れを離れるオオカミにはぴったりの年齢だ。人間の子どもが成長期の終わりに家を巣立つのと似たようなものだ。

若いオオカミだけでなく、れっきとした群れの構成員である大人のオオカミでも、僕たち人間には推測しかできない理由で群れを離脱することが知られている。一匹オオカミとして生きていくことを選ぶ個体もおり、彼らは気の向くままにはるか遠くまで移動する。アラスカのオオカミに追跡用の首輪をつけて行われた研究では、群れから離れて孤立した個体——その大部分は若い雄だ——が、当たり前のように、直線距離にして300〜400マイル（約480〜640キロメートル）ほど移動する例が記録された。アラスカ州漁業狩猟局の調査研究員ジム・ダウは、「このデータは、群れからはぐれた動物が800キロ以上移動する可能性がかなり高いことを示している」と言う。

また、ローワー48州［訳注：アラスカとハワイを除くアメリカ本土48州］の最近の例では、オオカミ「OR-7」が単独でオレゴン州西部からカリフォルニア州北部まで移動したことがGPS追跡で確認され、全米のニュースとして取り上げられたため、このオオカミには多くのファンができた。

だが、ぼくたちの前に現れたオオカミが、アラスカで研究対象となったアレクサンダー諸島オオカミであるとは思えない。アレクサンダー諸島オオカミとは、アラスカ南東部とブリティッシュ・コロンビアの海岸部や沖合の島々に生息するハイイロオオカミの亜種で、体は比較的小さく、通常は35キロを超えることはない。彼はそれより体半分ほど大きい。つまり、別の土地からやってきたのだろう。アラスカの別の地域かカナダ内陸部といった、世界でもとくに体の大きなオオカミがいることで知られる地域だ。彼らの遺伝子は雪深い地方でのムース（ヘラジカ）狩りによって強化されたと考えられている。事によると、このオオカミは僕と同じように、コブク川上流あたりから1600キロを超える距離を南下してきたのかもしれない。あるいは、カナダ側から海岸山脈とジュノーの氷原を越えてほんの40キロほど移動してきただけかもしれない。

毛色については、オオカミには黒から真っ白までさまざまな色の個体がいるが、最も一般的なのは（ハイイロオオカミの名前が示すとおり）灰色を帯びた色合いで、ところどころに褐色、黒、白、茶の毛が混じっている。アレクサンダー諸島オオカミの場合、最大50パーセントまでは――州のほかの地域と比較するとかなり高い割合だ――暗い毛色の個体で、真っ黒のものもいる（前述のように大昔の飼い犬とオオカミの混血による標識遺伝子が表出したもので、おそらくは薄暗い雨林の環境で生き抜くため、自然淘汰によって強調されてきた特徴なのだろう）。したがって、あのオオカミの毛色はこの地方に生息してきた個体であることを示していると考えられるが、体の大きさからすると、どこか別の地域からやってきた可能性がどうしても否定できない。

そうした分析は別として、彼がここにいる理由になりそうなことがもうひとつある。2003年3月、別の黒いオオカミ（妊娠中の雌）が、僕たちの家から3キロしか離れていないグレイシャー・スパー・ロードを横切ろうとして、タクシーにはねられて死んだ。そのオオカミは現在、メンデンホール氷河ビジターセンター内のガラスケースに入れられ、オオカミらしくないこわばったポーズのまま、ガラスの目でケースの外を見つめている。それが、僕たちが今目にしているオオカミの家族だった可能性があるのだ。彼はこの土地に残ることを選び、行方不明になってしまった母親、姉、あるいは自分のパートナーを探しているのかもしれない。

どこからやってきたのであれ、この黒オオカミはアラスカの州都の町外れという危険な土地を滞在場所に選んだ。背後には海岸山脈の山々と氷河の雪原が広がり、それを越えるとカナダ内陸部の乾燥した土地がある。北と南の国境のアラスカ側には、ほとんど垂直に切り立つ海岸線に雨林が果てしなく続いている。彼はどの方角でも選ぶことができたはずだが、この奇妙な風景、音、においに満ちた世界にとどまっている。車や飛行機、人間が詰め込まれた建物、煌々《こうこう》と輝くライト、けたたましい騒音、そしてアスファルトの道が迷路のように延びるこの土地を選んだのだ。望むならどこにでも行け、人間を避けながら一生を過ごすこともできたはずなのに。

ジュノーでは、クロクマが近所をうろつき、鳥の餌をこっそり盗んだり、きちんとふたをしていないゴミ箱の中身を散乱させるというのはよくあることだ。町の中心部でさえ、クロクマを見かけるのはめずらしくない。だから、住民の多くは警戒こそしているものの、自宅の裏口でクマを見かけてもさほど驚きはしないし、警察や漁業狩猟局に電話をする人もほとんどいない。それに、ジュノーで誰かがクロクマに襲われたとか、ましてや重傷を負ったという記録はない。

一方、海岸部にいるグリズリー（ブラウンベア。ヒグマの一種）はもっと危険で、とくに人間に遭遇して驚いたときには攻撃的になる。実際にガスの以前の飼い主だったリー・ハグミアは、まだティーンエイジャーだった1950年代後半に、今の僕たちの家から6キロしか離れていない場所で、グリズリーに襲われて視力を失った。それでもジュノーの住民は、町外れに数頭いる程度なら彼らの存在を許容している。事実、この2年間、秋になると母グマと、成長しつつある子グマがドレッジ・レイクス周辺をうろついていた。だが毎日数十人の人間や犬たちが近くを通っても、彼らは威嚇するような動きを見せるだけで襲ってくるようなことはなく、捕殺要請が出されることもなかった。

しかし、オオカミとなると話は別だ。人々は、「オオカミ」と聞いただけで本能的に恐怖心を抱く。広く浸透しているその恐怖心は、ほとんど忘れられた遠い過去から引き継がれたものである。僕たちの深層心理には「オオカミは人間を襲って食べる」という考えが刷り込まれているようだ。恐怖心は事実によるものではなく、感情によるもので、オオカミを観察する時間などほとんど持たなかった人たちによってあおられてきた。おそらく彼らはライフルの照準器を通して、あるいはオオカミが罠にかかったときにしか、その姿を見たことがなかったのだろう。

いずれにせよ、オオカミという動物には、人間の集団心理の奥深くにしまい込まれ、錆びついてしまった警報ボタンを作動させる何かがあるようだ。どこかにそうした条件反射が生まれる背景があったに違いない。おそらく数千年前、あるいはそれよりもっと古い時代には、オオカミを取り巻く状況が異なっていたのだろう。そうした恐怖心に加え、人間が自分たちのものと考える動物——家畜、ペット、食糧や娯楽目的で狩りの対象となる動物——を奪われるかもしれないという経済的、感情的な要素もあったに違いない。

論理的に考えれば、まぎれもない捕食動物であり、純粋で妥協を許さない荒野の象徴であるオオカミにとって、僕たち人間が文明と呼ぶものは完全に相容れない環境ということになる。神話や童話、物語には、『クマのプーさん』から『クマゴロー（ヨギ・ベア）』［訳注：アメリカのテレビアニメ。擬人化されたクマが主人公］まで、親切で人に愛されるクマの話はたくさんあるが、同じようなイメージでオオカミが登場する話はほとんどない。『赤ずきん』や『三匹の子ぶた』、そしてモンタナからウクライナまで、その土地土地で伝えられる物語の中で、オオカミはほとんど悪夢との境目にいる凶暴な動物として描かれている。

旅人を襲って食らいつくとか、群れで赤ん坊を連れ去るといった作り話のために、イギリスの清教徒（ピューリタン）が新大陸に移住を始める17世紀までに、ヨーロッパの大部分の国ではオオカミ撲滅の動きが始まっていた。荒野は暗く、不吉で、恐怖に満ち、悪魔が支配する土地と見なされ、オオカミはその悪魔の手先だった。アメリカ人の祖先が新しい大陸の開拓を始めたときに、旧世界でのその習慣を新世界に持ち込んだとしても不思議ではない。

19世紀初めに北米大陸を探検したメリウェザー・ルイスとウィリアム・クラークは、信じられないほど多くの有蹄動物やオオカミがいることに驚いた。当時、この大陸で狩猟採集生活を送っていた先住民は、オオカミを呪うのではなく、オオカミに敬意を払い、共存していた。ルイスとクラークも、西部の広大な平原で遭遇したオオカミは攻撃的ではなかったと描写し、人間にとって脅威の存在ではないとはっきり書いている。知識と経験に欠ける開拓者たちが大挙して西部に向かってからも（射程距離にいるオオカミに手当たりしだいに銃を向けたことは間違いない）、オオカミが人間を襲ったとか脅したという報告は、当時は大げさに誇張した物語が好まれたにもかかわらず、ごくわずかだった。

しかし、人間による狩猟と生態系の規模縮小により餌が減ったことで、生き残ったオオカミの中にはヨーロッパから持ち込まれた家畜を襲うものも現れた。そこで、牧場主たちは大々的にオオカミ撲滅計画を実施する。しかも、銃やとらばさみ［訳注：獲物が踏むと足や頭などを挟む猟具］、毒入りの餌の散布など、あらゆる手段を使ってオオカミを殺すだけでは十分ではなかった。人間における虐殺の最悪の例を思い出させるような拷問器具が考案され、オオカミに対して使われたのである。餌の肉の中に釣り針を仕込まれたり、生きたまま焼かれたり、死ぬまで馬に引きずられたりした。口とペニスを針金で縛った状態で野に放たれることもあった。こうした撲滅計画は、住民からも連邦政府からも有益な活動として支持を得られた。

このようにオオカミの大虐殺へと人々を駆り立てた不合理で容赦のない敵意は、いったい何を意味しているのだろうか？　それは、鳥類研究家としても知られる自然保護主義者のジョン・ジェームズ・オーデュボンに関する１８１４年の記事からうかがい知ることができる。

オーデュボンは旅の途中で１人の農夫と出会う。家畜の一部をオオカミに殺された農夫は、仕掛けていた落とし罠で３頭のオオカミを捕らえたところだった。オーデュボンが見守るなか、農夫はナイフだけを持って穴の中に飛び下りると、オオカミの足の腱を切り裂き（オオカミが怯《おび》え、まったく抵抗しなかったことにオーデュボンは驚いた）、ロープで縛り、次に自分の犬を自由にした。農夫とオーデュボンの目の前で、犬たちは無力なオオカミをずたずたに噛みちぎった。罠にかかったり、負傷したりしているオオカミは攻撃性を持たない。僕をはじめ、そうした状況にいるこの動物を目にしたことがある者にとっては、それは大して驚くことではない。

それより注目すべきは、オオカミへの農夫の残酷な扱いに対して、オーデュボンが何も批判めいたことを述べていないことだ。オーデュボンは自然保護主義者として世界的に知られ、その彼がこの出来事に暗黙の承認を与えていることこそが、当時の人間のオオカミ観を知る重要な手がかりになる。社会史家のジョン・T・コールマンは、「オーデュボンと農夫は、オオカミは死に値するだけでなく、生きているだけで罰されなければならないという信念を共有していた」と書いている。

虐殺は続いた。西部に残された最後の抵抗の地では、さまざまな名で呼ばれる狡猾で悪名高い〝アウトロー〟のオオカミの首に懸賞金がかけられた。うまく逃げおおせることが伝説になったオオカミほど狙われ、1940年代初めまでには大虐殺はほぼ完了した。そうして北部のミネソタ、ウィスコンシン、ミシガンなど、オオカミがまだ生き残っているいくつかの小さな飛び地が、かつては北米全域に広がっていた生息地のかすかな名残となった。

しかし1970年代から90年代にかけて、希少な野生種の保護への関心が高まった。そしてオオカミの持つ不変の魅力に後押しされて、かつての生息地の一部にオオカミを再導入することに成功した。イエローストーン国立公園がその最たる例だ。もっとも、批判的な意見がないわけではなく、激しい論争も続いた。

それどころか、今世紀に入ってオオカミの個体数が増え、生息地が拡大するにつれ、批判は激しさを増しているように見える。今も西部の牧場主や大規模なアグリビジネス事業者からは猛烈な反オオカミのメッセージが発せられ、それがスポーツハンティングに関わる人たちの支持を得てさらに勢いを得ている。彼らはオオカミを野放しにすれば、その通り道にいるすべてのもの（彼ら自身も含む）が残らず餌にされてしまうだろうと主張する。もちろん、彼らがオオカミが原因だと言い張る生態系の荒廃が、なぜ何千年も前に起こっていなかったのかという疑問については、うまくはぐらかしている。

人間とは違って、オオカミが他の種を絶滅に追い込んだという科学的証拠はまったくない。当然ながら、反オオカミ陣営からは、無制限の虐殺や生態系の規模の縮小がオオカミではなく人間によって引き起こされたもので、ルイスとクラークが報告したように、バイソンやシカやムースの群れの消滅を加速させたのは人間だと指摘されることもない。

十分な証拠に基づいた最近の研究によれば、オオカミのような最上位の捕食者は弱い個体をまびくことで、捕食される側の動物の数を一定に保つという重要な役割を果たしていることがわかっている。その結果、生態系のバランスを保つことにも貢献しているのだ。イエローストーンへのオオカミの再導入でも、環境に大きな変化が生じた。たとえば、彼らのおかげで食い荒らされた植物や枯渇した川がよみがえり、アスペンやハコヤナギなどの植物や、ビーバーやツグミ、カットスロートトラウト［訳注：ニジマスの仲間］といった多くの生物種が救われた。さらに、オオカミの再導入によって自然な形で他の捕食動物が駆除された。若い狩猟動物や家畜をねらって襲うコヨーテの数が減っているのだ。

しかし、こうした肯定的な影響にもかかわらず、人々の恐怖心をあおる誤った情報が、ローワー48州でのオオカミとの戦いに勢いを与え続けた。そうした状況はオオカミの最後のフロンティアであるアラスカでも変わらない。

以前からアラスカ州においては、オオカミの管理は、野生動物の扱いの中でもとくに論争を巻き起こす問題だった。意見の異なる者同士が感情的に衝突し、言葉を荒げ、新聞社に不快な投書を送りつけ、しばしば酒場での喧嘩にも発展する。この論争は2つの対立する哲学から生まれている。

まず立場Aの考えは、オオカミは人間の安全にとって脅威となるだけでなく、アラスカ住民が依存している狩猟動物にとっても脅威となる捕食動物だというものだ。この立場をとる人たちは、あらゆる手段を使ってオオカミの数を制御する（銃で撃つ、くくり罠［訳注：ワイヤーの輪の中に獲物の足が入ると締まる猟具］で捕らえる、とらばさみを仕掛ける、低空飛行の飛行機からショットガンで撃ちまくる、巣穴にいる子オオカミをガスで殺すなど）ことが必要であり、野放しにしておけばオオカミの数はどんどん増え、その土地にいるムースやカリブーを食い尽くしてしまうと主張する。優先すべきは人間であり、アラスカ住民には自分たちの最大の利益となるように野生動物を管理する権利と法的責任がある。そうした計画に反対しているのは、軟弱な自然保護主義者、アラスカ住民ではないよそ者たち、狩猟などしたことがない都会ずれした連中、そして過激で間抜けな動物愛護団体のおべっか使いたちだけ、というわけだ。

それに対して立場Bの人々はこう考える。オオカミは上位捕食者として、複雑な生態系の健全な食物連鎖のために欠かせない存在であり、その大部分を排除すれば（アラスカ州の計画によれば、一部の管理区域では80パーセント、場合によっては１００パーセントの削減を目指している）、環境を損なうことにつながるだけだ。オオカミがいないとシカやムースの数は爆発的に増え、やがてその数を維持できなくなり、今度は激減するというサイクルが繰り返される。オオカミ自身も、罠猟師や狩猟生活者が依存する貴重な経済的資源であるとともに、エコツーリストや写真家たちを引き寄せることのできる重要な観光資源である。彼らの存在はまた、たとえその姿をなかなか目にすることはできなくても、多くの住民が楽しむことのできる、計り知れないほど大きな美的価値をこの土地に与えてもいる。したがって、飛行機からオオカミを撃つことは誤った行為であり、しかも州のイメージを損なう。そのように考えられない人は短絡的な思考にとらわれた、粗野な荒くれ者《レッドネック》でしかない――。

2つの立場をわかりやすくコンパクトにまとめると、以上のような説明になる。しかし対立の構図の完全版はもっと険悪で、複雑な事情がからみ、生物学者や企業経営者、政治家、自然保護主義者、ハンターたちが、互いに統計上の数字や巧みなレトリックを泥玉にして投げ合っている。そこに加わるのが過激主義者たちで、一方にはオオカミを毛の生えた大きなゴキブリとみなす古い考えに凝り固まった人たちが、もう一方にはオオカミを絶滅に瀕した敬うべき存在として崇める人たちがいて、こうした全面的な衝突は州外へ、さらには国境を越えて世界にも広がっている。

それだけではない。オオカミは持って生まれたイヌ科のカリスマ性に加え、かつての生息地のほとんどで絶滅が危惧される状況にあるために、話はどんどん大きくなっていく。そして、遠く離れたところに住む人たちがアラスカで起こっていることに関心を持ち、それが、オオカミの管理はほかの誰でもない自分たちの問題だと信じる多くのアラスカ住民を苛立《いらだ》たせてもいる。元州知事のウォルター・ヒッケルは、20年前にこの問題に対するオオカミ保護主義者たち――その多くは州外の人たちだった――の干渉を非難し、「自然が野生化するのを放ったらかしにはできない」と、ちぐはぐな発言をして注目を浴びた。

アラスカのオオカミは、少なくともある点において他の地域のオオカミとは違う。それは、昔も今も、アラスカには（人間によって減らされてもなお）それなりの数が生息しているということだ。この州の生物学者によれば、その数は州全体で７０００～１万２０００頭と推定される。だが、人目を避けて行動する習性と、写真に撮られることが少ないこと、さらにはこの州の広大さと厳しい自然環境を考えれば、これは経験に基づいた推測による数字にすぎない。実際の数字は限りなく７０００頭に近いと考える研究者もいる。

しかし、正確な数字がどうであれ、とくにこの州のビッグビジネスであるスポーツハンティングや旅行ガイド業に関わる人たち——帽子掛けになる枝角を持つムースを〝歩く小切手〟とみなしている人たち——、そして狩りの獲物が一時的に減っているか、あるいはつねに少ししかいない地域に住む住民たちは、オオカミの数はそれでもまだ多すぎると考えている（ただし、反オオカミ運動を扇動するガイドや金持ち相手のスポーツビジネスの関係者の多くは、アラスカの住民でさえない）。

それに対し、少なくともアラスカ住民の半分——地方の住民も都市の住民も、さらにはよそから移住してきた人たちも——は、オオカミに対して敵意を抱いていない。それどころか、オオカミのことを価値ある資産と考えている。それでも、最近になって最も権力を振りかざし、声を荒げている住民は、「よいオオカミは死んだオオカミ」の陣営に属している。

アラスカがまだ州に昇格する以前の時代、連邦の有害鳥獣駆除業者は、さまざまな罠を仕掛けたり、飛行機から掃射したり、懸賞金を提供したりと、ありとあらゆる手段を使い、無制限のオオカミ撲滅計画を実施した。1959年に州に昇格した後も、90年代に入るまでオオカミ殺戮計画は継続され、しばしば激しい議論や反発を引き起こしてきた。90年代には住民投票が2回行われ（前述の僕の友人のジョエル・ベネットがその先鋒に立っていた）、知事の介入で一時的に殺戮が中止されたことも3回ある。

しかし、2003年にフランク・マーカウスキーが知事に就任すると、すぐに計画を再開するどころか拡大させ、中西部の数州にも匹敵する広大な土地で、民間のパイロットとハンターチームによって空からの掃射まで行われるようになった。幸いなことに、僕たちが暮らすアラスカ南東部は、こうした大がかりな殺戮地域には含まれていない――これまでのところは。

僕が自宅からスキーで湖に向かい、自分の裏庭のような場所で黒い大きなオオカミを見つけた歴史的背景には、こういうことがあった。このオオカミは人間や犬の存在を許容するだけでなく、社交的と言ってもいいほどだった。それは実に不思議な経験であり、何かを暗示しているようにも思えた。だが、このときの僕はまだ、それから数カ月、数年後に、物語がどれほど奇妙な展開をたどることになるかをまったく知らずにいた。

第 2 章

関わり方のルール

2003
December - January

ブルックス山脈で見つけたオオカミの獲物

話は1981年にさかのぼる。8月中旬のある夕方、ブルックス山脈西部の奥深くにあるコブク・ノアタック分水嶺でのことだ。ブルックス山脈は、吹きすさぶ風に削られた硬い岩の大地、青灰色の山々、ツンドラの谷が広がる原野で、網の目のようなカリブーの通り道が広い空の向こうまで続いている。刺すような北風のなか、その山の斜面を、やせた若い男が35口径のレバーアクション・カービン銃を片方の肩に、二級品のフィルムカメラをもう片方の肩に下げて登っていく。そのもう少し上の斜面にある岩場の茂みでは、グリズリーと灰色のオオカミが、銀色に輝く西日の中で小競り合いをしていた。

オオカミが回り込み、グリズリーの尻に飛びかかって嚙みつくと、グリズリーはぐるぐる体を回してそれを振り払おうとする。そのうなり声が風の中に消えていく。グリズリーはオオカミを捕まえることができず、一方のオオカミもグリズリーに傷を負わせることができず、どちらも引き下がろうとしない。獲物をめぐって争っているのかもしれないし、オオカミが巣穴を守ろうと立ち向かっているのかもしれない。はたまた、クマが現れれば戦うというオオカミの本能によるものかもしれない。

若い男は少し前に1・5キロ以上離れた場所から双眼鏡でこの対決を見つけ、荷物をそこに残したまま走り出した。幾筋にも分かれた川の流れを越え、ワタスゲの草むらをかき分け、凍って赤くなった背の低いカバノキやもろい頁岩《けつがん》［訳注：堆積岩の一種］があちこちに飛び出した山の斜面を登っていく。汗ぐっしょりになったが、すぐに体が冷えて体が震え出した。最後の180メートルは、頭の高さほどもある柳の木の間をゆっくりと進んだ。そしてカメラの準備をし、弾倉に銃弾を込める。もっとも、銃を撃つつもりはなかった。写真を撮れる可能性だってほんのわずかしかないとわかっていた。

それに、自ら望んだ挑戦なのに勇気を振り絞ることができずにいる。怖いのだ。彼はカヌーで560キロの距離を移動するひとり旅を始めたばかりだった。人里からこんなに離れた土地に来たのも初めてなら、興奮したグリズリーに遭遇したのも、オオカミに会ったのも生まれて初めてだった。自分の身に万一のことが起こったとしても、おそらく数週間は誰も気づかないだろう。外界と連絡をとる手段は何もない。彼の居場所の見当がつくのは、おそらく彼をここまで連れてきてくれた辺境地を飛ぶパイロットだけだ。それでも彼は自分の心に従って、クマとオオカミのいるほうへと山を登っていった――。

僕は、その山を苦労して登っている自分の姿を思い出すたびに顔がほころぶ。あのときのことは、鮮明に記憶に残っている。向こうみずだったかもしれないが、あの一度の経験がアラスカに移り住む十分な理由になった。当時もわかっていたことではあるが、今はさらに強くそう思う。子どものころから夜になると、ベッドの中で大きな肉食動物の写真を見たり本を読んだりしていたが、育ってきた土地はどこも、動物園以外にはそうした生き物が存在しなかった。

大学に入るために引っ越したメイン州の片田舎では、アウトドアのノウハウを学び、それにせっせと磨きをかけたが、まだ本当の自然の中にいるとは言えなかった。そこで僕は、アラスカに行くことにする、と家族や友人たちに宣言した。そして、地図上で見つけることができる最も原野に近い場所のひとつへまっすぐに向かった。北極圏の北西部、道路が途絶えてからさらに数百キロ奥地に入ったアラスカ州の左上の隅っこだ。オオカミとクマがいる場所、さらに彼らを通して自然を知ることができる場所だった。それは大きな決断でも何でもなかった。ただそこへ向かっただけのことで、当時はまた大学に戻って野生生物学者になるつもりだった。

あの山の斜面をよじ登ったのは、僕がコブク谷にあるエスキモー村に住んで2年がたったころだった。辺境の地では僕はまだまだ未熟者だった。足りない知識を埋め合わせるために幸運と若さに頼っていた。それでも、現地でトレーディングポスト［訳注：狩猟道具や生活物資、雑貨や土産物を売る商店］の管理と狩猟ガイドの手伝いの仕事を得て、すでに森林地帯をスノーモービルや小型船《スキフ》やカヌーや徒歩で数千キロは旅していた。あのとき1人で原野の奥深くまで進んだのは、愛し始めていたこの土地をもっとよく知るためだった。さらに一歩、外の世界に踏み出したかったのだ。数日とか数キロとかいう単位でなく、長い間、肉食動物がうろつく土地を完全に孤独な状態で旅していると、小枝がポキッと折れる音の聞こえ方が変わり、渦巻くにおいに敏感になり、はるか遠くで何か動くものが光の加減できらっと輝くのをすばやく見つけられるようになった。

そんな思いで始めたひとり旅の初日、僕が飛行機から降り立ってからほんの数分で、まるで歓迎団のようにオオカミとクマが姿を現したのだ。もちろん、僕は彼らのほうに急いで走っていった。だが、オオカミとクマが小競り合いしていた岩場に着くと、彼らはもう姿を消していた。本当にその場所だったのかさえ自信がなくなった。茂みの深さを侮《あなど》っていたようだ。あまりに深くてほんの数メートル先までしか見えない。僕は立ち止まって呼吸を整え、五感で世界を感じ取ろうとした。そうして、時間はかかったが、ようやくオオカミの姿を見つけた。向こうもしばらく前からこちらを観察していたようだ。僕がいるところより50メートルほど上にある岩の張り出した部分に立ち、こちらを見下ろしている。夏も終わりに近づき、毛並みが乱れていた。

そしてオオカミは、鼻口を上に向けたかと思うと遠吠えをした。挑発するというよりは、人間がすぐそこにいることを、嫌悪感を込めて周囲に知らせているかのようだった。当然ながら、このあたりにいる動物たちはみな、30分前からこの間抜けな人間のにおいを嗅ぎ取り、近づく音にも気づいているはずだ。遠吠えを終えると、オオカミは細い足で軽やかに尾根に駆けのぼり、もはや僕のほうを見ようとはしなかった。灰色のオオカミが灰色の岩に溶け込むのを見送ったとたんに、僕は思い出した。どこかに怒り狂ったグリズリーもいるはずだ。あのハンノキの木立の向こうかもしれない――。僕は岩の陰にしゃがみ込み、安物のカメラとカービン銃をいつでも使えるようにした。

その間に、姿が見えなかったグリズリーが回り込んで僕の風上に立った。最初に低いうなり声を聞いたときには、すでに僕の背後に迫っていた。10メートルほど後ろの、僕がほんのさっきまで立っていた場所のにおいを嗅いでいる。僕が動くと、グリズリーは頭を上げ、こちらを真正面から見据えた。樽型の胸が息をするたびに収縮している。カメラと銃のどちらを手にとるべきかと迷いながら、僕は交互に手探りした。しかしクマは鼻を鳴らすと、そのまま斜面の茂みを押し分けながら去っていった。

僕は決断しないですんだ。いや、おそらくもっと大切なものを失わずにすんだのだろう。写真こそ撮れなかったが、大した問題じゃない。自分の夢がかなった瞬間を、こうしてはっきり思い出せるのだから。これからもずっと。

僕はそれ以来、たくさんのオオカミやクマに出会ってきた。ときには相手の瞳に自分の姿が映っていることが確認できるほど間近で。気がつくと野生の生き物のにおいがあたりに漂う中に立っていたこともある。

北極圏では、僕はクラレンス・ウッドのようなイヌピアック・エスキモーの自給自足のハンターたちとともに暮らしていた。しもやけで肌が荒れ、僕には想像できないくらい鋭い感覚を身につけ、何世代も前からの知識を受け継いできた男たちだ。自然界に近いところで生きているというだけでなく、彼らはもはやその一部だった。僕は許されればあとをついていき、いろいろなことを学んだ。彼らはオオカミの足跡をちらっと見ただけで、「まだ新しいな。3頭いる。うまいものをたらふく食ったばかりだ」などと断言する。僕はどうしたらそんなことがわかるのかを知りたかった。そして、ただ知るだけでなく、彼らと同じようにその土地や追っている動物たちと一体になりたかった。要するに、オオカミと同じように自分も狩りをして獲物を手にしたかったのだ。

キャリア外交官の息子として生まれた僕はヨーロッパ、東南アジア、ワシントンDCで育ち、8歳ごろから『アウトドア・ライフ』誌を夢中になって読んだ。その後は、ロバート・C・ルアークやアーネスト・ヘミングウェイの狩りを描いた小説に魅力された。そんな僕には、獲物を狩る以外に野生の生き物と通じ合う方法があるという考えは思い浮かばなかった。だから、アラスカでの最初の仕事が狩猟ガイドだったのも、ごく自然な流れと言っていいだろう。

僕は狩りに関することなら何でも徹底的に学んだ。大小さまざまな獲物を見つけ、追跡し、皮をはぎ、殺す方法を。自分がガイドには向いていないことは仕事を始めてすぐにわかったが、狩り自体はそれ以降も続け、テクニックを着々と身につけていった。その点では、よく一緒に旅をした年配のイヌピアックの男たちから大学院レベルの講義を受けてきたと言えるだろう。僕は熟練した追跡者でも最高の射手でもなかったが、視力がよく、体力があり、忍耐強かった。また、獲物を仕留めることに関してはいつも不思議なほど幸運に恵まれてきた。僕が殺した獲物の屍《しかばね》と、はいだ皮は数え切れず、獲物たちの肉が僕の肉の一部になった。そして彼らの毛皮を着て、その上で眠り、彼らの骨と角が僕の小屋を飾った。

やがて、クラレンスが僕の狩りのパートナーとなり、僕たちは親友になった。知り合った当初、彼は僕に、黒いオオカミはほかのオオカミとは違うと教えてくれた。頭がよく、タフで、捕まえるのがむずかしいというのだ。それが本当かどうかは別として、アラスカ生活を始めて9年目に僕が初めて撃ったオオカミは、黒い雌のオオカミだった。1988年4月のよく晴れた寒い日の午後、僕もその雌オオカミもインギチュク山の尾根を単独で歩いていた。体重が40キロはあるそのオオカミを倒した瞬間から、興奮と勝利の喜びに、自分を責める気持ちが心の奥深くで入り混じった。

村に戻ると、友人たちが賛辞の代わりに黙ってうなずき、切り傷の手当をしてくれた。毛皮の一部は「アアナ」（祖母の意）のミニー・グレイがなめして縫ってくれ、北極圏の寒さから僕の顔を守るパーカーの襟と縁取りになった。そのお礼として、僕はミニーに残りの毛皮をプレゼントした。毛皮の贈り物は、彼女との絆を深めることに役立った。そのころの僕は村の学校で教師として働き始めていたのだが、ライフスタイルは依然として、ハンターでもあるイヌピアックの人々に倣《なら》っていた。

ミニーもクラレンスも、動物は人間のために自らの命を捧げてくれるのだと信じ、「ニジルク」と呼ばれる感謝の儀式（魂を逃すために気管を切り裂く）を行えば、彼らは生まれ変わり、魂は永遠に輪廻《りんね》すると考えていた。村の人たちは、誰も僕の心に芽生えた疑問を理解しなかった。だから僕は、愛する動物たちを殺すこと――それも一度ではなく何度も――の重荷は、自分自身で背負わなければならないと覚悟した。ミニーは僕のことを「息子」と呼んでくれ、僕も、両親が訪ねてきたときには彼女のことを「エスキモーの母さん」と言って紹介した。それでも自分はオオカミのように生きることも、優れた適応力を持つイヌピアックになることもできないのだ、とはっきりわかっていた。

そういった思いを抱えながら、僕はスノーモービルやスキー、カヌーや小型船《スキフ》、あるいは徒歩であちこちを放浪した。誰かと一緒のこともあったが、たいていは1人で何日もかけて移動した。食べるものと着るものを確保するために狩りも続けたが、それよりもライフルの代わりにカメラを携え、ただ動物たちを観察して、そのあとを追うことのほうが多かった。そんなある日、僕は、生きている動物に向けて最後に銃を撃ったのがいつだったか覚えていないほど長い間、狩りをしていないことに気づいた。ハンターとしての僕の時代はいつしか終わっていたのだ。そこで銃と毛皮を手放し、何頭かの動物の頭蓋骨など過去の生活を象徴するものを少しだけ手元に残すことにした。自分がかつてどんな人間だったかを忘れないようにするために――。

シェリーと結婚することになったのは、偶然ではない。シェリーはウサギを抱きながらプラカードを掲げる「動物の倫理的扱いを求める人々の会」（PETA）のメンバーだった。彼女がどれほど強い信念の持ち主かがわかるエピソードがある。生物の授業でカエルを解剖することにどうしても我慢できなかった彼女は、17歳で高校を中退する道を選んだのだ。そして、大学入学資格検定に合格して進学した。僕は「顔のついたものは食べない」という彼女の倫理観までは共感できなかったが、原則を絶対に曲げない強い意志については称賛せざるをえなかった。何より、僕は頭をガツンと殴られたように恋に落ちていた。そのために北極圏の家を離れ、彼女が働き暮らしている州都ジュノーに移り住んだほどだ。

僕が20年間放浪を続けた辺境の土地と比べれば、ジュノーは大都会だった。北に住む友人たちからカリブーの肉が送られてくると、シェリーはため息をつきながらも、僕がそれを料理することを許してくれた。僕は僕で、動物の権利擁護に関する彼女の主張を受け入れた。僕たちは、命あるものすべてとアラスカの広大な自然への愛によって結びついていた。そうしたこれまでの背景のすべてが今、僕たちの玄関先にいるオオカミに象徴されているように感じられた。自分の過去を書き直すことはできない。けれども僕には、この黒オオカミの存在自体が、僕に贖罪《しょくざい》の機会を与えてくれているように思えた。

そんな背景を持つ僕たちが、クリスマス休暇の行き先をメキシコから急遽、少しばかり北に変えたのも当然の成り行きだった。ヤシぶき屋根の小屋でマルガリータをすすり、日差しが降り注ぐビーチでくつろぐ代わりに、僕たちは冬至の翌週をパーカーとスノーブーツといういでたちで、メンデンホール氷河の影の中で震えながら過ごした。

1日のうちで昼と呼べるのは薄明るい数時間だけ。山並みが迫って見え、天候の変化が波となって襲いかかる。冷たく澄んだ乾いた空気と雪とが交互にやってきて、ときには薄ぼんやりした空があっという間に吹雪に覆われ、僕たちの足跡を一瞬で消し去った。スキーを履いていっても、雪の吹きだまりが深くなると、徒歩でのろのろ進まなければならない。その後ろを頭に雪をのせた犬たちが、体を上下させながらついてくる。山の上のほうでは、大きな雪の塊が崩落するのが見える。吹雪の合間には山並みが暗いシルエットとなって現れ、全体の半分ほどが雪に埋もれた氷河が顔をのぞかせた。

そうした風景の中に、黒オオカミの姿が見え隠れしていた。しんしんとした真っ白な世界に、命のしるしとも言える黒い点が見える。このオオカミのために休暇の予定は変えたものの、僕たちの日課はほとんど変わらなかった。たとえば、犬たちと運動するために毎日、家の裏口から外に出て凍結した湖か、あるいは湖に沿ったトレイルに行ったりした。

僕たちは、このオオカミとはあまり頻繁に接触しないことに決めていた。1日に一度、多くても二度まで。そして1回につき30分を超えないようにした。いずれにしても、オオカミのほうにもほかにするべきことがある。何よりもまず生きていかなければならない。孤立したオオカミは生き抜くだけでも大変なのだ。きっと彼は、ちょっと好奇心に駆られて僕たちのことを見ていただけなのだろう。それ以上近づく気がないのなら、そっとしておいたほうがいい。とはいえ、こんなことが目の前で起こることは二度とないだろうから、できるだけその姿を目に焼きつけておきたかった。

休暇中のある日、オオカミがいかにも僕たちを待っていた、というしぐさを見せたときがあった。

僕たちが3頭の犬を連れて家の裏口から800メートルのビッグロックまで行くと、雑木林の中から幽霊のように姿を現し、尾を背中の上に乗せて緊張を解き、自信に満ちた態度を見せたのだ。そして僕たちが移動すると並行して歩き、こちらが止まると向こうも止まり、再び動き出すと一緒に動いた。オオカミは、僕たちと100メートルほどの距離を保っていた。人間にとってもオオカミにとっても犬にとっても安全な距離だ。オオカミと犬たちは視線を合わせようとはせず、遠くからマーキングのにおいを交換していた。お互い相手のことをどう読み取っているのかは、当然ながら人間にはわからない。

僕たちはマクギニス山の影に覆われた、西岸のひっそりとした湾に沿って歩いた。このあたりはあまり人が通らず、トレイルが網の目のように張りめぐらされた東岸からもかなり離れている。僕たちは、ビッグロックを過ぎたところにあるターン島の裏側でひと休みすることにした。ちょうど陰になっているので、人が通りかかっても視界に入らない場所だ。休んでいる間、犬たちの関心をオオカミから逸らせるために「フェッチ」をした。フリスビーやテニスボールを投げて取りにいかせる定番の遊びだ。犬たちにはそれぞれに決まった自分のボールがあって、それが順番で投げられることがわかっている。思惑どおり、彼らはボールを追いかけるのに夢中になるあまり、自分たちの飼い主がオオカミを見ていて、オオカミのほうもこちらを見ていることなどすっかり忘れてしまっていた。

そんなとき、ハンノキの木立の端にいた黒オオカミが耳を狭め、短い間隔で甲高い声を上げた。何か見知らぬ鳥の鳴き声と聞き間違えそうな声だ。その声があたりに響くと、ダコタはボールから注意を逸らし、ピンと立てた耳を黒いよそ者のほうに向けた。そして、それに応えるかのように大きな吠え声を上げると、弾むようにオオカミに向かって走っていった。

半分以上距離を縮めたところで、僕たちはダコタを呼び戻した。すると、そのあとをオオカミが追ってくる。だが、こちらが腕を振り回すと、びっくりするほどの反射神経で遠ざかった。それでいい。オオカミをこれ以上近くまで招き寄せるつもりはない。チェイスは、侵略者であるオオカミへの態度を変えるつもりがないことをはっきり態度で示していた。ガスは静かに不安そうな声をときどき漏らしながらも、雑木林の中に見え隠れする暗い影を無視していた。

僕たちは、家の1階を貸しているアニタ・マーティンと彼女の2頭の飼い犬、シュガーとジョンティとともに出かけることもあった。人間が3人に、吠えながら走り回る犬が5頭——。ちょっとした集団だ。さらにそこに、友人のジョエル・ベネットが加わることもあった。

ジョエルは大きな三脚とプロ用の映像撮影用カメラをいつも苦労しながら運んできた。ジョエルも僕も、自分の目の前で起こっていることがどれだけ大きなチャンスかはわかっていたが、同時に正しいことを正しい方法で行いたいという気持ちもあった。寄ってたかってオオカミを追いかけ回したり追い払ったりはしたくなかった。オオカミが離れていくなら、そのまま行かせ、近づいてくるなら、しっかり腰を据えて待つ。すべてはオオカミしだいだ。

一方の黒オオカミは、この奇妙な集団とその態度にとまどいつつも、好奇心に駆られているように見えた。僕たちが湖の上をさらに進み、オオカミがもう追ってこないだろうと思うところまで離れてから、大きく円を描くようにして家に向かうと、彼はそのあとをなぞるように小走りで追い、犬の残したにおいを嗅ぎ、それに応じるように自分もマーキングをした。嗅覚を通して世界を読み取る動物だけにわかるメッセージだ。そして、鼻口を空に向けると孤独な遠吠えを響かせた。

そのころ、オオカミについての僕たちの考え方を変える出来事があった。

僕たちは3頭の犬を連れていつものように島の裏手まで行くと、フェッチを始めた。オオカミは湖岸を行ったり来たりしながら、犬が自由に駆け回るのを見て鼻を鳴らしている。そんな動物たちの様子を、シェリーはビデオカメラを回しながらファインダー越しに眺めていた。何度目だったか、僕がダコタのためにテニスボールを投げたとき、手元が狂い、ボールがあらぬ方向に行ってしまった。硬い雪に当たって跳ね返り、湖岸のほうに転がっていく。すると、オオカミがいきなりそのボールに飛びつき、くわえて岸のほうまで持ち去ってしまった。そしてしばらくすると、オオカミは後ろ足で飛び跳ね、ボールを空中に放り上げたかと思うと前足でたたき落とし、もう一度飛びついた。その様子を見て、僕は驚きを隠せなかった。彼は間違いなく、それがおもちゃであることを知っていたのだ。食べ物でも、生きるために役立つ何かでもなく、動物の社会の中での、あるいは個々の動物の間での遊びの対象としてのおもちゃだ。

オオカミは犬の様子を見てそれをまねしたのだろうか、それとも犬のほうが、自分たちのそれほど遠くない祖先から受け継いできた行動をしていたのだろうか？　いずれにせよ、モノを追いかけて捕まえるという行為は、獲物を捕らえるという本能から生じる行為、たとえば野ウサギを追いかけて捕まえるのとそう大きくは変わらない。だから、フェッチをオオカミでも本能的に理解できるゲームと考えても、論理的にはまったくおかしくはない。それに、純粋に進化論的な見地からも、オオカミのように高度な社会性を持つ動物にとっては、遊びは意味のあることに違いない。取っ組み合ったり、おもちゃで遊んだり、何かを追いかけたりすることが、若い個体が生存のための能力を発達させるのに役立つからだ。それはまた、群れの繁栄に不可欠な序列の決定にもつながっていく。

そして犬たちは、人間の習慣に影響されて本能が薄められたバージョンのオオカミ、と言うこともできる。何世代にもわたる計画交配によって、人間のさまざまな気まぐれに適応する種に変えられてきたのだから。最近のある研究によれば、オオカミと犬の遺伝子配列には、わずか0・02パーセントの違いしかないことがわかっている。想像するのはなかなかむずかしいが、要するにダコタ自身も99・98パーセントはオオカミなのだ。

投げられたモノを何度でもすさまじいスピードで追いかけ、群れのところに持って帰るのが大好きなのは、獲物を追いかける本能の名残とも考えられる。犬たちがこの種の遊びに強い興奮を覚えるのは、それが彼らの遺伝子にプログラミングされた、獲物を捕らえて殺すという狩りの本能を発揮できる唯一の手段だからかもしれない。片やオオカミのほうは、同じ状況に置かれても、もっとリラックスして、もっと純粋に遊びに集中しているように見える。このときの黒オオカミがまさにそうだった。僕がそれ以前に見てきた他の野生のオオカミもそうだった。

結局のところ、オオカミは生きるために日常的に狩りをする。おもちゃで遊ぶのはどちらかと言えば息抜きのためで、生存のための本気の行動とはまったく異なる。言ってみれば、楽しむことを目的に楽しんでいるのだ。だが、活発なラブラドールやボーダーコリーにとって、フェッチはしばしば遊び以上のものになる。彼らにとっては、それが真剣に取り組むべき仕事のようなものになるのだ。

テニスボールで頻繁に遊べるのは幸運な少数のオオカミだけだとしても、どんなオオカミも遊びに熱中する——大人も子どもも、飼育されているものも完全に野生のものも、仲間と一緒でも単独ででも。そして、おもちゃという定義に当てはまりそうなものなら何でも遊び道具にする。シカの枝角、ライチョウの羽根など、そのときどきに見つけたもので遊ぶのだ。

僕は、自然の中で遊ぶオオカミを見る機会に何度か恵まれたが、その中の一度はとくに忘れられない。15年ほど前、冬の終わりにノアタック谷の上流を1人で旅していたときのことだ。12頭のオオカミの群れの中の何頭かが僕のテントに近づいてきた。僕はじっとしているべきだったのだが、もっとよいカメラアングルを求めて動いてしまい、オオカミたちを驚かせてしまった。結局、群れはすぐにどこかに消え去ってしまい、僕は自己嫌悪に陥りながら、とぼとぼとテントのほうに戻っていった。だが、その途中でふと、自分に連れができていることに気づいた。驚いたことに、近くの斜面の茂みの中に半ば隠れるようにして、灰色の雄のオオカミが頭を上げ、リラックスした姿勢で座っていたのだ。石を投げれば余裕で届く距離だ。ただし彼は、僕の姿は間違いなく目に入っているはずなのに、あからさまに無視していた。しばらく彼はそうしていたが、やがてあくびをして立ち上がり、伸びをすると、おまえのことは目に入ったがどうでもいい、とでも言いたげに何度かさりげなくこちらを見た。そのたびに視線が合った。そして僕がオオカミのいる茂みを迂回しようとすると、彼はまったく気にすることなく、ゆったりとした足取りで離れていった。

そのときだ。突然、彼が茂みの中の何かをにらみつけた。額に緊張が走る。次の瞬間、彼は飛びかかっていた。ジリスかマーモットに違いない。初めてオオカミが獲物を殺すところを目撃できる！そう思った僕はカメラを用意し、興奮しながらオオカミがまた姿を現すのを待った。だが、再び現れた彼がくわえていたのは、太さ5センチ、長さ60センチくらいのどこにでもあるヤナギの枝だった。ラブラドールがよく拾ってきては、引きずり回して遊ぶような枝だ。オオカミは振り向き、横目で僕のほうを見ると、枝をくわえたまま首を振った。犬がよくやる「ほら、見てよ。一緒に遊んでよ」のジェスチャーだ。そして、そのまま枝を見せびらかしながら、マーチングバンドの楽隊長のように斜面を下りてきた。僕は口をぽかんと開けてそこに座り込み、写真を撮るのもすっかり忘れていた。

これはおもちゃを使った遊びに違いないが、それ以上にも思えた。たまたま近くにいた僕は（実はそれが、このすべての出来事を引き起こしたきっかけだった）、あの横目で、ほんの一瞬だったにせよ、ゲームに参加させられたのだ——異なる種の間の社交的なジェスチャーという遊び、カラスとオオカミの鬼ごっこのような遊びに。振り返ってみれば、それは数年後に黒オオカミとの間で完成する出来事の予兆だった。

黒オオカミが犬と人間の遊びの時間に割り込んできたのは、先のテニスボールの一件だけではなかった。そのときの彼はただウォーミングアップをしていただけだった。というのも、それから何年にもわたり、オオカミが現れ、犬がフェッチで遊び、そのあとオオカミがおもちゃをくすねる、というシーンが繰り返されることになるからだ。彼の盗みのパターンは、オオカミは信用できないという一部の人がずっと訴え続けてきた主張が正しいことをいわば証明した。

僕たちはそのことをなつかしく思い出す記念の品を持っている。オオカミが盗んでいったその黄色いこぶし大のボールだ。牙で噛まれてできた穴もしっかり残っている。そのボールは、漆喰に型をとったオオカミの手のひらサイズの足跡などとともに、シェリーの思い出ボックスにしまい込まれている。僕たちに残されたものはわずかだったが、それで十分だった。

テニスボールが持ち去られてから数分後、オオカミに対する僕たちの見方をがらりと変える大きな出来事がもうひとつ起こった。それは、当時まだ1歳だった雌のブルーヒーラーのチェイスの行動に端を発した事件だった。

ブルーヒーラーは、今ではさまざまな亜種もいるが、ほんの1世紀前に野生犬のディンゴと家畜の番犬との掛け合わせで生まれた犬種で、1960年代にアメリカ・ケンネル・クラブ（AKC）に承認された。なかなか厄介な犬種とされ、扱いづらいヒーラーになると、野性の本能が勝手に前面に表れてきてしまう。一般的な犬の遺伝子の配列がどれほどオオカミと似通っていたとしても、ディンゴの血筋を引き継ぐヒーラーは野生犬として生活していた祖先からほんの数世代しか離れていないこともあり、オオカミとの類似性に関してはもう一段上のレベルにあると言っていいだろう。この犬種の公式な説明の中には、「目に宿る疑り深い光」という描写があるほどだ。AKCのヒーラーを対象にした全米技能ショーには、「最も先祖に近い」特徴を審査するコンテストがある。言い換えれば、内なるオオカミ性の強さだが、その祖先の特徴を少しでも受け継ぎすぎると、人間にとっては扱いづらい犬になってしまうのだ。

チェイスはそうした1頭だった。調子のいい日にはめざましい働きを見せるが、最悪の日には悲惨な状況を引き起こす。僕たちは生後8週でチェイスを引き取り、それからしつけに取り組んだ。非常に頭がよく、ちょっとした技や複雑な行動もあっという間に学んでいった。「いい子にしていたのは誰だ?」と尋ねると、お尻をつけて座り、片足だけを上げる。命令されると、おもちゃをひとつずつかごに入れる。そんなことができる犬がどれくらいいるだろう? それでも、知らない犬に出くわすと反射的に歯をむき出して向かっていく激しい気性は、なかなか抑えられなかった。彼女にしてみれば、迫りくる殺戮の危機から僕たちを守ろうとしているのだ。

このようにチェイスは攻撃的な一面を持っていたが、相手が逆に向かってくると、たいていは無残に退散した。だからといって、次のときに攻撃の手を緩めることはない。いずれ、4回に3回くらいはそうした攻撃心も自制できるようになるのだろうが、今のところは、見知らぬ動物がいるときにはリードでつないでおくのが賢明だった。自尊心の高いオオカミが、チェイスのヒステリーを我慢してくれることなどありえないだろうから。

オオカミがテニスボールを奪っていった後も、シェリーはビデオカメラをのぞき込み、僕は別のボールでダコタとフェッチを続けていた。オオカミは行ったり来たりしながら、こちらを見たりクンクン鳴き声を上げたりしている。そんなとき、僕は両手をフリーにする必要があり、チェイスのリードから一瞬手を離して、すぐにリードの端をしっかりブーツで踏んだ、と自分では思っていた。

ところが突然、思いがけない力で引っ張られたと思ったら、次の瞬間にはチェイスが走り出していた。15キロの激しい気性の幼犬が、相手が自分より4倍は大きいこともかまわず、20倍は勝ち目がないことも忘れて、怒りの吠え声を上げながらまっすぐオオカミに突進していったのだ。オオカミのほうもそれを見て、全面対決に臨もうと向かってきた。僕は今まさに起ころうとしている衝突を止めようとダッシュしたが、間に合わないのは明らかだった。シェリーはファインダー越しに、向かっていく犬と迎え撃つオオカミの姿をとらえると、ビデオカメラを落とし、チェイスの名を叫んだ。

2頭は雪を蹴散らしながら相対した。次の瞬間、オオカミが口を大きく開けて跳ね上がると、犬を抑え込もうと前足を振り下ろした。そして一瞬にして、チェイスはオオカミの下になって完全に消えた。胸が張り裂けそうだった。僕たちの犬はあっさりとやられてしまった。僕は自分を一生許せないほどの大失敗を犯した……。

しかし、間もなくブルーグレーの犬が雪の中から飛び出し、キャンキャン鳴き叫びながら、向かっていったのと同じくらいものすごいスピードでこちらに戻ってきた。犬の飼い主なら誰でもわかると思うが、オオカミはにやっと笑うかのように唇をめくった。それからチェイスのあとをほんの少し追うような素振りを見せたが、チェイスが僕たちのところに近づくと、ふわっとした雪に覆われたなか引き返していった。

チェイスは震え、毛は凍った唾液で固まっていたが、どこにも嚙み跡や傷はなかった。オオカミはひと嚙みでチェイスののど骨を粉々にして、そのまま、おやつとしてくわえていくこともできたはずだ。あるいは、徹底的にたたきのめして、動物病院の集中治療室送りにすることだってできただろう。だが黒オオカミは、爪と歯を本気で立てることはしなかった。大人のオオカミが、自分の群れの中の若いオオカミが思い切り飛びかかってきても、そのやんちゃぶりを大目に見てやるときのように。チェイス自身も、手加減されたことがわかっているように見えた。この一件を境に、チェイスがこのオオカミに向かっていくことはなくなった。ただし、安全な距離から不満の吠え声を上げることはやめなかったが。

当初は、オオカミとのこうした接触で何が起こるのか、僕たちはまったく予想できなかった。けれども、いつしか互いに相手に一歩近づき、何とも奇妙な休戦協定が交わされていた。心配性の人なら別の主張をするかもしれないが、自分の命を危険にさらしていたのはむしろオオカミのほうだった。もし彼が、視線の先に建ち並ぶ数十軒の家の中に自分の仲間の頭蓋骨や毛皮が飾られているのに気づいていたら（前述のように、僕の家にもかつてのハンター生活の象徴として少しだけ置いてある）、きっと危険を察知して地平線へと走り去っていただろう。

しかし彼は、このあたりをうろつき、僕たちの犬にちょっかいを出し、どういうわけか信じられないほどリラックスして、イヌ科の動物同士の交流のブローカーである人間たちを安心させるような行動を見せた。まさに「礼儀正しい」という言葉がぴったりだった。まるで新しい土地にやってきた外国人が、その土地のルールや社会的な約束事を理解しようと努め、できるだけ不作法を避けようとしているみたいだった。

僕たちは何度も彼に会いに戻り、その行動に何らかの説明を見出そうとした。もしかして、生まれたばかりのころに頭から落下して、脳に障害があるのだろうか？　人間社会をスパイするため、あるいは何かの交渉のためにオオカミの国から送り込まれてきた使節なのだろうか？　姿を変えたエイリアン？　下手なジョークだけでなく、もっと現実的な可能性も考えられた。彼は捕獲されたオオカミ、あるいは混血のオオカミで、扱い切れなくなった飼い主に捨てられたのかもしれない。

実際に、アラスカには捕獲されたオオカミが存在する。ただし、その数は非常に少ない。というのも、合法的に捕獲するには許可証が必要で、しかも許可が下りることはめったにないからだ。これまでのところ、いくつかの野生動物保護公園にしか発行されていない。また、この州では、オオカミと犬の交配は、いかなる状況においても違法であり、生まれたオオカミ犬は即刻没収の対象になる。そもそも、ジュノーのように住民同士の交流が盛んな町で、それを隠しておくのはむずかしいだろう。

いずれにせよ、この黒オオカミは、飼い慣らされた動物が野生化したような行動をとっているわけではなかった。僕はそれまでに多くの捕獲されたオオカミや何頭かのオオカミ犬を目にしてきたが、彼らは慣れた囲いの中でさえ神経を張りつめ、すぐに興奮状態に陥った。そうしたオオカミたちは、いま僕たちの目の前にいるオオカミのような行動をとることはない。それに、捕獲されたオオカミやオオカミ犬は決まった日課と飼い主に慣れ、野生の世界から切り離されているために、自然界に返されても生きていくことはむずかしい。一方、ここにいるオオカミは、自分の世界の中で自信を持ち、くつろいでいる。

そこでひとつのことに思い至った。このオオカミは食べ物を求めて人間に近づいているのではなく、自分の力できちんと餌を見つけているように見える。となると、次のようなシンプルな説明が最も可能性が高くなる。ほとんど無限にある遺伝子の可能な結びつきの中から、母なる自然がさいころを転がして選んだ結果、この特別なオオカミが生まれたのだ。一般にイメージする通常のオオカミとはかなり違うものの、それでもオオカミには違いない。生物学者のヴィック・ヴァン・ボーレンベルグ博士はこう述べている。「すべての動物は個としての特徴的な性格を持つ……オオカミの個体間の相違はとくに際立っている。接触した回数に関係なく、人間とずっと距離を保ち続ける個体もいれば、同じ群れのオオカミであっても、ずいぶんリラックスして最初からずっと人間の存在を許容している個体もいる」
皮肉なことに、人間に恐怖心を与えるのは、まさに人間の存在を許容する後者のオオカミのほうだ。何千年も前にさかのぼれば、人間のたき火の明かりが届くあたりに寝そべっていたようなオオカミだ。なぜ奴は怖がらないのだろう？　普通なら怖がるはずなのに。人間を恐れていないのなら、こんなに近づけるのは危険だ。狂犬病にかかっているのかもしれない。あの大きさを見てみるといい。あいつは何を考えているんだ……？

オオカミと人間は、これまであまりうまく付き合ってこなかった。だがそれは、うまく共存できる可能性があったということでもある。人間は一方では、恐怖を覚える動物を家に招き入れ、それを自分たちの「親友」と呼ぶようになった。しかしもう一方では、自分たちの思いどおりにならない、自然の中で自由に生きるものたちに対しては、遺伝子に埋め込まれた恐怖心から来る不信感や、ときには敵意と紙一重の感情を持ち続けている。そう考えると、人間とオオカミの関係は奇妙で矛盾を抱えた結びつきと言わざるをえない。

そんな複雑な感情を呼び起こす動物がわれわれの目の前に現れたのだから、僕たちがどれだけ必死に黒オオカミの存在を隠そうと努めても、そのニュースが周囲に漏れ伝わらないわけはなかった。アメリカ建国の父、ベンジャミン・フランクリンによれば、3人の間で秘密が守られるのは、そのうちの2人が死んだときだけである。僕たちはすでに秘密が守られる枠を優に超えていた。それに、オオカミに対して姿を隠せとか、足跡を残すなとか、遠吠えをするなと説得できるはずもない。遠吠えに関して言えば、黒オオカミは昼も夜もかまわず、ときには1分も続くような遠吠えをすることがあった。オオカミの遠吠えの仕方は個体によってまちまちだが、彼の吠え声は、その貫禄ある容姿とよくマッチしていた。朗々とした調子でファルセットの音域まで上がり、その後、物悲しい響きが加わる。この土地と同じくらい大きく、いつまでも耳に残る叫びだった。

黒オオカミが姿を見せるメンデンホール氷河のレクリエーションエリアには、少ないときでも、犬の散歩をする地元住民や、ハイキングやスキーを目的にした人が日に数十人はやってくる。そして冬の週末には、6000エーカー（約2400万平方メートル）ある広大なこの土地が、子ども連れの家族から熟練したアイスクライマーまで、あらゆる人にとっての人気の遊び場になる。周囲には垂直に近い山の斜面と道なき原野が広がっているが、エリア中心部には険しい山道から車椅子でもアクセスできる道、さらにはきちんと整備されたクロスカントリースキーのコースまで、多くのトレイルが網目のように延びている。穏やかに晴れた冬の日曜日ともなれば、十数カ所あるアクセスポイントから1日に数百人が訪れることもある。だから、黒オオカミの存在をこのまま秘密にしておけるとは思えなかった。隠し通そうとしたところで、そもそも隠せるような僕たちの所有物ではない。

しかし、このオオカミにはツキがあった。ジュノーはアラスカの他のほとんどの町とは違い、オオカミに関しては、満足そうにうなずく支持派が半数はいるからだ。州の中でもとくに環境保護意識が高く、最もリベラル寄りの町で、たとえばサラ・ペイリン［訳注：共和党の保守派の政治家で元アラスカ州知事。2008年の大統領選で共和党の副大統領候補になる］が市長選に出馬するようなことがあれば、激しい攻撃を受けるだろう（事実、彼女のアラスカ州での人気がピークだったころでさえ、知事選でのジュノーの地域票はまったく伸びなかった）。州都であるとか、漁港があるとか、さらには州昇格以前の時代には鉱山ブームに沸いた町であるといったさまざまな表情を持つジュノーには、自由な思考と古いアラスカの平等主義が息づいている。ここは、人々が永遠の敵意を買うことなく公の場で徹底的に議論できる土地なのだ。

そんな土地柄のジュノーは、オオカミに5割の生存チャンスを与える町としては、州で唯一の大きな町だと言える。オオカミは人間が周りにいても気にしなかったが、もしこれがショッピングモールで縁取られたような人口30万人のアンカレッジの都市圏周辺だったとしたら、そんなに長くうろつくことはできなかっただろう。

では、もっと北の辺境地域にあり、もっとアラスカらしく、規模がアンカレッジの4分の1のフェアバンクスなら？　考えるだけ無駄だ。フェアバンクスにかぎらず、亜大陸と呼べるほど広大なこの州に散らばる数十の町や村の大部分では、オオカミたちの命は一瞬にして奪われてしまうだろう。ジュノーにしても、住民の40パーセント強はこの問題について右から極右に傾いている。彼らに関するかぎり、オオカミは直接の脅威ではないにしても、少なくとも迷惑な存在で、彼らがスポーツや食用として狩るシカやムース、シロイワヤギを横取りする目障りなライバルなのだ。この町では住民の半数がこのオオカミを歓迎するか、少なくとも不安材料ではないと考えている一方で、まったく反対の意見を持つ人たちもそれなりの数がいて結束を固めていた。

よく晴れた1月のある朝、僕とシェリーが犬たちを連れていつものように湖の西岸まで歩いていくと、湾の北の端に明るい色のパーカーを着込んだ3人の女性がいるのが見えた。彼女たちの周りではなく、犬たちがはしゃぎまわっている。そしてなんと、あの黒オオカミが、端のほうで見ているのではなく、そのグループに交じっているではないか！　遠くから見れば、誰もが犬たちの一団の中の1頭と見間違えたことだろう。

僕たちは犬にリードをつけ、70メートルほど離れた場所からその様子を見守っていた。彼女たちは全員が地元住民で、僕たちを見て微笑むと、呆気にとられた様子で首を振り、肩をすくめた。1人はコンパクトカメラを向けて、まるで目の前の光景が現実であることを自分に納得させようとしているみたいに、その光景を写真に撮っていた。もう1人が、大声で僕たちに説明した。オオカミは雑木林から姿を現すと、彼女たちがそれがオオカミであることを確認する間もなく、あるいはパニックに陥る間もなく、あっという間に犬たちと一緒になって尻尾を振りながら追いかけっこを始めた。犬たちは彼女たちの言うことを聞かず、戻ってこようとはしなかった。それでも、どの犬も何の問題もない様子だという。

少なくともイヌ科の動物のボディランゲージに関するかぎり、彼女たちの言葉は正しかった。黒オオカミは犬たちには不釣り合いなほど大きかったが、子犬のようにはしゃいでいた。クンクン鼻を鳴らし、遊びに誘うために「プレイ・バウ」と呼ばれるおじぎをするような姿勢をとり、尾を低く下げて腹の下にしまい込み、犬たちに自分を追いかけさせている。1歳のラブラドールのような元気いっぱいのおどけた性格が、ミケランジェロの彫刻のようなオオカミの肉体の中に包み込まれていた。

彼女たちが犬を連れて湖の先へと去ってしまうと、オオカミは尻尾を上げて僕たちを迎え、速足でこれまでになく近くまで寄ってきた。だが、僕と犬たちとのいつものフェッチはオオカミにボールを奪われることも、犬とオオカミの接触もないまま続けられた。なぜなら、僕たちは先ほどの女性たちほどは近寄らず、オオカミが近づくと遠くに押しやったからだ。45メートル、ときにはその半分になることもあった。そんなときは腕を振り回し、彼の方向に走り寄る素振りを見せた。すると、彼は背を向けて数歩後退するが、やがてまたじわじわと寄ってくる。その繰り返しだった。もちろん、このスリリングな光景は、すばらしいシャッターチャンスにもなり、僕はようやく保存する価値のある写真を何枚か撮ることができた。

もっとも、不安がないわけではなかった。それは、オオカミが攻撃してくる気配や、人間がいることに不快そうな様子を見せたとかいうことではない。彼が間違った相手のところに駆け寄ったらどうなるかが不安だったのだ。オオカミは鋭い視線でにらみつけることも、毛を逆立てることも、唇をめくることもなかった。しかし相手が、ボディランゲージを読むことができず、以前にオオカミに会ったこともなく、間近で遭遇したことを自己防衛の正当化に使う人たちや、連邦森林局やアラスカ州漁業狩猟局に苦情を申し入れる人たちだったとしたら……？

ある日の夜明け前、僕たちはオオカミのテノールの遠吠えで目を覚ました。その声は、30センチの厚さがある断熱壁と二重窓を通して聞こえてきた。外を見ると、足跡がわが家の裏口から45メートル先の森林局のキャンプ地にある道と、近くの湖岸沿いに続いている。スケーターズ・キャビンと呼ばれる、誰でも使えるウォームアップシェルターのそばだ。夜陰にまぎれて、彼は僕たちの家のすぐ近くまでやってきたようだ。探りを入れるため？　狩りをするため？　たしかにカンジキウサギやビーバー、ミンク、その他の獲物が近くの湿地の池や二次林にはたくさんいる。けれども、遠吠えは「自分はここにいるぞ」という宣言をするに等しい。獲物たちは、その遠吠えを聞いたらたちまち逃げてしまうだろう。

何がこのオオカミを駆り立てているのかわからなかったが、彼はマクギニス山のふもとの湖の端からじりじりと距離を縮め、遠くに立ち去る気配はどんどん見せなくなっていった。引っ越してきた、というのがもっと適切な表現かもしれない。オオカミとしての縄張りを広げ、そこに何があるのかを探っているのだろう。僕たちが何を望もうと、このオオカミとの関わり方のルールは、もう僕たちに決められることではなくなっていた。

第3章

ロミオ

2004
January - February

2004年春

それからの数週間、僕は白昼夢と現実の境をさまよっていた。まだ夜明け前の光の中で、その日の最初のコーヒーを飲みながら目を上げると、そこにオオカミの姿がある。オオカミは凍った湖の上を小走りで横切るか、氷の上で丸くなっている。小さな黒っぽい点のような存在ながら、そこにいるだけで風景を生命力にあふれさせ、この土地をそれまでとは違ったものに見せた。

それは同時に僕自身にも、自分が世界のどこに立っているのか、そこで何を見つけることができるのかを理解するきっかけを与えてくれた。ただ正しい方向に目を向けさえすれば、それが見えるのだ。自分が「家」と呼ぶ土地にオオカミがうろついていると聞かされることと、自分が寝起きしている場所から実際にオオカミの姿を見かけることでは大違いだ。自然との間の壁が突然薄くなったような感じがする。オオカミの姿を見ながら歯を磨くような生活が、ほかのどこで経験できるだろう？　僕が目にしているのは現実ではなくただの空想なのだ、と自分を納得させようと思ったのも一度や二度ではない。

しかし間違いなく、すぐそこにオオカミはいた。単なる頭の中のイメージではない。オオカミがそこを通ったというくつもの証拠——風で半分消えかかった足跡、干からびた獲物の骨、あるいはちらっと目に入る姿——を見るのともまったく違う。僕は写真家のエドワード・ウェストンが客観的な存在として「物自体」と呼んだものを、はっきりと目にしていた。だから当然のことながら、家の窓から外を眺める時間が増え、そこにオオカミがいるとわかると、そのときやっていた作業を中断して、カメラや双眼鏡を持ち、スキー道具を身につけて、何時間も外で過ごすようになった。

それまで、僕の野生動物との遭遇は、相手がムースにせよクズリ［訳注：イタチ科の最大種で、小型のクマに似ている］にせよ、ほとんどが見知らぬものとの出会いだった。なかには人間がそばに近づくのを一時的に受け入れてくれる動物もいたが、そうした休戦協定も数秒しか続かないことがほとんどだった。たとえば、反対側の川岸から1匹のマツテン［訳注：イタチ科のテンの仲間］に好奇心に満ちたまなざしを向けられたことがあった。例外は、レッドストーン川上流のツンドラの谷で秋の日差しが降り注ぐ午後、昼寝をしている数十頭のカリブーに取り囲まれながら、僕も一緒に数時間寝そべっていたことくらいだ。カリブーたちは大きな枝角の生えた頭を上下に動かし、僕の存在にははっきり気づきながらも警戒心を抱くことなく受け入れてくれた。

そうした瞬間には別の世界に入り込んだ気分になる。僕たちの祖先がかつて、自然界の一部として生活し、自然界もそれを受け入れていた過去の時代に戻ったような気分だ。人間はそれから長い時間をかけて変化し、ほとんどの野生動物にとって、経験的に、あるいは遺伝子に組み込まれた本能から大きな脅威として認識する外界の存在になった。そのように知覚された脅威は、たまに防御と攻撃の反応を引き起こすこともある。しかし、それよりずっと多い動物たちの反応は、人間との対峙を避けることだ。警戒しながら静かに後退する場合もあれば、あからさまにパニックに陥って逃げ出す場合もある。

状況がどうであれ、また接触時間が短かろうが長かろうが、あるいは少しずつ近づくにしても一気に近づくにしても、僕はこれまで日常的に大きな野生の捕食動物と接したことはほとんどなかった。だが今は、目と鼻の先にオオカミがいる。しかも、彼がどんなオオカミかを示す特徴や行動を知っただけでなく、ほかのオオカミには見られない、彼にしかない性格も理解し始めていた。

これほど有利な条件でオオカミを観察できるのは、ごく少数のフルタイムの研究者くらいのものだろう。しかし、そうしたオオカミ研究者たちでさえ、衛星やＧＰＳ機能付きの首輪の助けを借りて、低空飛行の飛行機を使ったり、巣穴のある場所を張り込んだりしながら調査を行っている。そして、彼らは隔離された公園や保護地域、または遠く離れた辺境の土地で、自分に対してオオカミの群れが慣れ、彼らが中立的な態度をとるように導く。つまり、人間に対して特別な反応をせず、怖がることもなく、攻撃的にもならないように導くのだ。

今、僕の直面している状況はそれとは違った。ここはイエローストーンでもデナリ国立公園でもなければ、僕がこれまでの人生のほぼ半分を過ごしたはるか遠くのブルックス山脈でも、カナダの北極圏にあるバンクス島でもない。それらの土地はどこも、オオカミを見たいと期待して多くの人が訪れるものの、ほとんどは無駄足で帰っていく場所だ。僕もそうだった。ところがここではオオカミが自ら、人間たちがそうしたように少しずつ距離を縮め、別の世界への扉を開いてくれているのだ。

１９９９年に僕たちが湖の西岸を見渡すこの土地を買い、ずっしりした春の雪と氷河が運んできた堆積物をショベルで掘り進み、基礎部分に最初のコンクリートを注ぎ込んだときには、こんな光景が繰り広げられるとは夢にも思っていなかった。僕はそれまでずっと、家を建てる場所を選ぶ第一条件は眺めだと考えてきた。そして僕たちは、たしかにその条件を手に入れた――湖の向こうにそびえる氷河、それを縁取る険しい山並み、さらには結果的にその風景に加わる1頭の非凡なオオカミ。窓から彼の姿を見られるだけでも、大変な苦労をしてここに家を建てた甲斐があった。

しかも今、僕たちはただ見ているだけの段階からさらに歩みを進め、地図に載っていない王国の中に入り込んでいる。僕たちが相手を探ろうとするのと同じくらい相手からも探られている。オオカミと僕たちの間に行き交うのは、観察というよりむしろ、異種動物間の言葉を交わさない会話だった。間違いなく、双方が相手の存在を認め、道なき道を進んでいるのを感じていた。問題は、その関係がこの後どんな形をとるのか、どこまで進むのか、あるいはそもそも進むべきなのかどうかだった。

最初に僕たちに近づいてきたのはオオカミのほうだが、だからといって僕たちの責任がなくなるわけではない。彼は何週間も前に姿を消していてもおかしくはなかった。戻らなければならないという本能に促され、この土地への関心を失い、自分の世界に戻ってもよかったはずだ。彼は僕たちのためにここにとどまったのだろうか？　それとも、僕たちがとった行動（あるいはとらなかった行動）とは関係なく、ここにとどまることを選んだのだろうか？　彼を追い払うべきなのだろうか？　人間が集団で存在する場所にとどまることは、彼にとって死刑宣告になりはしないだろうか？

シェリーと僕はじっくり考えた末、意を決して行動を起こした。彼のほうに走り寄り、叫び、手を振り回し、硬い雪の塊を投げつけたのだ。しかし彼は、優雅なしぐさでそれを軽々とかわした。そして翌日には、何事もなかったかのように再びそこにいた。もしこのオオカミに出会った人間が全員そうしていたら、彼を追い払うことができていたかもしれないが、いずれにしても彼は立ち去る気配をまったく見せなかった。

そこで、僕は次のように考え、いくらか気持ちが楽になった。現実的に考えると（野生動物は生存がかかっているので、きわめて現実的な行動をとるものだ）、オオカミが飢えに耐えてまで他の動物、とくに自分の仲間ではない動物との交流を優先させるはずがない。だから彼は、どこかにきっと自分の必要を満たすにふさわしい環境を見つけ、何とか生き残っているのではなく、余裕のある生活を送れるほど十分な餌を近くで調達できているに違いない。どんな生き物もそうだが、とりわけ飢えたオオカミが悠長に遊んでいられるわけがない。死に物狂いになるはずだ。犬を食べるかもしれないし、人間を襲うことだってあるかもしれない。一方、このオオカミは十分な栄養をとり、ふさふさした毛に覆われ、社交的で、この上なくリラックスしているように見える。

だが、彼の生存本能も、犬と遊びたいという欲求も、それをどこで満たすかが問題だった。しかも彼はどんどん大胆になり、頻繁に姿を見せるようになった。早朝にはビッグロックから200メートル、わが家の裏口から800メートルあたりの氷の上で丸くなるのが習慣になった。人や動物の行き来を見張るには絶好のポイントだ。

湖の端にある駐車場やそこから放射状に延びるトレイルから、犬を連れたスキーヤーがぽつりぽつりと、日によっては続々とやってきては、レクリエーションエリアでめいめい目的の行動をする。スケーターズ・キャビンの前で子どもと一緒にホッケーを楽しむ人もいれば、クロスカントリースキーの大会に備えて練習する人、あるいは仲間と落ち合って一緒に犬を散歩させる人もいる。そこにオオカミが加わったのだ。姿が見えないことや、遠くにぼんやり見えるだけのこともあったが、ときには人間が無視できない大きさの野生のオオカミが、彼らの飼い犬とあいさつを交わすために駆け寄ってくる。これまでのところ、トラブルが起こったという話は聞こえてきていないが、何かの拍子で、あっという間に風景が一変するかもしれない。

ある日、この黒いオオカミの写真が『ジュノー・エンパイア』紙の一面を飾った。こうして、彼の存在を秘密にしておこうという僕たちの計画は正式に終わりを迎えた。こっそりうわさされるだけの秘密の存在が、生きて呼吸をする現実の存在に変わったのだ。市内のスーパーやバー、カフェなどどこに行っても「氷河オオカミ《グレイシャー・ウルフ》」の話題で持ちきりになった。「そうそう、あのオオカミだろ。でかくて黒いオオカミ……湖にいるっていう。見てきたよ。あいつ、あそこで何してるんだ? よくわからないけど、間違いなくでかいオオカミだったよ」

覆いが正式に取り払われたことで、人々はいっせいに口を開き始めた。どうやら、こそこそしていたのは僕たちだけではなかったようだ。ほかの何人かも僕たちと同じように口を閉ざし、自分たちの秘密のオオカミを守っているつもりでいたのだ。

オオカミは、少なくとも半年前からこのあたりにいたことがわかった。多くの人にとってはほんの束の間の出会いだったが、その姿を見るのが日常になっている人たちもいた。シェリーが勤める歯科医院に通院している患者の1人は、その前の春の終わりごろにドレッジ・レイクスのトレイルで黒いオオカミが彼と犬のあとを追ってきたと話したという。秋には、事もあろうか近くの射撃練習場を横切り、モンタナ・クリーク・ロードを進むところが目撃されていた。わが家の周りから、オオカミなら直線距離を2、3キロ走れば着ける場所だ。近隣の地区に住む作家のリン・スクーラーも、11月半ばに湖岸沿いをオオカミが歩いているのを見かけたそうだ。僕たちが最初に目撃した2、3週間前ということになる。

また、僕がスキーで滑っているときに出会った男性は、早朝に2頭のラブラドールを連れて散歩をしていると、オオカミがあとをついてきたと言った。大きくて黒っぽい色のハスキーかシェパードのミックス犬みたいなものが裏庭を横切った、と話す近所の女性もいた（彼女は今になって、それが犬ではなかったと気づいた）。そのほか僕たちは少なくともあと2人、オオカミと遭遇していた人を知っている。

不思議なことに、実際に彼を見た人は、おそらく僕たちが話を聞けた人数の10倍か20倍はいただろう。オオカミがすぐ近くにいることを町じゅうの人が知るようになっても、湖の光景はほとんど変わらなかった。ジュノーの大部分の住民は彼の存在を冷静に受け止めていた。何と言っても、ここはアラスカなのだ。オオカミを目にしたのなら、それはそれで結構じゃないか――。わざわざ見にやってきたり、反対に避けるのでもなく、オオカミとの遭遇はアウトドア活動の一部に組み込まれただけだった。ちょっとしたボーナスのようなものだ。

しかしなかには、オオカミを実際に目にする貴重なチャンスに興奮して、その幸運をありがたく思い、彼の熱烈なファンになった人たちもいる。その数は次第に増え、やがて年齢も外見も体格も異なるさまざまな人たちで構成されるファンクラブができた。そして生物学者やハンター、猟師、プロやアマチュアの写真家、州議員、店員、大学生や機械工など、ありとあらゆる人がオオカミを初めて間近で見たり、その声を聞いたり、写真や動画を撮影できるかもしれないという、それぞれの期待を胸に湖にやってきた。それでも全体として見れば、レクリエーションエリアには十分な広さがあったので、見物人とオオカミがそれぞれのスペースを保ったまま共存できた。

その一方で、オオカミに対してまったく異なる思いを抱くグループもあった。そしてついに、彼らの間で不満の声が上がる。「オオカミが民家や子どもたちや犬たちの近くをうろついているだって？　放っておくわけにはいかない。何か策を講じなければ」。その「何か」が何であるべきか、公の場でも内輪の集まりでも大きな議論になった。

その当時、誰がどういう役割を果たしていたのかはよく覚えていない。黒オオカミが最初に現れてから数年がたつと、さまざまなうわさが広まり、彼のニュースが『ジュノー・エンパイア』紙やＫＴＯＯラジオで伝えられ、住民の不安を解消するための討論がたびたび行われた。それでもまだ、湖の上で黒いオオカミを見て驚いたと話す地元住民に会うことがあった。いずれにしても、あらゆる立場の人が湖にやってきて、オオカミを見たり見なかったり、オオカミの話を聞いたり聞かなかったり、オオカミの存在を気にしたりしなかったりするうちに、うわさは地域コミュニティに浸透し、ゆっくりと、だが確実に広まっていった。そうしてトレイルの雪が固まって歩きやすくなる晴れた午後には、メンデンホール湖に立ち寄る人の数は一気に増えた。

黒オオカミをめぐる人々の反応はこのころからすでに複雑で矛盾をはらみ、明快さに欠けていた。愛と恐怖は結局のところ、僕たちが思うよりも近い感情なのだ。僕自身、両方の感情が自分の胸に渦巻くのを感じ、彼の身を案じた。イヌピアックのクラレンス・ウッドが僕に対して首を振っている姿が目に浮かぶ。彼の旅のパートナーとなり、何年も一緒にオオカミ狩りをしていた僕が、今、1頭のオオカミを前に思い悩んでいた。クラレンスの低いしわがれ声が耳元で聞こえるような気がした。「実にいい毛皮だ。そう思えば狩りができる」。同じように考える人たちが、ジュノーにもいることはわかっていた。

そんなことなどまるで気にすることもなく、黒オオカミは人間が集まっていない開けた空間を速足で進み、オオカミにしかわからない活動にいそしんでいた。日課のように、どこかのトレイルの起点で犬たちを出迎えることも増えていた。そして突然、狩りモードに入ることもあった。さらには、気に入った場所で昼寝をしたり、自然の円形劇場を見つけて遠吠えをしてみたり、雪の吹きだまりの斜面を登ってみたりもする。

柔らかい足首の関節を駆使して何キロもの距離を移動する彼の足跡は、僕たちがよく使う道だけでなく、凍ったビーバー池やハンノキでふさがった氷河の上の溝、樹木の生い茂る斜面など、普通の人は（新しいオオカミの足跡を追うのでもなければ）あまり行こうとは思わないような場所にまで続いていた。僕自身、気がつくと彼の足跡を追ってそうした道にたびたび入り込んでいた。そして、ヤナギの木立の間に残る彼の痕跡を古いものも新しいものもかまわず追って、彼が寝床にしている場所を調べたり、糞をつついて観察したりして何時間も過ごした。ときにはオオカミの姿が目に入ることもあったが、たいていは見えなかった。

イヌピアックの友人で罠猟師をしているネルソン・グライストは、カリブーの革でできたテントで育ち、弓と矢でライチョウを狩って暮らしていた。もうずっと前のことだが、彼が僕にこう話してくれたことがある。縄張りの中にいるオオカミたちは姿を現す場所や好みの場所が決まっていて、同じ道を正確になぞるように通る。だから、特定のポイントを通るときにどこに足を置くかを数センチの誤差で予想することもできる。それが、罠を仕掛ける理想的な場所になる。「彼らの通り道を追うんだ」。ネルソンはうなずくと、こう続けた。「そうすれば、何かが見つかる」。僕自身のずっと昔の北極圏での経験も、ネルソンの言葉を裏づけていた。

たとえば、見つけたのはトレイルに残る足跡だけで、実際の姿は見たことがないつがいのオオカミがいた。1982年から84年の冬、その2頭はノアタック村の北にあるマルグレイヴ・ヒルの渓谷を渡るときに、およそ2週間ごとにまったく同じ場所を通っていた。また、僕が足跡とマーキングの場所だけを知っていた別のオオカミは数年間、3月と4月にアンブラーという村の近くの縄張りに戻ってきたが、ほぼ毎週、僕のスキールート上の特定の場所を横切っていた。

黒オオカミも、それと同じようなマイホーム主義の行動パターンを築きつつあった。もっとも、行動範囲は僕がそれまでに知ったり聞いたりしたオオカミたちよりずっと狭かった。その中心はメンデンホール湖の西岸で、マクギニス山と、その北側のふもとからモンタナ・クリークのあたりまでの1・6キロほどの地域を含む。

中心エリアを東に向かうとドレッジ・レイクスを経て、人間と動物がつくった迷宮のようなトレイル網からビーバー池や砂利で埋め立てた池、ブラード山の急な斜面へと至り、そこからサンダーマウンテン（耕された北斜面に雪崩が起こるときの轟音から名づけられた）の900メートルの稜線が南に延びている。ドレッジ・レイクスの南西の角、メンデンホール川を渡ってすぐのところには、森林局のキャンプ場の小道や散歩道が通るまだ新しい湿地帯の森がある。それを越えると最初の何軒かの民家が並んでいる。

そのひとつが僕たちの家で、メンデンホール川に面していた。湖から流れ出て、谷の真ん中を切り裂いているように見えるメンデンホール川の冷たい灰緑色の流れ、それと隣り合うドレッジ・レイクスとブラザーフッド・ブリッジ公園地域は、海まで続く緑の回廊となり、その途中で開発された地域を通る。すなわち碁盤目状の住宅地や学校、教会、公園とショッピングモール、そして豊かな干潟と境界を成すジュノー空港周辺の工業地域だ。

一般的なオオカミの縄張りは数百〜数千平方キロメートルというのが普通なのだが、この黒オオカミの縄張りは全体で18平方キロほどの広さしかなかった。人間の感覚からすれば、それくらいあれば十分に広いと思えるかもしれないが、オオカミの基準では決して広くはない。だが、ここにいるのは1頭のオオカミであって群れではない。しかも、最近になってこの地域に移ってきたばかりだ。そう考えれば、行動範囲が限定されていてもおかしくはない。

その限られた範囲内を彼が行き来するパターンはある程度予測可能だったが、ときには数日間も姿を見せないことがあった。きっとどこか別の場所に移ってしまったのだろうと僕たちが考え始めるタイミングで、再びいつもの場所に戻ってくる。移動中のオオカミなら、たいてい背後に逃亡ルートを確保してできるかぎり身を隠すものだが、彼は次第にそのパターンには従わなくなっていった。

新しい土地にやってきたオオカミは、用心深く行動するに越したことはない。野生のオオカミの死因でとくに多いのは、群れ同士の抗争によるものだ。つまり、単独で別の家族集団の縄張りを侵害したオオカミが、逆にその集団のオオカミたちに殺されるのだ。黒オオカミがどんなレンズを通して人間を観察しているかを想像してみてほしい。ものすごく大勢からなる奇妙な群れがあり、自分はその縄張りに侵入しようとしている。行動しだいでは死という罰が与えられる可能性もある。人間とオオカミどちらの尺度を用いたとしても、彼の行動は向こうみずと判断されるだろう。

その一方で、群れと対峙しても、殺されたり追い払われたりしなければ、相手にゴマをする能力を身につけて、その群れの縄張りの境界線あたりで生活することもある。そうすれば、獲物の残り物をあさるだけでなく、その群れへの帰属意識を持つこともできる。場合によっては、ある程度の時間がたったら、こっそりその群れの中に入り込んで交尾の相手を見つけたり、その群れの一員になることもできる。あるいは、異性のオオカミを群れから引き離し、一緒に新しい群れをつくることさえできる。新たな縄張りでの大胆な行動は、このように繁殖という点で報われることが多いため、その特性は子孫に受け継がれていく。

それぞれの状況でどれくらいうまくいくかは、オオカミの性格、タイミング、そのときどきの条件によるだろう。ここでもやはり、母なる自然が気ままにさいころを振るのである。もしかしたら、ここジュノーで起こっていることも、数千年前の僕たちの祖先がたき火のそばで経験したこととそう変わらず、それがいくぶん奇妙な形で、あるいは黒オオカミならではのスタイルで繰り返されているだけなのかもしれない。言い方を変えれば、未来の同盟者が、たき火の明かりが届く端のあたりで、自分も群れに招かれることを待っているのかもしれない。

僕は、犬を連れていくときにはたいてい1頭だけにしていた。しっかり者で上品なダコタのときもあれば、穏やかな性格のガスのときもあった。一番若いチェイスを連れていくときには、この気性の激しい幼い犬に対してでさえオオカミが寛大な態度で接してくれることはわかったものの、必ずリードをつけるようにした。3頭一緒に運動に連れていくときには、いつもとは違う、オオカミの現れない場所を選んだ。3頭とも連れていけば、オオカミと間近で出会う確率が大きくなるとわかったからだ。にぎやかになればなるほど、彼の興味を引くことになる。

僕は、オオカミが遊び好きの犬たちと一緒にいる写真を撮る以上のことを期待していた。もちろん写真が撮れることも魅力的だったが、このオオカミについては、そのめずらしい光景以外の姿も見たかったのだ。とにかく彼のことをもっとよく知りたかった。そのために重要なのは、連れていく犬は1頭だけにして、自分のそばから離さないことだと考えたのだが、やがて犬の仲介に頼らずに1人でオオカミを探しに出かけるようになった。とはいえ、そのころにはオオカミと2人だけの時間を持つことは、すでにむずかしくなっていた。

僕たちが飼っていた3頭のうち、ダコタは生まれながらにしてオオカミを惹きつける魅力を持っていたらしい。だから、ダコタとオオカミを引き離しておくことはなかなかできなかった。人間の美的感覚からしても、ダコタはまばゆいほどゴージャスだ。深い胸、くびれたウエスト、彫刻のような筋肉、それを覆うベルベットのような柔らかい毛、カワウソのようなふさふさした尻尾、そして上品な顔。淡い茶色の目の周りは自然の黒のアイライナーで縁取られている。もちろん犬の飼い主はみな、自分の犬は完璧に美しいと思っている。しかし飼い主のひいき目でないのは、ダコタが数年前、ジュノーで撮影されたエディー・バウアーのカタログ用のモデルに選ばれたことからもわかってもらえるだろう。

そうは言っても、見た目の魅力と生物学的な魅力は異なるものだ。ダコタには幼いときに不妊手術を受けさせていたし、初めてオオカミと会ったときにはもう9歳になろうとしていたので、雄を惹きつけるようなフェロモンを発していたとは思えない。それに、犬とオオカミが遺伝子的にどれほど近いとはいえ、ダコタはまったく異なる種であり、とくにオオカミに似ているわけでもない。平均的なオオカミの雌と比べると、体の大きさは3分の2ほどしかない。近くにはもっと若く、見かけがオオカミに似ている混血のハスキーも、がっしりしたシェパードタイプの犬もいる。オオカミにとってもっと魅力的に映ると思われるマラミュート犬［訳注：エスキモーのマラミュート族がそり引きや狩猟に使っていた犬］だって、ちらほら見かけることがある。

しかし不思議なことだが、黒オオカミとダコタとの間には、すぐに強い絆が生まれた。ロマンチックな衝動と紙一重の友情といったところで、このオオカミがそれから何年かの間に十数頭の犬と繰り返すことになる関係だった。彼が実際にどんな性格であろうと、その行動は「オオカミ」という言葉の時代遅れの意味――「女たらし」がぴったりくるように思えた。よく漫画の中で意地悪そうに横目で口笛を吹いている、あのオオカミのイメージだ。

黒オオカミはダコタの姿を目にすると、遠くからでも勢いよく走り寄ってきて、うれしそうなしぐさを見せた。クンクン鳴いたり、せわしなく歩き回ったり、誘惑する若い雄犬のようなポーズをとったり、さらにはすっくと立って耳を狭め、尻尾を立てて優しく振ってみたり……。その日の気分によってオオカミが近づいてくる距離は違ったが、ダコタはしきりに尻尾を振ってそれに応え、気のある素振りを見せ、同じようにクンクン鳴き声を上げた。ダコタを自由にすると、2頭は弾むように互いに駆け寄って、ホルモンを暴走させた12歳の男女が中学校のダンス大会で踊っているみたいに、そこらじゅうを跳ね回った。

頭に血がのぼった若者たちを監督する親のように、僕たちはこうしたダンスが始まると、それがエスカレートする前にダコタの名を呼んでこちらに戻ってこさせた。実は、オオカミとダコタを接触させるのはあまり気が進まなかったのだが、両者からの哀願するような鳴き声に屈して、ときどき短い時間だけ触れ合うことを認めたのだった。僕たちが家に戻り始めると、オオカミはしばらくあとをついてきた。それから次第に距離を開け、やがて氷の上にぽつんと残ると、空に向かって遠吠えをする。

オオカミの吠え声ほど物悲しい響きを持つものはないだろう。こういうときの黒オオカミの遠吠えは、その奥底にある深い孤独を感じさせた。ときには別れたくないあまりに、いつものように途中では止まらずに家の前まで追ってきて、前方に回り込み、家から僕たちを引き離そうとする動きを見せることもあった。オオカミは僕とシェリーのことも、わが家の犬たちのことも知り、今では僕たちの家も知っていた。

シェリーは、鼻をクンクン鳴らしながら庭を行ったり来たりしているオオカミの目の前でドアを閉めるときには胸が張り裂けそうになる、と言っていた。もし彼女が何でも自分の思いどおりになる王国の長であれば、オオカミを家の中に呼び込み、温かい風呂に入れ、耳の後ろをなで、ほかの犬たちと一緒にベッドの下で眠らせたことだろう。クンクン鼻を鳴らしながら行きつ戻りつする黒オオカミの様子は、まるで仲間を求めているように見えた。招き入れられれば、本当にそうしていたのではないだろうか。

もちろん、誰もがシェリーのような「大きくて優しいオオカミ」という見方をしていたわけではない。雪が降るある日に出会った気むずかしそうな老人は、氷の上にいるロミオをちらっと見ると、そばにいるスパニエルを見下ろし、つばを吐いて言った。「あいつめ。おれが信じられるのは、投げ飛ばせる大きさのオオカミまでだ」。また、アニタ・マーティンが氷の上から戻ってくると、1人の女性が彼女を呼び止め、「あの憎たらしいオオカミを見た？」と尋ねてきたそうだ。その声には、子どもをさらう悪者のことを話しているような嫌悪感がみなぎっていたという。このように、オオカミに対して反感を抱く住民も増えていたのだ。

ある朝、シェリーが寝室のブラインドを上げると、まだ薄暗いなか、オオカミが目の前の氷の上にぽつんと寝そべり、わが家のほうを見つめていた。「ロミオったら、また来ているのね」と彼女はつぶやいた。シェリーはそれを何の気なしに口にしたのだが、ぴったりの名前のように思われた。そして内輪でだんだんそう呼ぶようになり、いつの間にか定着した。「だって」と彼女は言った。「もう知り合ってずいぶんたつし、お互いのこともよくわかってきたから、〝オオカミ〟以外の呼び名が必要でしょう？」彼女は職場の歯科医院でも、同僚や患者たちにこの呼び名を繰り返したので、それが次第に広まり、やがて大勢の人が使うようになったのだった。

ロミオという名前から想像される〝運命の愛〟とは違って、現実はこうだ。シェリーと僕がまだ薄暗い早朝に、リードをつけたダコタと一緒に外に出る。すると、ダコタはうめくような鳴き声を上げながらリードを引っ張り、それと並走するようにオオカミが小走りで追いかけてくる。そして木々の間に姿を見せたり隠したりしながら、ついにはわが家の庭までついてくる。そこで、僕が雪玉を投げて追い払う――。その理由を彼に説明できたらどんなによかっただろう。相手を思う気持ちを隠して残酷な仕打ちをしなければならないことで、僕の胸は痛んだ。

だが、すぐ近所にはこのオオカミに対してあからさまに不満を口にする住民もいた。また、スケーターズ・キャビン・ロードに出れば時速80キロで飛ばす車が走っている。そういったことを考えれば、オオカミをここにとどまらせておくことはできなかった。だから心を鬼にして、自分たちにできる唯一の道を選ぶ必要に迫られた。ダコタとロミオを引き離すのだ。そのためには、おそらく私たち自身も外に出ることを控えるべきよね、とシェリーが指摘した。たしかに、そのとおりだった。少なくともロミオがいるときには引き返したほうがいい。彼が僕たちの存在を気にしなかったとしても、こんなふうにここを訪れる人間も犬も多くなってきては、何事もなくすべてがうまくいくとは思えない。僕たちはこの点を何度も繰り返し話し合い、湖に出ることをずいぶん控えたのだが、まるでその穴を埋めるかのようにほかの人たちがどんどんオオカミに近づいていった。

ロミオは一見したところ、恋心から犬たちに近づいているようだったが、僕が見たかぎりでは、接触したどの犬とも、その意味で実際に戯れることは一度もなかった。ロミオは大きな体をした雄で、（僕たちが想像するかぎりでは）通常の性的衝動を持っていたので、少なくとも何度かは発情期で彼を受け入れそうな雌と出会ったに違いない。それでも、彼が交尾に及んだという話はまったく耳にしなかった（最初の年に見当違いのどこかの女性が発情期のハスキーを連れてきて、オオカミと交尾させようとしたときでさえも）。このことはずっと大きな謎のひとつだった。湖の上でロマンチックな駆け引きが繰り広げられることもなければ、互いににおいを嗅いだり、尻をなめたりすることもなく、また遊びの一部としても、ロミオが犬の後ろから乗りかかったりすることはなかった。逆に、不作法な犬たちがそうしようという素振りを見せることがあったものの、ロミオは相手にしなかった。

オオカミの繁殖シーズンは1年に一度だけ。冬の終わりから早春までのほんの短い期間だが、雄のオオカミとオオカミ犬は、発情期の雌犬に対して1年中反応することが知られている。だが、ロミオはそうではなかった。もっとも、彼の自然のままの性器はよく目立った（ただし、厚い毛皮で覆われていたため、犬と比べればはるかに目立たなかった）。交尾への衝動が抑制されている理由が何であれ――本能に従ったのかもしれないし、あるいは、最高の相手との間に1年に一度だけ子をつくることが一般的なオオカミの群れの習慣に倣ったのかもしれない――、そのおかげで何年にもわたって、近隣住民の間に余計な緊張を引き起こさずにすんだ。ほかの問題が山積みの状況においては、それがひとつの救いだった。

第4章

正真正銘のオリジナル

2004
March

日が傾いた午後の遅い時間に、僕は北の氷河に向かってスキーを滑らせた。その日二度目となる一回り8キロのコース走行だ。一度目は犬たちを連れ、オオカミがしばらく姿を見せていないキャンプ地で運動をさせた。だが今度は1人で高速走行をする、というのは口実で、本当はオオカミに関する手がかりを見つけたかったのだ。

1・6キロほど進むと、氷の上ですでに見慣れた光景が繰り広げられていた――犬たちがオオカミを追いかけ回し、オオカミのほうは距離を置いたり誘いに乗ったりしている。その様子をスキーを履いた人たちが見守っていた。近づくにつれ、常連になりつつある犬と飼い主の姿を確認することができた。そこに新しい顔もぽつぽつと交じっている。湖のさらに離れた場所でも、何人かと犬たちがやはりオオカミに注意を向けていた。僕は何度もオオカミを主役にした〝パーティー〟を見ていたので、これが短くて数分、長ければ30分くらい続くとわかっていた。

2004年の3月半ばのことだ。僕たちが最初にオオカミと出会ってから4カ月が過ぎていた。ロミオはもはや目新しいニュースのネタではなく、今では〝セレブ〟としての地位を確立していた。日が長くなり、絵葉書になりそうな好天が続くと、大勢の住民が氷河エリアにやってきて、リングサイドの特等席で観戦を楽しむようになった。ところどころに雲が浮かんだ青い空に山並みが映える美しい風景と、何キロも続くスキーや歩行者用のトレイル。そこに黒いオオカミが待っている。まるでコンピュータグラフィックで合成されたかのようなその光景に、人々はわが目を疑った。だが、オオカミは本物だ。吐く息が白い蒸気となり、手のひらサイズの足跡が雪の上に刻まれ、炎のような琥珀色の瞳の中で生命が輝きを放っている。

ロミオにはのんびりと過ごすお気に入りの場所がいくつかあった。ビッグロックもそのひとつだが、少し奥のウエスト・グレイシャー・トレイルの駐車場に向かうところや、東側のドレッジ・レイクスの岸に沿った河口付近などもそうだった。どこもオオカミの群れのいわば集合場所《ランデブーポイント》となっていて、オオカミが気に入りそうな特徴を備えていた。まず、視覚的にも嗅覚的にも優位に立てる場所であり、なじみのあるトレイル網へのアクセスも簡単だ。そして深い森への逃亡ルートや獲物のいる狩場、移動ルートにも近い。ロミオはそうした場所を、犬、さらには結果的に人間と出会うアリーナとして選んだのだ。僕たち人間は、これらの場所を自分たちの縄張りと思い込んできたが、オオカミも人間には知覚できないにおい、人間には意味を推測することしかできない遠吠えによって、そこが自分の縄張りであることを主張していた。

そして、僕たちに心構えができていたかどうかに関係なく、ここジュノーでは想像もしなかったシナリオが進行していた。湖がオオカミ観察のステージとなり、観客を集めるようになったのだ。その結果、リアリティ番組と同じ状況に見舞われた。つまり、大きな黒いオオカミと3万人の住民を同じ鍋に入れてかき混ぜ、何が起こるかを一歩下がって見守ろうというのだ。

こうして普段から氷河エリアを利用している人たちに加えて、見物人や野次馬がどんどん増えていった。家族連れや若者グループが湖までやってきては、ロミオに応えるように頭をのけぞらせて遠吠えのまねをする。何をしようとしているのかわからないが、夜中にこそこそ湖沿いをうろつく人たちもいた。オオカミを呼び寄せるには、ふさわしい犬種を連れていくだけでいいという情報も口コミで知れわたった。それだけで安全に、とびきりの体験ができるというのだ。まるで、大きな遊園地のアトラクションみたいだった。

大きな野生動物をそばで見た経験のない人、さらには自分の飼い犬のコントロールすらできない人たちでさえ、気軽にやってきては好き勝手なことをして、何が起こるかを見ていた。どこかから犬を借りてきて、無理やり引っ張っていき、何とか自分も〝行列〟に参加しようとする人もいた。大きな野生の肉食動物に近づくのは興奮がかき立てられる冒険で、そのオーラがあらゆる種類の人たちを魔法にかけ、賢いはずの人たちにまで愚かな行動をとらせていた。そうした人たちにはおとなしく家にいてほしいというのが本音だったが、だからといって僕には彼らを責めることはできなかった。そもそも、僕は彼らと何が違うというのだろうか？

大勢の人たちに取り囲まれながらも、ロミオは超然としていた。彼は湖の端からこちらを見ていたが、人間たちが１００ヤード（約90メートル）のラインより近づくと、林の中に姿を消した。それでも、オオカミを観察できる距離の通常の基準からすれば、信じられないほどの近さだ。

よくあることだが、オオカミの存在に慣れてきたことで敬意に欠ける行動をとる住人たちも出てきた。大部分の人は犬をリードにつなぐか、自分の声が届く範囲にとどめておいたが、害を及ぼす可能性などまったく考えずに、大きさも体型も気質も異なる犬たちを放して、オオカミに対して自由な行動をとらせる人たちが出てきたのだ。犬たちは好き勝手に吠え、遊び、追いかける。自分の飼い犬をけしかけて——犬が怯《おび》えていても不機嫌でもおかまいなく——ロミオに近づけさせ、黒いハンサムなよそ者とじゃれ合う見せ場をつくろうとする人もいた。どうせなら、子どもたちもポーズをとってオオカミと写真を撮り、来年のクリスマスカード用にしたらどうだ？　そんなバカなことを、と思われるかもしれないが、最初の冬の終わりには、子どもたちを連れてまさにそうした行動に出る人たちもいたのだ。

翌年以降も同じことが繰り返された。見知らぬ人から、後ろにオオカミの姿を入れたグループ写真を撮ってくれないか、と頼まれたことも一度や二度ではない。多くの人がオオカミに対してどう行動すべきかについて何の知識も持っておらず、すべてはオオカミしだいだった。彼が、人間や犬から自分の身を守るために攻撃という反応を示す可能性は捨て切れなかった。一部の愚かな連中が彼に挑発的な態度をとっていたのだからなおさらだ。連中はどんどんそばに近寄っていき、ときには何人かで取り囲み、いきなり動いたり、木立まで追いかけたりしていた。どんなに社交的なオオカミにだって限界はある。

見物人の一団の中には写真家の姿も増えていた。彼らは苦労して湖のそばまで機材を運んできては、撮影がむずかしいことで知られる野生のオオカミの写真を撮る、生涯に一度のチャンスをモノにしようとしていた。地元のプロの自然写真家で、才能豊かなジョン・ハイドなどは、ほとんど毎日のようにやってきていた。僕と同じように、彼もそのチャンスがいかに貴重であるかを知っていたので、写真を撮るためなら多少の無理はいとわなかった。もしロミオがブースを設けて1ポーズ50ドルで写真撮影に応じていたら、たいていの人が「オオカミ」という言葉を聞いて想像する殺戮《キリング》ではなく、大儲け《キリング》をしていただろう。

当然ながら黒オオカミの存在は、派手な見出しとともに地元紙の紙面をにぎわし、この地域の自然環境や市民の安全と行動に責任を負う機関にとって無視しがたいものとなっていった。メンデンホール氷河レクリエーションエリアには、細長く延びる広大なトンガス国立森林公園（面積約670万ヘクタールでアメリカでは最大、世界でも有数の広さを誇る国有林）が含まれている。そのため、連邦森林局が土地だけでなく、その土地を利用する人間の行動も管理していた。ただし、連邦森林局は大きな監督・執行権を有するものの、州機関の管轄権と複雑に重なり合う部分もあり、概して野生動物の管理問題（たとえば友好的すぎるオオカミ）に関してはアラスカ州漁業狩猟局に決定を委ねることが多かった。

つまり、所有権に関するかぎり、オオカミがうろつく土地の大部分は連邦に属しているが、オオカミ自体はアラスカ州に属しているということだ。どちらの機関も法律に則って管理規定を定めている。しかし、ロミオの1日の移動は連邦の所有地から始まり、私有地に入り、市に属する土地を横切り、純粋に州が所有する土地の断片に踏み込み、最後には氷河に戻っていくといった調子だ。結局のところ、オオカミの管理の問題、市民の安全、法の執行にはアラスカ州漁業狩猟局、アラスカ州ワイルドライフ・トルーパーズ（州の警察組織）、連邦魚類野生生物局、連邦森林局、そしてジュノー警察までが関係し、すべてはどこで何が起こるかで決まった。

このように、黒オオカミの管理に関しては管轄権が複雑に絡み合っていただけでなく、感情的な要素も含まれていた。だが、最初の冬にロミオに対してすべての機関がとった行動は、能動的な意味で「何もしなかった」という表現が最も適していたと思う。

オオカミは各機関の監視レーダー上では侵入者として警戒信号を発していたものの、その独特な行動には特別な対応をせざるをえなかった。社交的なオオカミ——それは一時的ではなく常態になりつつあった——をどう扱うべきなのか？　こんな話は誰も聞いたことがなかった。たしかにロミオの存在に不安を抱き、憤慨したり感情的になったりする人もいた。しかし実際には、ミンクやヤギと同程度のトラブルしか引き起こしてはおらず、ゴミあさりをするクマよりもはるかに安全だった。

アラスカ州漁業狩猟局は『ジュノー・エンパイア』紙に一度か二度、警告文を掲載して、身の安全を図るためにオオカミには近寄らないように注意を促すとともに、一般常識に従って犬たちをきちんと管理するようにと訴えた。さらに、犬からオオカミに病気や寄生虫がうつり、それがほかの野生動物に伝染するおそれもあると警告した。この場合、人間がオオカミにとって危険な存在になるのであって、その反対ではない。異種の動物同士が親しすぎる接触行動をとることについて、不安や憤りを記した投書を地元紙に送る人もいた。メッセージははっきりしていた。人間とオオカミは交わるべきではない、というものだ。

しかし、エリアの広さ、たくさんのアクセスポイント、オオカミが犬と遊びたがっていること、彼に魅了された人々の存在、見物に訪れる人の数、そしてオオカミの側で人間を許容する意志が高まっていることといったオオカミに関わるあらゆる要素を考慮に入れると、レクリエーションエリア全体を閉鎖する以外に接触を封じるすべはほとんどなかった。

現実には、人間とオオカミとの間近での遭遇は避けられず、日常的に起こっていた。森林警備隊の地域責任者だったピート・グリフィンは、当時の状況をこう振り返る。「われわれはまさに未知の領域に踏み込んだ。しかし、何か行動を起こす理由が見つからないので、何もしないという決定に至った……アラスカの国有林にいるオオカミには、それが適切な措置だと考えた」。彼はそこで目を細め、にやっと笑って続けた。「実のところ、私はあのオオカミがこのあたりにいるのも悪くない、と思っていた。管理が大変なのはオオカミではなく、人間のほうだ。でも、たいていの人は礼儀正しく責任ある行動をとっていたから、特段の措置は必要ないと判断したんだ」。いくつかの明らかな例外や数え切れないほどの小さな失敗はあったものの、グリフィンの言うことは間違ってはいなかった。これまでのところ、誰もが期待していた以上に、すべてがうまくいっていた。

当たり前のことだが、人間がオオカミに何を求めるにせよ、オオカミ自身がそれをどう感じるかはわからない。ロミオの目には、きらきら光る箱に乗ってやってきて、ぺちゃくちゃ話す異様な動物こそが何よりも奇妙に映ったに違いない。不可解な提案をしてきたと思ったら、すぐさま、遊び仲間と将来群れの仲間になるかもしれない動物たちを連れ帰ってしまうのだから。

一方で、ロミオの行動は自らの優先順位をはっきりと示していた。つまり、彼にとっては犬と会うことがすべてに優先していたのだ。狩りがもっと重要なら、あるいはほかのオオカミと群れをつくることや人間を避けることが重要なら、どこか別の場所に行っていただろう。そのように焦点が定まった社会的衝動が、彼の行動を支配していた。

それと同時に、この場所で長い時間を過ごしているということは、オオカミが生存していくための基本的なニーズが満たされていることを示していた。ロミオはいつでも自由に、誰も追うことのできない場所に姿を消すこともできたはずだし、再び戻ってくるか、さらに先に進むかを自分の意思で選ぶこともできたはずだ。それでも、ほかの場所へ行くような素振りはほとんど見せず、少なくとも移動距離の長いオオカミの基準に照らして言えば、同じ場所に驚くほど長くとどまっていた。

ロミオの典型的な冬の1日の過ごし方は、まず、朝日の最初の一筋が射し込む前に所定の位置につき、犬の散歩をする人たちを出迎える。もちろん好みの犬が来れば申し分ないが、そういう犬が見当たらないときにはほかの犬で間に合わせる。そして午前の遅い時間に休憩に入り、昼寝のために近くの監視ポイントまで後退する。それから日暮れ近く（仕事帰りの人たちが駆けつけてくるころ）までは、再び姿を現すこともあれば現さないこともある。

天気が悪いと人間の数も犬の数も減るため、オオカミをゆっくり見るには好都合だった。さらに言えば、日中ではなく夜明け前や日暮れ後の暗い時間帯に出かければ、ロミオを独り占めできることもあった。たいていのオオカミがそうであるように、ロミオも薄暗い時間帯が最も活動的だった。だが彼は、状況によってはどんな時間でも狩りをし、眠り、移動していたのではないかと思う。

忍耐力のある何人かの住民は、どんな不便もチャンスの裏返しと考えていたようだ。たとえば、大きな黒いラブラドール・ミックスを連れた、手足が長くて大股で歩くかぎ鼻の男性の忍耐強さときたら、普通の見物人とはまったく別のレベルに達していた。僕はときどき、夜明けとともに彼が氷の上から戻ってくる姿を家の窓から見かけることがあった。ドレッジ・レイクスからの帰りだった。暗がりのなか、そこでずいぶん長い時間をオオカミと過ごしていたようだ。それも、普通の人が外に出ないような悪天候の日が多かった。

僕は彼の粘り強さを称賛せずにはいられなかったが、同時に独占欲から来る嫉妬《しっと》も感じていた。彼はどこに行っていたのだろう？　いったい誰なんだろう？　当時は彼の名前さえ知らなかった。だいぶあとになってから直接会って話ができたが、しばらくは電話で話したり、数百メートル離れた距離からお互いに手を振って軽くあいさつする程度の関係だった。その後、この男性――ハリー・ロビンソンは、少し離れたところにいる僕の同盟者となり、やがて友人となって、オオカミとの絆を共有する者同士、親しく付き合うようになった。彼からオオカミとの日々について話を聞いたのは、何年もたってからのことだ。

ハリーと飼い犬のブリテンは、僕たちと同じころに黒オオカミと初めて会ったという。場所は氷河ではなく、メンデンホール渓谷を5キロ近く下ったあたりの、あまり人が通らないブラザーフッド・ブリッジ・トレイルにある草地だった。このトレイルは、メンデンホール川沿いの森林保護地域――急ピッチの開発が渓谷全体を呑み込みそうな勢いだった1980年代末に、ジュノー市によって保護された地域――を抜けて海へ向かっている。住宅地や商業地区と隣接するブラザーフッドは、人気のレクリエーションエリアであるとともに、その一部は氷河と海岸地帯をつなぐ野生生物の回廊を形成している。

ハリーは冬の早朝のまだ暗い時間に、ブリテンをそこに散歩に連れていっていた。ブリテンはときどき、トレイルの上の林の斜面に入り込むことがあった。ハリーが呼ぶと戻ってきたが、そんなときは、上方の木立の中の見えない何かにずっと気をとられているようだったという。それからしばらくして、ハリーは友人と一緒に犬を散歩させているときに、雪の上に手のひらサイズの足跡を見つけた。そばに人間の足跡はなく、２人は大きな野犬のものだろうと考えた。ところがトレイルの次のカーブまで来ると、そこにある小さな草地で、彼らの飼い犬はその足跡をつけた張本人と遊んでいた。犬ではなかったのだ。

「彼はまだ若くやんちゃだったが、ものすごく大きくて、つやつやした見事な毛で覆われていた。トリミングサロンから戻ってきたばかりみたいにね」。ブリテンとオオカミは互いに慣れている様子だったので、ハリーは、ブリテンが林の中に入り込んだときに何度か2頭は顔を合わせていたのだろう、と思った。「古い知り合いみたいに鼻をくっつけたり、こすり合ったりしていた。友人の犬にはそれほど強い関心を示さなかった……そのときオオカミは一度、ブリテンの隣に立っていたと思ったら、その背中を横っ飛びで越えたんだ。あれにはびっくりしたよ」

ハリーと友人は降りしきる雪の中でその光景にうっとり見とれ、何をすべきかわからないまま、ただ自分たちの犬の安全を心配していた。そのころの僕たちもそうだったが、ハリーたちはその場で臨機応変に判断しなければならなかった。結局、彼らは犬を呼び戻してリードをつけた。するとオオカミは、頭をのけぞらせてノンストップで遠吠えを続けた。それが何を意味するのかわからなかったが――興奮が高まって敵意に変わったのか、別の意味があるのか――、２人は引き返した。

僕と同じように、ハリーは一目見たときからオオカミのとりこになった。アウトドア好きの家族の中で育ったハリーは、小さいころに、父親（放浪癖のある便利屋で、狩猟ガイドをしていたこともあった）から動物の追跡方法やサバイバル法や銃の扱い方を教え込まれた。4歳のときには、家族が引き取った親のいないマウンテン・ライオンの子と友だちになった。

手つかずの自然とあらゆる種類の動物への執着は、彼が大人になってからも続いた。ワシントン大学で地質学の学位をとり、その後、シアトルのアウトドア用品店にパートタイムで雇われて自然保護地域ガイドになり、カスケード山脈中央部の忘れ去られた古い鉱山へのツアーを引率した。人里離れたオフトレイル地域を1人で探検することもあり、そこで何度か、野生のオオカミの姿をほんの一瞬だけだが見かけることがあった（公式にはオオカミがいないとされている地域だ）。その後、彼はシアトルのウッドランドパーク動物園に就職し、そこで飼育されている子どものオオカミと多くの時間を過ごして、彼らと特別な絆を結んだ。

ジュノーに移り住んだのは1996年。新しい仕事のオファーが舞い込んだからだ。抑え切れない冒険心とともに、彼より先に北にやってきていたガールフレンドとのロマンスを成就させたいという気持ちもあった。彼女との関係はやがて色褪《いろあ》せたが、彼はそのままジュノーに残り、「アウトサイド」（アラスカ住民の間でローワー48州を指す言葉）で中断していたことを再開した。時間をかけて周囲の山をハイキングするのだ。たいていは1人で出かけ、オフトレイルを好んで歩く。そして地元の動物愛護協会でブリテンを引き取った後は、彼女がつねにハリーの連れだった。その後、ブリテンは野生のオオカミとハリーを結ぶ使者になったのだった。

ハリーがオオカミに会うのは、たいてい明るくなる前の早朝だった。ブラザーフッドだけでなく、メンデンホール湿地州立鳥獣保護区の北の端でも会っていた。そこは、多様な生物が生息する広大な干潟で、ところどころに木の生えた島があり、住宅地や碁盤目状の工業地帯や空港と隣接している。アラスカの基準からすれば原野とは言いがたいが、原野の象徴であるオオカミがうろついているとなると、そう呼んでもいいだろう。ハリーとブリテンは少なくとも、オオカミが彼らを探すのと同じくらいの頻度でオオカミを探しに出かけたので、互いを見つける機会はどんどん増えていった。

ブリテンは避妊手術を受けていたが（ロミオの好みには何らかのパターンがあるようだったが、例外も多かった）、体格が大きく背丈もあり、体重という点ではたいていの犬よりもオオカミと釣り合っていた。もっとも力や優雅さではオオカミには遠く及ばず、当然ながらほかの犬ではなおのこと話にならなかった。オオカミとブリテンは互いを完全に理解し合っているように見えた。オオカミはブリテンが甘嚙みをしたり肩にぶつかってきたりしても、さらには攻撃的な態度を見せても許していた。彼は、そうした一見、侮辱的な行為が続くのをただ受け入れるだけだった。これは彼にもともと備わっている寛容な気質の表れなのだろうか。その姿を見守るハリーは、オオカミが自分にも興味を持っているなどという幻想を抱くこともなく、互いに同じくらい引かれ合っているように見えるオオカミと犬のためにひたすら行動していた。

もちろん、ハリー自身もますますオオカミに魅了されていった。彼自身がそれを認めるかどうかは別として、ブリテンの役割はオオカミとハリーとの仲介役からハリーの分身《アバター》へと変わりつつあった。ハリーは中立的な存在としてそこに立ち、境界線を引かず、じっとしていることで、着実にオオカミと犬の世界に近づき、受け入れられていった。

最初の出会いから2、3週間もすると、ハリーとブリテンがオオカミと落ち合う場所は氷河の近くに移っていった。そのころには、そこがオオカミの縄張りの中心になっていたのだ。ハリーの家からは遠かったが、メンデンホール氷河レクリエーションエリアは鳥獣保護区やブラザーフッドよりも都合がいい点もある。詮索好きの人の目や干渉が少なく、歩き回れる広いスペースがあるという点だ。そして2頭と1人は夜明け前だけでなく夕方にも会うようになり、何時間もドレッジ・レイクスのオフトレイルへと姿を消した。

ハリーたちがオオカミと落ち合うときはまず、ハリーが氷河近くの駐車場から何度か遠吠えをまねた声を出す（本物に比べればひどいものだったと本人も認めている）。すると、数分でオオカミが現れる。どんなにひどい遠吠えでも、彼ははっきりとメッセージとその送り手を認識していた。全員がそろったところで、オオカミが先導して彼の縄張りへと分け入っていく。誰もわざわざ入り込もうとは思わないような隠れ場所や空き地などだ。ときには予定していた以上に長くそこにとどまることもあった。

幸いにも、ハリーの仕事はスケジュールを変更することが比較的簡単だった。それに独身者で、わずらわしい責任もほとんどなく、今や趣味もほかになかったので（ワシントン州では、彼はビリヤードのトーナメントプレイヤーとしてトップクラスの実力だった）、犬とオオカミの関係を深めるためならどんな努力も惜しまなかった。「ブリテンと会うことは、オオカミにとって大きな意味があるようだった。それは、ブリテンを見たときのオオカミの反応でわかる。僕たちが帰るときに、彼はがっかりしていることもあった。その様子を見るのが本当につらかったよ」。ハリーはそう振り返る。そうして黒オオカミ――ハリーは個人的には「ウルフィー」と呼んでいた――は、ハリーの生活の中心になった。彼は、自分の目の前にある手のひらサイズの足跡をどこまでも追いかけていったのだ。

ハリーと同じように僕も、こんな天気のときに外に出るのは自分くらいだろうと思うような日に、よく1人で出かけた。吹雪でオオカミの背中や頭に雪が積もって真っ白になるようなときや、彼の鼻先やまつげに霜がつき、遠吠えが凍りついた空気を震わせるようなとき、突然の雪解けで湖の縁の部分がぬかるんでいるとき、そして周囲が雪に覆われてどこにも影がなく、遠近感が完全に失われて一歩先に何があるかもわからないような「ホワイトアウト」と呼ばれる状態のときなどだ。そうした悪条件のときにオオカミを追ったためにはっきりとわかったことがある。彼は毎日、僕たちが想像する以上に厳しい世界で生き、移動しているということだ。

しかし冬も終わりに近づき、日差しに暖かさが宿り始めたころに湖周辺の主要なトレイルを歩くと、状況はまったく違ってくる。原野の中に群衆が繰り出し、週末ともなればカーニバルの雰囲気を漂わせることさえあった。毎週、数十人以上の人間が列を成した。その足取りは堂々としていたり、早足だったり、すり足だったり、弾むように軽やかだったり、滑るようだったりとさまざまだが、誰もがオオカミに近づき、取り囲んだ。そういったときの彼はまるで、流れる水の中に屹立《きつりつ》する黒い岩のように見えた。

そんな騒がしさの中で、ロミオは信じられないほど落ち着いていた。テリアのミックス犬が傲慢《ごうまん》にも唇をめくり上げて彼の穏やかに差し出された鼻先に噛みついても、あるいは陽気なスキーヤーと犬たちの集団が彼を取り囲み、そうとは気づかずに逃亡ルートを遮断し、脅威となっていたときにもいっこうに動じなかった。ロミオと相対する際、飼い主たちと同じように、犬たちにもそれぞれの性格がよく表れていた。警戒したり怖がったりする犬もいれば、完全に無関心を決め込む犬もいる。わずかながら、最初から敵対心を持つ犬もいた。

だが、たとえ犬が攻撃的になっても、ロミオは尻尾をしまい込んで軽々と飛び跳ねてかわし、そんな動きを遊びに変えていた。50キロを超す鋼《はがね》のように頑丈な体のオオカミが、自分のひざほどの大きさしかない雑種犬の前で腰を低く下げ、本当なら一瞬のうちにたたきのめすこともできる無礼な下っ端に対して服従するような態度を示すこともあった。オオカミがそんな遊びに夢中になっているのは何とも奇妙な光景だったが、見ている僕たちはすっかり慣れてしまった。

そして、有名人のご多分に漏れず、ロミオはさまざまなうわさと推測の的になった。僕たちがずっと前から自問し続けてきたのと同じ疑問を誰もが抱いていた。ロミオの生い立ちである。

ほとんどの人は、ロミオは2003年の4月にメンデンホール氷河ビジターセンター近くでタクシーにはねられて死んだ、あの黒い雌のオオカミの家族だと考えていた。そのオオカミが轢《ひ》き殺された後に、森の中で複数のオオカミの遠吠えを聞いた人もいる。彼女は4頭の子を身ごもっていた。ロミオは悲しみに暮れるつがいの雄で、そのときの時間と空間に閉じこもったまま、ある女性がのちに語ったように、彼のジュリエットを虚しく探し続けているのではないだろうか。多くのジュノー住民は、それこそがロミオという名前の由来だと思っていた。そう考えれば、たしかに、なぜ彼がこの土地に居ついたのかの説明にはなりそうだ。状況にぴったり合い、擬人化されたロマンスともうまく結びつけることができる。

シェリーがロミオという言葉をふと口にしたときには、この話を意識していたわけではなかった。しかし、このころにはストーリーがひとり歩きを始め、僕たちが、そしてオオカミ自身が把握するよりずっと遠くまで広まっていた。

さまざまな調査結果や目撃者の話によれば、つがいになったオオカミは、動物界ではほかに例がないほど強い絆を築くそうだ。「死が2人を分かつまで」というわけだ。オオカミ研究者のゴードン・ハーバー博士は、雄のオオカミが死んだつがいの雌（州が承認した捕食動物駆除計画で飛行機からハンターに撃たれて殺された）を見つけて、彼女を土に埋め、その上に10日間覆いかぶさっていた例を報告している。

僕自身、10年近く前に似たような光景を目にしたことがある。クラレンス・ウッドと一緒に2頭のオオカミを殺して、はいだ皮だけを持ち帰り、後日、その場所に戻ってみると、2頭の屍を取り囲むように足跡やその他の形跡が残っていたのだ。2頭は大きな黒い雄と灰色の雌で、ほぼ間違いなく群れのアルファの雄と雌――群れの序列の最上位のつがい――だった。死んだ仲間のもとに家族が集まってきたのだろう。その光景は今でも脳裏から消えず、僕がその後ハンターとしての過去を捨て、別の道へと進む原動力になった。

オオカミの群れの関係性の緊密さを理解するもっと身近な手がかりとしては、飼い犬のことを考えてみるといい。人間に対して無条件の忠誠と愛と犠牲を捧げる飼い犬の例は無数に記録されている。たとえば、火事で燃える家から赤ん坊を救い出したり、死んだ飼い主の墓から離れようとしなかったり、家に帰り着くために何百キロもの距離を移動したり……。そういうさまざまなエピソードが伝説、歴史、文学の中で語られてきた。飼い犬を表す総称「fido（ファイドー）」が、ラテン語で「忠実な」を意味する「fidus」に由来するのももっともだと言えよう。

このように強い社会的な絆を形成し、維持する飼い犬の行動は、オオカミのゲノムに深く埋め込まれた性質から来ている。狩りをし、子どもを育て、縄張りを守る――この3つは群れを存続させる重要な要件でもある――という複雑な集団行動には、飼い犬が僕らに対して示し、感動させてくれるのと同じくらいにひたむきな家族への献身を必要とする。僕たちが犬たちの愛情に満ちた目をのぞき込んだとき、そこに見えるのは、人間が制御してきたオオカミの魂なのだ。

この2つの動物の大きな違いは、人間による選択的な繁殖のプロセスを通して、人間に忠誠心を向けるように飼い慣らされたかどうかだ。犬は、ただ人間に仕えるだけでなく、人間を愛するように教え込まれ、それと引き換えに人間は、群れでの支配的役割を担う者として、犬たちに安全と食糧とリーダーシップを提供してきた。犬の行動を研究している科学者の多くは、犬は人間とともに暮らせるようにするために、一生子どものままの精神状態を保つようにつくりあげられた、という説を支持している。一方、野生のオオカミは、これまでずっとそうだったように群れの仲間だけを信頼する。そのため、人目を避けて影のように暮らす彼らに対して、人間は称賛と疑念と恐れが入り混じった感情を持つのだ。

オオカミの信じられないほど強い社会的結束の根底を成すのは、群れの核となるつがいの雄と雌との強い絆だ。オオカミはつがいの雄と雌がいれば、それだけで群れとみなされる。人間で言えば、彼らは「家族」である。その言葉は、緩やかに組織された集団という意味合いを持つ「群れ」よりもはるかに適している。研究者からは派生的な関係性や例外も報告されてはいるものの、たいていの場合、ひとつの群れの中で子づくりをするのは最上位（アルファ）のペアだけだ。2頭が互いに対して見せる気遣いと愛情は見間違えようがない。鼻をくっつけ合い、穏やかにじゃれ合い、一緒に眠り、互いの毛づくろいをする。群れの残りは、その前の出産で生まれた子オオカミたちからなり、はぐれオオカミがそこに交ざっていることもある。

これらのまだ若いオオカミたちは、親だけでなく兄弟同士、やはり強い絆で結ばれ、やがて群れの中の序列――最も支配的な個体から最も服従的な個体まで――に組み込まれる。その序列は、遊び、喧嘩、狩り、餌の分配、移動という日常の行動の中で、餌をとる能力、群れの中での力関係、体格、性格によって自然と決まる。体の大きなオオカミは一般に小さなオオカミを圧倒し、群れの中で最も大きな大人のオオカミがアルファの雄になることが多い。

群れは、全員が共同で子どもを育てる。だが子どもの中で、繁殖できる年齢――だいたい2歳ごろだが、実際の生殖行動は偶然や運、個々の性的衝動といったものによって数年先まで引き延ばされることも多い――まで育つのはわずかしかない。とくに一番若く体の小さなオオカミは、厳しい状況に直面すると真っ先に死んでしまう。子オオカミの経験不足が判断ミスや致命傷につながることもある。たとえば、すみかの近くに猟師がいる場合、オオカミが本来持っている、ときには大胆すぎる好奇心のために、彼らは罠やライフル銃の餌食になりやすい。また、近くにいる別の群れとの闘争で殺されることもあるし、飢えで命を落とすこともある。とはいえ、オオカミは繁殖能力が高く、個体数が減少してもまたすぐに増えるため、生物学的には大人のほうが若い個体よりも貴重である。

生き残った若いオオカミは、生後1年から4年で群れを離れるのが一般的で、しばしば繁殖相手と縄張りを求めて相当な距離を移動する。ある研究によれば、オオカミ全体のおよそ15パーセントが単独で行動している。もっとも、そうした一匹オオカミの割合は、当然ながら土地の条件によって異なる。単独で動くオオカミの大部分は群れから離れた若い個体で、残りは人間に滅ぼされた群れの生き残りか、どういうわけか一時的あるいは永続的な生き残り戦略として、一匹オオカミになることを選んだ個体である。いずれにしても、これらの一匹オオカミの死亡率は、平均的な群れの中で生活するオオカミよりもずっと高い。あらゆる方向から同じだけの危険が迫るのに、結束力の強い大きな群れによる保護が得られないからだ。ハーバー博士は、「一匹オオカミは死んだも同然」と述べている。少しばかり誇張されてはいるものの、それほど的外れな表現ではないだろう。ロミオも、この土地にやってくる前からずっと、厳しい状況の中を生き抜いてきたのだ。

わが家の近くで黒い雌オオカミがタクシーに轢かれて死んだのは、繁殖シーズンが始まってから2、3週間後、つまり生まれた子どもたちを育てるために巣ごもりし、協力的で献身的な子育てが始まるまでにはまだ数週間ある時期だった。死んだ雌の連れ合いは、彼女の死後、森の中で遠吠えをしていたという複数のオオカミのうちの1頭である可能性が高い。また、もし一時的に離ればなれになって、その雌の行方がわからなかったのなら、何日間かは遠吠えをしたり、彼女を探してマーキングした場所やよく落ち合っていた場所を回っていたかもしれない。状況証拠からすると、ロミオはつがいの相手を失った雄という説がぴったりくるように思える。彼はその年の夏にドレッジ・レイクスに現れた。そこは雌オオカミが死んだ場所から1・5キロほどしか離れていないのだ。

しかし彼の年齢を考えると、このシナリオにも疑問が残る。2歳の雄のオオカミが既存の群れの中で交尾の機会を得ることはめったにないからだ。通常、交尾はもっと年長のもっと支配的な雄が実力で手に入れる特権なのだ。

ただし、特別な状況下では若い雄にも交尾のチャンスがめぐってくることもあり、ロミオの場合にもそれが当てはまるのかもしれない。アラスカ州漁業狩猟局の記録によれば、雌の黒オオカミが死んだ前年、ナジェット・クリーク盆地（氷河の南側のブラード山脈とサンダーマウンテンの間の高地にある、急傾斜の岸壁に挟まれた地域）で3頭のオオカミが合法的に罠で捕らえられた。3頭は同じ群れに属していたと思われる。その中の1頭が轢き殺された雌のもともとのパートナーで、彼がいなくなったことで若いオオカミが自分の力でその地位を手に入れ、雌との間に子どもをつくった可能性もある。研究者は、混乱した群れでそうした流動的な関係が生まれた例を記録している。オオカミの群れの子づくりへの欲求は遺伝的な側面からも非常に強く、1年間子どもが生まれなかった群れは、絶滅とまではいかなくても勢力が衰えるというリスクにさらされる。ロミオの体の大きさから考えても、彼がもっと小さいオオカミたちに対して突然、支配的な立場を手に入れ、黒い雌オオカミと交尾する機会を勝ち取った可能性は十分にある。

考えられるケースはほかにもある。ロミオは代役のパートナーなどではなく、死んだ雌オオカミがその前の年に産んだ子ども、あるいは彼女の兄弟だったのかもしれない。もちろん、彼女とまったく無関係のオオカミの可能性もある。アルファがいなくなって混乱した群れによく見られるように、生き残ったオオカミがばらばらに散っていった後で、縄張りの空白部分を埋めようとロミオが現れたのかもしれない。

そうしたオオカミは、生き残りをかけて何百キロ、何千キロも移動することがある。たとえば2011年2月には、1頭の雄オオカミ――国立公園局所属の生物学者ジョン・バーチがチャーリー川上流の支流でＧＰＳ機能付きの首輪をつけた個体だった——が、つがいの雌が死んだ後、4カ月をかけてなんと２４００キロも移動した例が記録された。体重50キロほどのこの雄は、アラスカの中央北部からカナダのユーコン川流域に入り、さらに北東のマッケンジー・デルタまで行き、そこから西に向かって再びアラスカに戻り、デッドホースの街やプルドーベイに広がる油田地帯から30キロ以内の地域に姿を見せたのだ。

その過程で、彼は数十の川や小川を渡った。その中には氷が漂流している時期の流れの激しいユーコン川や、川幅の広いポーキュパイン川、そしてブルックス山脈の険しい渓谷も含まれる。何がその放浪へと駆り立てたのか人間にはわからないが、間違いなく彼は、ほんの数キロ移動するだけで新たなつがいの相手や縄張りを見つけることもできたはずだ。そのオオカミのことを想像してみてほしい。社交的で縄張り意識の強い、非常に頭のいい動物が、たった1頭で未知の危険な土地を旅する——オオカミは種の遺伝子に組み込まれた生存戦略のひとつとして、そういった冒険を行うのだ。

人間は、そんなオオカミの放浪の旅をＧＰＳで追跡することはできるが、オオカミの記憶と経験をチャートにすることはできない。人間が自分たちのレンズを通してオオカミの感情を正確に予想することもできない。しかし、人間が感じるような深い喪失感を、犬たちもまた同じように感じ取れるのであれば、オオカミだって少なくともそれに匹敵する複雑な感情を持ち合わせていると言うことができるだろう。

そうした内なる複雑な感情について考えていくと、犬とオオカミの相対的な知性についての疑問に行き当たる。純粋に物理的な意味において、飼い犬の体の大きさに対する脳の大きさは、祖先であるオオカミより25パーセント小さい。この差を見ると、犬のほうが能力が低いことを示しているように思われるが、この分野で実験を繰り返してきた研究者たちは、異種動物間の知性を比較してもあまり意味がないという見解で一致している。

しかし、僕が知るイヌピアックの年長者たち——つねにそり犬たちと一緒に行動している人たちで、オオカミを狩り、罠で捕らえ、観察してきただけでなく、代々伝えられてきた知恵と経験に基づき、両方の動物についての知識を持ち合わせている——は、平均的なオオカミは、平均的なそり犬よりもはるかに頭がいいと考えていた。それは、自然の中で生き抜くために、経験から学び、新しい手法を取り入れ、問題を解決するといった彼らの能力を評価してのことだ。

一方で、イヌピアックのマッシャー（犬ぞり師）はみな、オオカミの子どもやオオカミの血が混じった犬は、そりを引いたり人間と協力することを学んだりするには、「あまりに野性の血が強すぎる」と思っていた。オオカミはもちろん、オオカミ犬もほとんどが神経質で、気むずかしく、危険ですらあるのだ。それでも彼らは、オオカミの遺伝子をそり犬の血統に注入することは貴重だと考えていた。

僕も、そうしたオオカミ犬をノアタック村で見たことがある。近くに住むドワイト・アーノルドという昔かたぎのイヌピアックが飼っていたもので、大きくて手足が長いそのミックス犬は荒々しく、今にも噛みついてきそうなほど攻撃的だった。ドワイト以外は近づくこともできず、彼のチームにいるほかの犬からも遠ざけられていた。

オオカミと犬の混血から役に立つ労働犬を生み出すには、注意深い交配と数世代にわたる選別が必要になる。北極圏にいるオオカミと犬は遺伝子的にはかなり近いわけだが、彼らを最もよく知る人間からは、とくにある重要な点においてまったく異なる動物と見られている。それは、人間と協力する意志があるか、あるいはその能力があるかという点だ。

このテーマに取り組んでいる科学者は、人工飼育のオオカミと飼い犬の問題解決能力と学習パターンを比較し、犬は問題解決におけるパートナーとして人間を信頼するが、オオカミは早い段階から人に慣れ、飼育者に対する感情的な絆が育まれた場合でも、思考と行動については自立性を保つ傾向があると結論づけた。さらに彼らは、オオカミは物理的な因果関係についてより高度な理解力を持つように見えるのに対し、犬（とくにブルーヒーラーやボーダーコリーなど群れで行動する犬種）は人間の言葉のニュアンスをとらえ、それを解釈して反応するとも言っている。しかし2つの種の知的能力全般については、統計的に有意な比較にたどり着くのはとてもむずかしい。

このテーマに取り組んでいる唯一の実験は、頭のよい犬と捕獲されて人工飼育されたオオカミを比較しているものだが、そういったオオカミは野生のものと比べると環境的にも社会的にも条件が悪く、選別されない交配により能力が劣っている可能性がある。優秀なブリーダーなら誰でもそう言うだろうが、犬が持って生まれる知性や学習意欲や能力は、平等とは程遠い。ブリーダーのほとんどは、人間と同じくらい犬の知性にも個体差があると言う。

同様の違いはオオカミの個体間にも見られるはずだ。しかも飼育オオカミの場合、野生のオオカミと違って、自然淘汰により遺伝子プール［訳注：個体群がもつ遺伝子の総体］から劣等遺伝子が排除されていく過程が欠けているため、飼育オオカミを使うと、どんなにしっかりした研究結果でも、その信頼性はどうしても弱まってしまう。

また、19世紀のヴィクトリア朝時代の人々（チャールズ・ダーウィンを含む。彼自身、大の犬好きで、オオカミより犬のほうが道徳的にも知的にも優れていると称賛した）はすべて「本能」として片づけようとしたが、遺伝子によって伝えられた祖先の知識と、各個体が後天的に身につけた認知能力の違い、そして前者がどれくらい知識に影響を与えるのかをはっきりさせる必要もある。ある程度の確信を持って言えるのは、この2つの種は多くの点で似ているが、知的能力については、一部は重なり合うものの生息環境によってまちまちだということだ。

経験と調査に基づく僕自身の見解は、平均的な野生のオオカミは、純粋に知覚的な問題解決能力においては、優秀な犬と少なくとも同等か、それ以上の能力を持つというものだ。ロミオに関しても、彼は僕たちと一緒に過ごした時間の中で、最大限控えめに言っても、非常に賢いオオカミであることを証明した。

観察者の中には、ロミオが捨てられたオオカミ犬に違いないと信じている人もいた。そう考えれば、ロミオが犬にこれほどまでに惹きつけられることも、人間に対する高い寛容度も説明できるし、完全に大人の野生のオオカミがこれほど友好的な行動をとることがありえるのか、という疑問も解消されると彼らは言う。しかし、多くの時間をオオカミや他の動物の観察に当ててきた人たちは、そのオオカミ犬説の矛盾点を指摘し、別のシナリオを考えている。ジョエル・ベネットだけでなく、僕の古くからの友人でライター兼写真家仲間のセス・カントナーも、この町を訪れた際にロミオを見て、これは野生のオオカミに違いないと太鼓判を押した。彼はブルックス山脈の山中にある、地面がむき出しの床の農家で生まれ育った。そのあたりはカリブーとともにオオカミが行き来していた。近所に住むティム・ホールも、カントナーと同意見だった。カナダ北西部出身の彼も、これまで十分と言える数のオオカミを目にしてきた。太陽がまぶしく輝く3月の静かな朝に、ティムと一緒に湖のほとりでロミオを見ていたときのことだ。ティムは湖の上にスキー用の道をつけるために使っていた大きなスノーモービルのハンドルバーにもたれかかり、おもむろに「違うね」と言うと、オオカミのほうに向かってうなずいた。「あれは正真正銘のオリジナルだ」

結局、死んだ雌とロミオのDNAを比較して血縁の可能性を科学的に調べることまではしなかったので（そうした調査は検討はされたものの、最終的に試みられなかった）、黒オオカミがどこから来たのかについては答えが出ないままになった。したがって、僕たちのさまざまな疑問について確かな答えが得られることは決してないだろう。だが、おそらくそうした謎がどんどん増えていくほうが、このオオカミの物語にはふさわしかったのだと思う。

ロミオがどこからやってきたにせよ、僕たち全員が合意していたことがある。それは、地球上でこの光景に匹敵するものはほかにないということだ。群れを見られないのは確かだが、それでもオオカミがそこにいて、誰もがこれまで経験したことのないくらいの確率で実物を見ることができ、しかも近づくことさえできるのだ。

ロミオはいつしかジュノーの風景の一部となり、この町を特徴づけるアトラクションのひとつになった。一部の人にとっては好奇心を向ける対象にすぎなかったが、どんどん増えていく観察者の集団にとっては新しい隣人であり、生まれながらにカリスマ性を備えている主役だった。そうして彼は町の事実上のマスコットになりつつあった。

しかしロミオは、ある意味、相変わらず秘密の存在だった。たしかに『ジュノー・エンパイア』紙の記事はアンカレッジやフェアバンクスの新聞でも取り上げられ、僕も『アラスカ』誌で担当しているコラムに彼についての最初の記事を書いた。けれども、誰もＣＮＮや『トゥデイ』などの全米規模のニュースメディアには情報提供をしなかった。つまり、彼の存在が全米に知れわたることはなかったのだ。そのころにはまだ、ユーチューブやフェイスブック、ツイッターなどは存在していなかった。そういったソーシャルメディアがあったとしたら、すぐに動画が投稿され、またたく間に彼の存在が世界的に広まったことだろう。

ジュノーに立ち寄るクルーズ船の観光客は年間１００万人にのぼるが、その3分の1以上は3時間ほどのツアーで氷河を見たら帰っていく。しかも、そのほとんどが3月から9月までの間に訪れるため、薄暗く、嵐の多い森林地帯の冬には地元住民とオオカミだけで静かに過ごすことができた。少なくともしばらくの間は、ジュノーで起こることはジュノーだけのニュースにとどまっていたのだった。

第5章

撃って、埋めて、口をつぐむ

2004
April

嫌というほど聞き慣れた物音で熟睡状態から目が覚めた。大口径の拳銃が炸裂する音だ。続けて、もう一発銃声が聞こえた。発射の衝撃で寝室の二重窓とブラインドが震える。耳栓をしているシェリーも目を覚まして、ぶつぶつ文句を言っている。僕が窓のほうに歩いていくと、犬たちが頭を上げた。何が起こっているかはわかっている。どこかの不届き者が、わが家の裏口から180メートルほどしか離れていないスケーターズ・キャビン近くの湖岸から銃を撃っているのだ。そのあたりは10年ほど前までは荒野だったが、今や人気のパーティースポットとなり、ときどき地元住民がやってきては羽目を外していた。

しかし突然、こうしたバカ騒ぎは、近所迷惑や家族の安全を脅かす問題だけにとどまらないと気づいた。そして、これまでとは別次元の不安に襲われた。真っ先に頭に浮かんだのは「オオカミ！」だった。言葉というよりは、その姿だ。それから僕は急いでジーンズとブーツとジャケットを身につけた。だが、そのときになって、もうすっかり静かになった暗がりの中に飛び出していっても無駄だと思い至った。銃を撃ったのが誰であれ、とっくにどこかに立ち去ってしまっただろう。警察の通信指令係に電話してみたが、わざわざ町外れまで警官を送り、アラスカスタイルのちょっとしたお楽しみを調べる気はさらさらないようだった。

　僕はベッドに戻って、再び眠りについた妻の横に滑り込み、彼女の目覚まし時計が鳴るまでずっと目を開いていた——夜が明けて外に出たら、氷の上にオオカミがぐったり横たわっているのではないかと心配しながら。幸いにも、その心配は杞憂《きゆう》に終わった。ブラインドを上げて湖に目をやると、ロミオは８００メートル先で頭を上げて丸くなり、その日最初の犬が現れるのを待ち構えていた。あの銃声は、単に酔っ払った勢いでどこかに撃ったものなのか、それとも違法と知りながらオオカミをねらって撃ったものなのかはわからない。深夜に銃声が湖にこだまするのを聞くのは、それが最初でも最後でもなかった。

　アメリカ開拓時代の「最後のフロンティア」の物語からつい先週のニュースまで、オオカミたちは闇の中から出てきてはまた姿を消す存在だった。それが物語にほんのり苦味のあるスパイスを加えてもいた。多くのアラスカ人はその風味を楽しみ、声高にオオカミに対する不満を口にする人たちでさえもほとんどがそうだった。彼らの不安は、最初は狩りの獲物がオオカミに奪われることだった。しかし、次第にオオカミは人間を襲って食べるというイメージが広まり、そこから生まれる恐怖心が、やがてはオオカミを殺すことを正当化した。とくにロミオのように、人間の居住区と行動範囲が重なり合う個体の場合は駆除の理由になった。

　アンカレッジやフェアバンクスのような準都市部では、実際に事件が起こって住民からの苦情が多くなった場合にだけ州の監督下で駆除が実施されるが（通常は、特定の場所に出没する大胆で恐れを知らないオオカミが人間やペットと遭遇して攻撃したときが多い）、ハンターの多くは襲われるより前に、自分が先に撃つことをためらわない。彼らは撃ち殺す正当な理由があるかどうかなど考えたりはしない。そうした殺害はたいてい違法なので、当局に報告されることもない。よく言われるように「撃って、埋めて、口をつぐむ」ですませるのだ。

恐怖の対象としてのオオカミは、映画の中にもよく登場する。なかでも2011年製作のサバイバル・アクション映画『THE GREY 凍える太陽』では、オオカミに対する人々の恐怖心がこれでもかというくらい脚色されて描かれている。リーアム・ニーソン演じる生物学者の主人公は世の中に嫌気が差し、アラスカのノーススロープにある石油掘削場の警備員となって、ライフルを手に野生動物の攻撃から作業員を守っていた。あるとき、ニーソンと作業員を運んできた飛行機がオオカミの群れの縄張りに不時着する。群れを率いるのはロミオとは対照的な性格の黒いオオカミ（しかもデジタル加工によって巨大で凶暴そうな風貌をしている）で、小さく無力な人間たちがオオカミに容赦なく狩られていく。目が釘づけになる物語ではあるが、この映画には大きな問題がある。ストーリーが最初から最後まで、ハリウッドの下らない作り話であるということだ。この映画は、人間の潜在意識に埋め込まれた「恐ろしいオオカミ」というイメージが過去のものとして薄れることなく、今もまだはっきり残っていることを示している。

ハリウッドの大作の中にも、オオカミを同じように描いているものはいくつかある。たとえば『トワイライト』シリーズでは、吸血鬼がオオカミに姿を変える。また、J・R・R・トールキンの冒険小説の舞台「中《なか》つ国《くに》」を実写化したピーター・ジャクソン製作の映画『ロード・オブ・ザ・リング』『ホビット』の各シリーズでも、恐ろしいほど体が大きく遠吠えをする、オオカミに似た「ワーグ」が登場する。このワーグは邪悪で凶暴なオオカミの神話を新しい世代に伝えるために、カスタマイズされたようにさえ見える。

　それでは、人間を食い殺すオオカミの物語はどうだろうか？　旧ソ連の作曲家セルゲイ・プロコフィエフが子ども向けにつくった朗読付き管弦楽曲『ピーターと狼』や、ヨーロッパで広まった童話『赤ずきん』などがすぐに浮かぶが、実は過去数百年の歴史の中で、捕食動物が人間を攻撃するという事件の大部分はインド、アフガニスタン、パキスタンの辺境地域で起こったものだ。信頼できる公式記録はほとんど見つからないが、これらの地域における自然界の獲物の減少、人間社会の貧困、オオカミの生態系への人間の侵略、小さな子どもに家畜の世話をさせる伝統などが、数百の死亡事故を引き起こした原因と考えられる。

　一方、数は少ないが、同情的なオオカミを描いた作品もある。なかでも真っ先に挙げられるのが、ラドヤード・キップリングの『ジャングル・ブック』だろう。この短編集は、トラに追われたモウグリという名の子どもが、優しいオオカミの群れに救われて育てられる話が中心になっている。

　とはいえ、疫病と戦争が襲った中世ヨーロッパの暗黒時代に、貪欲に獲物をあさるオオカミが死んだ人間を食べたというのは事実だろう。そして、それを目撃して恐怖に駆られた人たちが、血に飢えた人食いオオカミの話を伝えたに違いない。ヨーロッパのオオカミ男の伝説も、それがルーツにあるのかもしれない。また、実際に人間の死体を餌にしたオオカミが、人間を食糧と結びつけることを学び、人間を恐れることがなくなり、以前より頻繁に獲物として人間を追うようになったとも考えられる。しかし、そのような変化についての具体的な証拠はない。

北米に関しては、1944年にスタンリー・P・ヤングという研究者が、1900年以前に北米大陸で記録された攻撃的なオオカミについての30の事例を調査した。そこには人間が死亡した事件も6件含まれていた。報告書の冒頭部分で、ヤングは「これらの話が果たして事実なのか、あるいは豊かな想像力の産物なのかは、結論がむずかしい」と述べている。言い換えれば、6件の死亡事件すべて――アメリカの開拓時代にオオカミと人間が遭遇した数を考えれば驚くほど少ない――が、実際に起こったことではないという可能性を認めているのだ。

それでも、オオカミが人間を脅かしたり攻撃したりした記録は間違いなく存在し、比較的最近の事例はアラスカに集中している。2002年、アラスカ州漁業狩猟局所属の生物学者マーク・マクネイは、1970年から2000年までに起こった人間とオオカミの接触に関する80の事例を集めた。数例を除くすべてが、アラスカとカナダで起こったものだ。80件のうち、狂犬病ではないオオカミが人間に噛みついたり、洋服をくわえて引っ張ったりした例は16件だけだった。いずれも命に関わる怪我には分類されなかったが、うち6件は重傷と判断された。噛まれて重傷を負ったその6件のうち4件は、子どもが被害者だった。

その中には、2000年にアラスカ州アイシー・ベイの伐採所で6歳の男の子が襲われ、大きな論争を巻き起こした事件も含まれている。マクネイ自身も、この事件がきっかけとなって調査を始めたという。そして彼は、オオカミが人間にとってどれほど危険かを調べ直すのが目的だったと述べている。その男の子は遊んでいるときに襲われ、噛まれて引きずられたが、幸い飼い犬の黒いラブラドールと近くにいた大人に助けられた。男の子を襲ったオオカミは射殺されたが、調査の結果、そのオオカミは前年から餌《え》づけされ、人間に慣れていたことがわかった。男の子を襲う数週間前から伐採所の作業員たちが餌を与えていたのだ。

オオカミが人間を攻撃する要因についてのマクネイの分析は不完全なものだが、注意深い読者ならそれが暗に意味すること、そして付け加えるべきことを推測できるだろう。餌づけという要因が間違いなくリストのトップに来るはずだ。人間の存在に慣れることとそれ自体は直接の原因ではないが、人間が近くに寄ってくることが多くなれば、それだけ何かが間違った方向に行く可能性が高くなる。さらに、弱々しかったり体が小さかったりすれば、襲われるリスクがいっそう高まる。

実際、オオカミが攻撃したとみなされた事例のうち10件以上で（そのほとんどは身体的な接触には至らなかった）、オオカミは自分自身、子オオカミ、群れの他のメンバー、あるいは獲物を人間から守るために行動していたようだ。なかには、オオカミが人間を他の獲物と勘違いし、気づいて引き返した例もある。しかし、人間に慣れていない野生のオオカミが、挑発されてもいないのに一方的に本気で襲いかかったという例はほんのわずかしかない（その場合にも、人間が怪我を負ったというケースはほとんどない）。

また、攻撃的な反応と分類された事例のうち、アイシー・ベイの事件を含む6件で人間のそばに犬がいた。マクネイは、飼い犬の存在が人間に対するオオカミの攻撃的行為の要因や引き金になっているとまでは言っていないものの、その関連性を示唆している。オオカミがイヌ科の侵入者に対して見せるこうした行動は、群れの縄張りを守ろうとするためだと推測できる。縄張り内で未知のオオカミやコヨーテ、キツネ、そして飼い犬を目にすると、オオカミはたいてい追いかけて殺し、しばしば餌にする。だとすれば、ロミオの人間や犬との数え切れない平和的な接触は、ますます稀有な例として際立ってくる。

ただし、記録に残っているアラスカ史を通じて、狂犬病ではないオオカミが人間を襲って致命傷を与えた事件は、ごく最近にたった1件起きただけだ。２０１０年3月8日、ペンシルバニア出身で教師になりたてのキャンディス・バーナーが、アラスカ半島の小さな村チグニクレイクから3・5キロの場所で遺体となって発見された。目撃者はいなかったので、正確な状況はわからない。

バーナーが最後に姿を目撃されたのは午後4時30分ごろで、勤め先の村の学校にいた。同僚に少し運動をしたいと話していたという。彼女がヘッドホンで音楽を聴きながら散歩かジョギングに向かったのは、73人が住むアルティーク・エスキモーの集落に続く、両側に林がある曲がりくねった細い道で、その時間帯には強い西風が吹き、路肩の雪を舞い上がらせていた。近くに住むジョガーと同様に、彼女は周囲の環境に対して何ら不安を感じていなかったはずだ。

その1時間後、スノーモービルに乗った4人の村人が、路上でバーナーの手袋の片方を見つけた。そこから林のほうに血の跡が続いており、数十メートル先の柳の木立の中に、体を引き裂かれ、部分的に食べられた彼女の死体が見つかった。周りには争った形跡と動物の足跡があった。発見者のうち3人が助けを呼びにいき、残った1人がスノーモービルであたりを調べていると、1頭のオオカミが林の中から飛び出して逃げていった。柳の木立に戻ると、彼女の死体はさらに数メートル引きずられていた。それから武器を携えた一団が到着して、引き裂かれた体の断片を集めて村まで運んだ。

翌朝、アラスカ州警察が現場にやってきて捜査を開始した。指紋や繊維の採取、レイプ検査などを行った結果、警察は人間による犯行ではなく、野生動物の仕業だと判断した。そのため、この一件は漁業狩猟局に回され、同局は独自に調査を進めた。漁業狩猟局は調査結果を公表しなかったが、結局、同局のスタッフがヘリコプターで2頭のオオカミを追跡して殺害。さらに、それから3週間のうちに同局と契約したオオカミ狩りのプロが飛行機で一帯を調べ、村から半径24キロの範囲で6頭のオオカミを殺害した。

この衝撃的なニュースは州全体を駆けめぐった。反オオカミ陣営は「ほら、やはりオオカミは危険じゃないか」と勝ち誇ったように言った。だが、何人かの著名な野生動物の専門家や、多くのアラスカ住民は懐疑的だった。犯人は犬だった可能性もあるのではないか？　毎年、数百人ものアラスカ住民が犬に襲われ、なかには命を落とす人もいる。残念ながら、それは深い林の中にある村ではめずらしいことではない。僕も、そり犬に襲われてひどい怪我をした子どもを何人か知っている。僕自身、大きなハスキー・ミックスに襲われて撃退したことがある。小さい子やパニックに陥ってしまう人なら簡単に殺されていたかもしれない。バーナーも、そういう凶暴な犬に遭遇して襲われたとしてもおかしくはない。

また、仮に殺害したのがオオカミだったとしても、それは村人に餌づけされたオオカミで、人間と食べ物を結びつけて考えるようになっていたためではないだろうか？　もしかしたら彼女は人間に殺された後で町外れに捨てられ、オオカミか犬がその遺体にむしゃぶりついたのかもしれない……うわさはやまなかった。バーナーの死から1年たっても漁業狩猟局はこの事件の最終報告書を出さず、詳細については堅く口を閉ざしていたため、それがさらに憶測を呼ぶ結果となった。

ようやく報告書が発表された後で、僕は州警察のダン・サドロスクと漁業狩猟局所属の生物学者レム・バトラーに話を聞いた。2人ともそれぞれの機関の捜査責任者で、協力的で率直だった。2人の報告書には細部に食い違いがあるものの、双方の公式見解には異議を唱えるべき部分はまったく見当たらなかった。バーナーは、現場に残る足跡とのちのDNA分析から判断するかぎり、おそらく2〜4頭のオオカミに殺された（最後に飛行機から撃ち殺されたオオカミのDNAがサンプルと一致した）。彼女の死体にはたくさんの噛み跡があり、致命傷になった首の噛み跡のほかに、臀部《でんぶ》、肩、腕の一部も食べられていた。もし彼女の遺体が回収されていなかったら、通常のオオカミの獲物のように、髪と骨の断片が残るだけになるまで食い尽くされていただろう。

なぜバーナーが犠牲になったのかについては、さまざまな理由が考えられる。その日は風が強く、雪が吹きつけ、しかも薄暗くなっていたために視界が悪かった。残されていたオオカミの足跡からすると、彼女があとを追われて柳の木立まで至ったわけではないことははっきりしている。彼女とオオカミは、両脇に深い林が迫る道のカーブで出くわし、互いにびっくりしたのだろう。彼女の死体を発見した村人の1人は、バーナーの足跡はそこで村に戻る方向に向きを変えていたと言っている。つまり、彼女はパニックに陥って後ろを振り向いて走り出し、一方のオオカミのほうは狩りモードに入り、いつもの獲物（おそらくはムースの子ども）だと思って彼女にねらいを定めたのだろう。バーナーは身長が147センチと小柄だったので、オオカミからすれば襲いやすい獲物に見えたはずだ。逃走反応は追跡と捕食衝動を刺激する。

もしバーナーがそこから一歩も動かず、正しい身体的メッセージを発していれば、オオカミも立ち止まり、もっとよく相手を見て、近寄らせないか自分が引き下がるかしていただろう。とはいえ、彼女のとった反応は十分に理解でき、彼女を責めることはできない。

しかし、いくつかの要因が重なり合って悲劇的なこの結末に至ったのだとしても、なぜ今回の遭遇がこのオオカミの捕食行動にまで発展したのかについては、確かなことはわからない。オオカミと人間の接触の大部分——記録には残らない数千、数万の遭遇——において、オオカミは人間を攻撃することなく終わっているのだ。死体に残っていたものとDNAが一致したオオカミの身体状態は良好だったとされている。したがって、証拠こそないものの、人間に慣れていたり、餌づけされていたりしたことが背景要因である可能性は排除できない。

健康な野生のオオカミが人間の死に関与したことが疑われる事例は、北米全域に広げてみてもほかにはひとつしかない。2005年11月、カナダのサスカチュワン州の辺境の地で起こった事件だ。現場は、地質学調査のために設営されたキャンプ地のゴミ捨て場近くだった。殺害されたのはケントン・カーネギーという学生で、調査が終わった後に散歩に出かけたところを1頭か2頭の大きな肉食動物に襲われて殺され、部分的に食べられ、残りはキャッシュ（別の場所に運んで保存用に隠すこと）された。カーネギーの死は、北米でオオカミが人間を殺した初の事件となるかもしれないことから、徹底的に調べ上げられた。著名な生物学者の何人かは、殺したのはクロクマの可能性が高いと主張したが、前述のマクネイをはじめとする何人かの生物学者は、証拠から見るかぎりオオカミの仕業だと思われると主張した。しかしデイヴィッド・ミーチなど、ほかの大部分の学者たちは最終的な判断を保留にし、それが公式の結論となった。

もしこの一件にオオカミが本当に関与していたとしても、北米大陸でオオカミと人間が共存を始めてから4世紀以上の間に、人間がオオカミに殺害されたのは2件だけということになる。その同じ期間、もっと大勢の人が豚やロバ、シカ、ラマなどの家畜や野生動物に殺されている。さらに言えば、人間が飼い犬に殺される事件はアメリカだけでも毎年30件ほど起きており、過去に数千人が最高の友人であるはずの犬に噛まれて重傷を負っている。

僕自身のオオカミとの遭遇について言えば、その多くは、僕が無防備な状態で襲われやすい状況にあったにもかかわらず（腰まで雪の中に埋まっているときにオオカミが体当たりしてきたことや、暗闇の中で周囲をぐるぐる回られたこともある）、本当に身の危険を感じたのは一度だけだ。相手は若い雌の黒オオカミで、彼女とその群れは、獲物のムースを追い詰めることに集中していた。そのとき、林の中で動かなくなったスノーモービルと格闘していた僕のぼんやりした姿を見つけ、捕食本能に駆り立てられて突進してきたのだ。しかし、あと10メートルというあたりで急ブレーキをかけたように滑りながら止まり、目を見開いて僕を確かめると、全速力で反対の方向に走り去った。そのオオカミと、もちろんロミオを別とすれば、間近で遭遇して僕を恐れることのなかったオオカミたちは（20〜30頭ほどだろうか）、警戒しながらも好奇心を示すか、無関心か、そうでなければ僕の存在を例外的にしぶしぶ許容するかのいずれかだった。

一方で、僕がこれまでに見てきた、罠にかかったり負傷したオオカミはすべて、怯えるか服従的な態度を見せるか、あるいは何とかして逃げようとしていた。うなったり噛みつこうとしたりするのは、人間が近くに寄りすぎたり、体に触れてきたりすることへの防御のための反応で、凶暴さを示すシグナルではない。言ってみれば、戦いを避けたいという願望の表れでもある。刺激的な映像のほぼすべてで描かれている、群れの中のオオカミの凶暴そうなうなり声や噛みつきは、実際には獲物のそばに集まったオオカミたちがトラブルなく獲物を味わうために、ほかのオオカミに送っている合図なのだ。

オオカミとの比較で言えば、同じ30年ほどの間に、僕は10頭を超えるグリズリーから突進され、追いかけられ、攻撃された。ムースならその3倍は多い。ジャコウジカの雄からも何度か急襲され、クロクマ数頭と雌のホッキョクグマ1頭から歯をむき出しにして威嚇されたこともある。さらに雄ジカの角をつかみ、素手やナイフで応戦しなければならなかったこともあれば、傷を負った雄のカリブーが頭を低く下げて角で僕を突こうとしたこともある。僕の周りでも、ヒグマやグリズリーに襲われて怪我をした人が10人ほどいる（そのうちの何人かは友人で、1人は死亡した）。

だが、僕の知人（畜産家や罠猟師、数多くのハンターたちを含む）で、健康な野生のオオカミに襲われた人は1人もいない。ほんの少し噛まれたという話すら聞いたことがない。クラレンス・ウッドの古くからのイヌピアックの友人であるザック・ヒューゴは、14歳だった1943年にオオカミに襲われたそうだが、その行動ぶりから彼と父親は、そのオオカミは間違いなく狂犬病にかかっていたと考えている。幸い、カリブーの毛皮の服がザックを守ってくれたという。

怖いもの知らずのオオカミは、しばしば狂犬病ではないかと疑われる。狂犬病のウイルスはアラスカの南東部から南央部にかけてはほとんど存在しないが、北極圏や州の西部では突然ウイルスが広がることがあり、くすぶっていた病気が数年おきに噴出する。致命的なウイルスは脳細胞を攻撃すると同時に破壊し、このウイルスに襲われた哺乳動物は奇妙なほど従順になったり、恐怖心を見せなくなったりする。よろめいたり、よだれを垂らしたり、場合によってはやみくもに攻撃的になることもある。ザックの一件のほかに、アラスカでは何件か狂犬病のオオカミによる攻撃が記録され、そのうち2件が死につながっている。噛まれた後に致命的な病気を発症したためだ。しかしそうしたリスクは、一般的な健康上のリスクに比べればきわめて小さい。

解決されない疑問は、なぜバーナーとカーネギーが襲われて殺されたかではなく、なぜここ北米大陸でも、南・中央アジアの一部の辺境地域を除くほとんどすべての場所でも、オオカミが人間を襲うことがこれほど少ないのかということだ。オオカミは日和見主義で、順応性のある捕食動物だ。そんな野生の肉食動物が、なぜ捕食対象として人間を選ばないのだろう？　ほかの野生の獲物に比べれば動きが鈍く、体が小さく、自然界の弱者に見えるのに……。もし北米のオオカミが人間を獲物として見ているなら、間違いなくすでに何千人もがオオカミの牙にかかって死んでいたはずだ。それなのに、わかっている範囲ではたったの2例しかないのだ。

そもそもオオカミは、映画『THE GREY』の怪物オオカミのように縄張りを守るといった目的では人間を襲ったりはしない。たとえば、巣穴の周辺にいるオオカミは子どもと一緒であっても、近づいてくる人間に対して攻撃体勢をとろうとはしない。せいぜい警告を与えるために犬のように吠えたり、遠吠えをしたり、威嚇したり、不安な様子を見せて引き下がるくらいだ（相手がクマなら攻撃するのだが）。

なぜ彼らは人間への攻撃をためらうのだろう？　長きにわたる共進化［訳注：異種の生物が互いに適応していく過程で、ともに進化すること］と自然淘汰を通して、人間はオオカミの遺伝子の中に神格化された存在、または避けるべき重大な脅威として刷り込まれているのかもしれない。あるいは、人間は自然界の他のどんなものとも似ていない奇妙な生き物なので、その異質性がオオカミの中に恐怖心を引き起こしているだけかもしれない。いずれにせよ、オオカミは集団として、少なくとも人間が彼らを警戒するのと同じくらいは人間のことを警戒している。つまり、人間がオオカミに対して抱く恐怖心はほとんど現実に即していないということだ。となれば、オオカミに殺されるのは、とてつもなく不運なことと言える。おそらく宇宙ゴミのかけらが当たって死ぬくらい、確率としては低いだろう。

もうひとつ疑問がある。北米では前世紀までの数百年間にオオカミに襲われて死亡した人間は1人もいなかったのに、なぜ今世紀に入ってから立て続けに2人が犠牲になったのだろう？　ただの偶然なのだろうか、それとも、人間とオオカミの接触の機会が増えたことによる当然の副産物なのだろうか？　あるいは、人間から迫害を受けることが少なくなって、オオカミの人間に対する恐怖心が薄れたのだろうか？　もちろん、サンプル数があまりに少ないので、一般的な傾向として有意な答えを引き出すことはできない。だがアラスカに生息するオオカミに関してひとつ言えるのは、彼らはスポーツハンティング、罠猟、集中的な捕食動物駆除の対象になっているということだ。そして最新のスノーモービルやオフロードカーによって、昔とは比べ物にならないほど辺境地域へのアクセスが容易になった。現在のアラスカでは、そうしたマシンを使ってオオカミを追うことは合法なのである。

一方、(モンタナ、アイダホ、ワイオミング、ミシガン、ミネソタ、ウィスコンシンの各州を含む)ローワー48州に生息するオオカミは絶滅危惧種に認定され、法で守られてきたが、近年、そのリストから外れたためスポーツハンティングによって個体数が激減している。だから、自然淘汰の原則――大胆で怖いもの知らずのオオカミは、人間の手で殺されるリスクが加速的に高くなる――により、彼らは歴史上のオオカミたちと同じくらい、人間に対して用心深くなっていると考えてもおかしくはないだろう。

アラスカのオオカミは平均して毎年10頭に1頭が人間の手で殺されている。しかも、これは記録上の数字にすぎない。実際の数字はその2倍か3倍になるだろう。僕が住んでいた北極圏の小さな先住民の村では、毎年20〜30頭が狩られていたが、規則どおりに漁業狩猟局に届け出をして検査済みのタグをつけられたオオカミの毛皮を目にすることはめったになかった。そうした申告のごまかしが地域の他のコミュニティでもアラスカ全域でも同じように行われているとすれば、合計の数字は毎年数百にはなるだろう。

現在のアラスカで進行しているオオカミに対するこうした迫害を鑑《かんが》みれば、オオカミは人間をますます避けるようになると考えるのが妥当だろう。ところが、オオカミと人間の接触がアラスカで減少している徴候はまったく見られない。そして、そのほとんどがオオカミにとって不幸な結果を招いている。

ロミオがこの冬、多くの人間に近づきながらも銃殺を免れたことは、まさに奇跡だった。誰もが想像するように、もし異種動物と交流する欲求よりも飢えのほうが勝っていたなら、彼は最初の数週間のうちに殺されていただろう。たとえ犬や人間との初期の接触が友好的あるいは中立的だったとしても、人々はアラスカの歴史と神話や伝説で語り継がれてきた暗い物語を知っている。普通のオオカミとは違って、ロミオは気まぐれで無責任な殺戮者たちにとっては簡単に仕留められる標的だっただろう。ウエスト・グレイシャー・トレイルの駐車場に適当な時間に車で乗りつけ、引き金を引いて撃ちまくる、近くの林の中に毒入りの餌を放り投げる、彼の通り道に罠をいくつか仕掛けておくなど、方法はいくらでもある。また、彼が入るべきではない庭に入り込んでしまい、人間の思い込みから、あるいはでっち上げの正当防衛を理由に殺される可能性もあった。

ロミオが湖を横切って歩く姿には興奮を覚えたが、一方で不安が心をよぎることも確かだった。僕たちのそばに彼がいる間、そうした複雑な思いが完全に消えることはなかった。ロミオが生きていられるかどうかは、ほとんど彼自身と運命しだいと言ってもよかった。僕たちは彼の存在を秘密にできなくなったのと同時に、守ることもできなくなっていたのだ。

しばしば放浪のために姿を消すことも、ロミオにとって状況の改善にはつながらなかった。その代わりにロミオ（あるいは別の黒オオカミ）が、単独または複数でメンデンホール渓谷のあちこちに頻繁に姿を見せるようになっていたからだ。サンダーマウンテンの周辺や、空港から1・5キロほどしか離れていないメンデンホール湿地、さらには43キロほど北上したところにあるアマルガ港近くでも目撃されることがあった。アマルガ港はジュノーを通る海岸線の高速道路（全長80キロほどでイーガン・ドライブ、グレイシャー・ハイウェイ、ザ・ロードなどさまざまな名前で呼ばれている）の北の端に位置する。氷河近くのロミオの活動拠点は禁猟区だったが、ウエスト・グレイシャー・トレイルから400メートルも離れれば、あるいはモンタナ・クリークまでのぼっていけば、自由狩猟地区に入ることになる。

実際にロミオはしょっちゅう、それより遠くまで移動していた。これほど大きな獲物でとびきりの戦利品になるオオカミなら、自称スポーツマンたちは合法も違法も関係なく、そのチャンスに飛びつくだろう。そうなれば、ジュノーの黒オオカミはこの土地から忽然《こつぜん》と姿を消し、彼がどうなったかを知る者はほとんどいなくなる。しかし、大方の予想に反し彼は生き残っただけでなく、たくましく成長した。

たった1頭の動物が社会的な問題になることは非常にめずらしい。だが、ロミオをめぐる議論はコミュニティを分裂させると同時に結束もさせた。生きている実例として、アラスカにおけるオオカミと人間の関係という、以前から議論されていたテーマに関する話題の中心になったのだ。実際には、彼の存在をめぐって住民の意見がまっぷたつに分かれていたわけではない。熱心な親オオカミ派と反オオカミ派の人たちは少数で、残りの大半の人たちは無関心を含め、その間に存在するあらゆる反応のどれかを示したというのが実態だ。それでも誰もが、もし促されれば、オオカミの存在に関して何らかの意見を述べていただろう。ともあれ、ロミオに対して強い敵意を持つジュノー住民は、他の住民への敬意からか、隣人やコミュニティの怒りを引き起こすというリスクをとりたくなかったのか、本心を隠す傾向があった。彼らのそうした自制がなければ、ロミオは間違いなく生き残ることができなかったはずだ。

地理的要素を考えれば、オオカミが市民生活の大きな問題になるのもまったく不思議ではない。総面積8430平方キロメートルのジュノー市は南北に約160キロ延び、西は深いフィヨルドと多くの広大な島（対岸のダグラス島がその代表だ）、そして南はアレクサンダー諸島（海岸線に巨大なヒグマが生息することで知られるアドミラルティ島が有名）のかなりの割合を含んでいる。ただし、道路の通じている地域は、山脈と海に挟まれたおよそ80キロの細長い海岸線の斜面に限られる。周辺地域を合わせると、つい最近までジュノーは全米でも最大の面積を誇る自治体であった［訳注：2000年に周辺地域を編入したシトカに抜かれた］。

1890年代のゴールドラッシュ時代にジュノーにやってきた開拓者たちは、「大きく考える」ことを発展のスローガンとして、できるだけ広い土地、もっと言えばできるだけ将来に権利を主張できる鉱山を市の管轄と収益基盤に組み入れようと努めた。人口密度は1平方マイル（約2・5平方キロメートル）にわずか10人だが、そのまばらな統計数字でさえ正しいイメージを伝えるものではない。つまり、一部の住民は叫び声を上げても隣人に聞こえないくらい孤立した原野の奥深くにぽつんと暮らす一方で、3万人強の市の住民の大部分は細長い海岸線の土地か、谷沿いの環状道路や支線道路が通るあたりに集中して住んでいるのだ。

要するにジュノーという町は、その大部分が手つかずの自然が残る、人の住まない土地で、それに隣接してところどころに開発が進んだ地域があるといった具合だ。最も都市化された、オフィスビルや観光客相手の土産物店や飲食店が並ぶ州の中心部の目抜き通りでさえ、野生動物の豊かな生息地から1・5キロほどしか離れていない。夜間には州上院ビルから数十メートル先の庭をクロクマがうろつき、海岸線に建つ民家の近くでシャチがアザラシを追っている。これほどまでに自然と一体化した州都や都市は、全米広しと言えどもほかにないだろう。だとすれば、そこにオオカミを1頭放り入れることくらい、何が問題なのだろう？

実を言うと、ロミオの出現は、オオカミの存在がジュノーで論争を巻き起こした最初の例ではない。2001年の春から夏にかけて、2頭の大人とその子どもたちからなるオオカミの群れが、ジュノーの市街地からガスティノー海峡を渡ったところにあるダグラス島に現れた。満潮のときでも本土までは800メートルしかなく、オオカミなら容易に泳いでいける距離だ。ダグラス島ではもう何十年もオオカミが目撃されたことはなく、彼らの存在に観光客も住民も同じように興奮した。群れは島の裏側の岩がちの海岸に定期的に姿を見せ、ボートやカヤックから彼らを観察する人間たちがいても、リラックスして気にしない様子だった。

しかし次の冬、地元の罠猟師が半ば成熟した7頭の子どもたち（おそらくは全部だ）を罠で捕らえ、殺して皮をはいだ。猟師の行動はまったく合法で、オオカミは島のシカの数を減らすことになると考える一部の地元のハンターたちから称賛すらされた。だが、その結果引き起こされた怒りは、人間ではなくオオカミに有利に働いた。強硬な反オオカミ派の人たちは歯ぎしりするほど悔しがったが、この島でオオカミを罠で捕獲することが禁止されたのだ。反オオカミ派がロミオに対して行動を自制していたのには、ほぼ間違いなくこの2年前の市民の対立の影響があったはずだ。

その10年以上前にも、ほとんど忘れられてはいるが、少なくとも同じくらいの影響を与えた事件があった。1988年の冬の終わりのことだ。地元で犬ぞりのマッシャーをしていたジュディス・クーパーが3頭のシベリアン・ハスキーを連れて、ウエスト・グレイシャー・トレイルを散歩していた。トレイルをまだそれほど進まないうちに、ハスキーが前方に何かいると彼女に合図を送った。それから間もなくして、彼女は不吉な金属音を耳にする。あたりを見回すと、トレイルからほんの数メートル入った場所に黒いオオカミが倒れていた。4本の足のうち3本が鋼鉄の罠に挟まれ、その目は痛みのためにどんよりと曇っていた。雪上のオオカミがもがいた跡と飛び散った血の状態、それにオオカミのひどく衰弱した様子から、この若い雄は数日前からこの状態で過ごしていたと思われた。引き返すことも、急いで通り過ぎることもせず、クーパーはオオカミに近寄った。明らかに素人がつくったものとわかるが、それでも十分に効果のある罠だった。その足用の罠は鎖で木につながれ、同じ木にシカの足がぶら下がっていた。

クーパーがあたりを調べると、オオカミは高地から下りてきてウエスト・グレイシャー・トレイル沿いに進み、その途中のところどころにあるマーキングスポットをたどっていたことがわかった。山を下りながら、においを追ったその鼻が、オオカミを大災難へと導いたのだ。罠のひとつは、鋼鉄の歯が前足首の上のほうをしっかり挟んでいた。それから自由になろうともがくうちに、さらに2つの罠に足を踏み入れてしまい、外せなくなってしまったようだ。

そうした罠に捕まったオオカミは、足をひねったり、周りの肉や腱を噛み切ったりして自由になろうとする。しかし自由になったとしても、その多くは足首をあとに残していったり、凍傷にかかって足を失ったりする。この若い黒オオカミも、鋼鉄の歯に挟まれた足首の周りの皮と肉を噛みちぎり、おそらく骨も数カ所折っていた。23年後、70代になっていたクーパーは当時を振り返り、僕にこう語った。「そこらじゅうに血が飛び散っていたわ。オオカミはもうほとんど動くこともできなかった。うなることも、攻撃的になることもまったくなくて、私の犬と同じような目になっていた」

クーパーはためらわなかった。彼女は急いでトレイルを引き返して自分の車まで行くと、2人の男性を連れて戻ってきた。1人は地元の獣医だ。強力な罠の歯を緩めている間、オオカミを拘束するために縄を先につけた棒を持ってきたが、それを使う必要はなかった。「オオカミは抵抗しようとも、私たちに噛みつこうともしなかった」と、クーパーは語る。「私たちが助けようとしているのをわかっていたみたい」

オオカミが罠から自由になると、クーパーと2人の男性は後ろに下がってじっと見守っていたが、消耗しきったオオカミはそのまま動こうとしなかった。3人はその場からオオカミを立ち去らせるため、トレイルの先まで進んで、できるだけうるさい音を立てた。その作戦がうまくいき、オオカミは驚いて立ち上がると、足を引きずりながら林の中に逃げていったという。

クーパーがこのときに撮ったスナップ写真と、普段からこのトレイルを散歩に使っている多くの飼い犬に対する危険についての彼女の提言を受けて、当時、ジョエル・ベネットが委員長を務めていたアラスカ狩猟委員会は、メンデンホール氷河レクリエーションエリアのすべてのトレイルから400メートル圏内に罠を仕掛けることを禁止した。その何年も後にロミオがほとんど毎日のように使うことになるトレイルだ。その若い黒オオカミの命を救ったことで、クーパーはロミオの命も救ったのかもしれない。それに、もしかしたら別の意味でも彼を救ったのかもしれない。10年以上前の冬の終わりの午後に足を引きずりながら林の中に姿を消したオオカミは、そのまま生き残って群れの血統をつなぎ、その結果として僕たちがロミオと呼んでいるオオカミが生まれた可能性も十分にあるのだから。

第6章

生き残り戦略

2004
November

僕は雪に覆われた氷の上に座り、カメラのファインダー越しに雲が低く垂れ込めた空から雪が舞い落ちるのを眺めていた。黒のラブラドールのガスはいつもどおり辛抱強く、隣で丸くなっている。20メートルほど先に、ロミオがビッグロックを背に立っていた。山の上から徐々に冬がまた降りてきた。そして、黒オオカミが僕たちと2年目の冬を過ごすために再びやってきた。彼が鼻口を空に向けて遠吠えするのを、僕はシャッターに指を置いたまま待ち続けた。前年の冬から今年の春までオオカミがここにとどまっただけでも十分に奇跡だったが、数カ月後に彼がまた戻ってきたことはさらに大きな奇跡だった。

いつかその日が来るだろうと覚悟していたとおり、この年の4月のある夜、ロミオは姿を消した。僕たちは彼が殺されたのではないかと心配で仕方がなかった。だが同時に、彼はきっと生き残って、おそらく新しい家族ができてどこかに構えた家に帰ったのだろうと祝う気持ちにもなっていた。どちらが本当かを知るすべはなかったが、どちらにしても、もうロミオには会えないのだとあきらめるしかなかった。ところが、彼はまたここに戻ってきた。雪の中でひときわ目立つ黒い姿形は間違いなくロミオだ。あたりには、はっきりした足跡が何本も残っている。それでも、彼はこれまで以上に現実感のない存在に見えた。この一匹オオカミは何者で、なぜこの土地に執着するのか、謎は深まるばかりだった。

２００４年のこの秋、最初にロミオと再会したのはハリー・ロビンソンだった。飼い犬のブリテンを連れて、ウエスト・グレイシャー・トレイルをハイキングしていたときのことだ。マクギニス山の中腹に差しかかったあたりで、山の上のほうから遠吠えが聞こえた気がしたハリーは、お世辞にも上手とは言えない自らの遠吠えでそれに応えた。そして彼がトレイルを引き返して湖岸沿いまで出ると、そこにロミオがいた。「彼は僕たちを視界にとらえると、尻尾を上げてまっすぐこっちに向かって走ってきた」。ハリーは、そのときの様子を昨日のことのように語った。「ブリテンに会えたのを喜んでいたのは間違いない。ついでに僕のことも、と自分では思っているんだけどね」

実際、そのときハリーと一緒にハイキングをしていた弁護士のジャン・ヴァン・ドートは、オオカミがハリーにあいさつをしたように見えた、と言っている。ハリーは、ロミオがブリテンのにおいとハリーの遠吠えを追って、ウエスト・グレイシャー・トレイルを下ってきたのだろうと考えている。感情を表に出すほうではないハリーも、そのときのことを思い出すと目元を緩ませる。

この二度目の冬、ロミオは最初のうちは別の場所に残してきた仕事を片づけにでも行くかのように、姿を見せたかと思うと去っていった。しかし湖と湿原が凍り、やぶに覆われた沼地が歩いて渡れるほど固くなると、目撃される回数がどんどん増えた。別のオオカミではないかと疑う人も、好みの犬に向かって弾むように駆け寄ったり、耳慣れた甲高い鳴き声で誘いかけるのを聞いたりしたとたんに、その疑いを消し去った。あごの先と左肩に灰色の毛の筋があることも確認できた。あごの片端には小さな白いV字型の模様も見える。ロミオであることは間違いない。

けれども、すべて同じというわけではなかった。彼を知る者はみな、首と胸と臀部が一回り大きくなったことに気がついた。以前から毛並みは美しかったが、今年の冬毛はさらに豊かでつやつやとしていた。彼は夏場を生き延びただけでなく、立派に成長していた。少なくも3歳にはなっているはずで、ティーンエイジャーというよりは大人の印象が強くなり、若さみなぎる弾力性に加え、筋肉と骨格が成熟して厚みが増していた。

知恵も、僕たちが最後に彼を見たときと比べて格段に発達したに違いなかった。そして彼が呼吸をしているかぎり、その知恵は増していくことだろう。オオカミにとって、どれだけ早く多くの知恵を身につけるかが寿命に直結するのだ。生物学者によれば、野生のオオカミは7〜10歳が成熟期とされるが、その年齢まで生き残る個体は少なく、もっと長く生きられるものとなるとほんのわずかしかいない。ロミオのような若い一匹オオカミは、命の危険がさらに大きい。群れに属するオオカミなら、群れの上位の仲間から縄張りや狩りの技術を学ぶことができる。どの尾根を越えるか、マーモットやヤギがどんな地形に隠れているか、高地の氷原を横切るときにはどの道を通るべきか、近隣の群れとの縄張りの境界はどこか、などだ。

それができないロミオは、その都度、自分なりに生きるすべを身につけてきたはずだ。この黒オオカミが人間のそばで1年の半分を過ごすことを選んだのは不思議に思えるかもしれないが、彼が生き残ったという事実が、その選択の正しさを証明している。僕自身は、正しい選択である以上に賢い選択だったと思っている。彼は毎日のように、先を見越して彼なりの判断を下しているからだ。

たとえばデナリ国立公園内では、狩猟も罠を仕掛けることも全面的に禁じられているが、その公園内でさえ、ある調査によれば、オオカミの平均寿命はわずか3年にすぎないという。ほとんどの個体が事故や病気、飢え、ほかの群れとの抗争など、自然界に見られる一般的なリスクによって命を奪われているのだ。死因のトップは群れ同士の抗争で、毎年、同公園内の25パーセントのオオカミが死んでいる。一方、ロミオには群れにいるオオカミたちに与えられているような保護はない。当然ながら、侵略してくる他のオオカミを一緒に追い払ってくれる家族はなく、その行動範囲には人間による狩りや仕掛け罠が禁止されていない地域も含まれる。それなのに彼の年齢は、すでにデナリ国立公園の平均寿命にまで達しているのだ。

だが、2年目の冬も人間の近くで生きるという彼の選択が功を奏すかどうかは、彼の知恵が及ぶ範囲を超えた力に左右される可能性があった。彼の存在はすでにうわさで伝えられる域を超え、実際に彼の姿を見たことがなく、これからも見ることはないであろう人たちにまで知れわたっていた。彼が再び現れると、ジュノーの人々の注目はその一点に集まり、喜びに興奮する人も不安を抱く人も新たに勢いづいた。観察者の中には、彼の運命を決める力を持つ州や連邦機関の人間も交じっていたが、オオカミにそれがわかるはずもない。

こうしてロミオは帰ってきたものの、〝友だち〟みんなが彼を待っていてくれたわけではない。たとえばわが家のダコタ。健康そのものだった彼女は初夏のある日、まだ暗いうちに僕らを起こし、訴えるような目で見つめた。かかりつけの獣医のもとに連れていくと、腸閉塞と診断された。未知の原因によって引き起こされる深刻な腸の病気だ。それでも緊急手術を受けて無事に目覚めてくれたので、翌日には家に連れて帰れるだろうと僕たちは安堵した。

しかしその夜——彼女はひとりぼっちで死んでしまった。僕たちは看取ることもできなかった。どうして、と問いかけても意味はない。原因が何であろうと、彼女を失ったことに変わりはない。ぽっかり開いたその穴は簡単には埋められない。しばらくは悲しみの重さに耐えながら、だだっ広い心の荒野を旅するしかなかった。この過酷な世界を生きるには優しすぎるシェリーにとっては、本当につらかっただろう。残された犬たちはいつになく静かで、いなくなった仲間をときおり探していた。数年たった今でも、彼らはダコタの名前を聞くと耳をそばだて、トレイルを歩けば、ダコタに似た明るい毛色のラブラドールがカーブの先から姿を現すのではないかと目を凝らす。

その冬、ロミオが僕たちに近づいてきたとき、彼もまたあらゆる方向を嗅ぎ回ってダコタを探し、僕たちの群れのメンバーが足りないのを不思議がっているように見えた。だが、彼女はもうこの世にはいない。それでも世界はまた動き出した。その世界では黒オオカミがまた動き回り、僕たちの視界の端のほうで自分の生活を紡ぎ出していた。

最初の年と同じように、ロミオが冬の縄張りにこの土地を選んだ理由はわからずじまいだったが、それは間違いなく理にかなった選択だった。上から見ると、湖は大きな車輪の中心となり、そこから放射状に人間や動物がつくったたくさんのトレイルや自然の回廊が延びている。オオカミは野生動物の中でも、とくに障害の少ない道を探して移動する。生き残りがかかっているからだ。無限に続く原野では、失う以上のエネルギーを蓄えなければならない。つまり、倒れることは死ぬことを意味する。

過酷な環境で狩りをするオオカミの群れは一列になって進み、通常は1日に25キロから50キロを移動する。その間、何頭かが順番に先頭に立つ。彼らが放浪熱にとりつかれているからではなく、必要からそうしているにすぎない。食事にありつくためには群れの全員が協力して、広範囲をカバーしなければならないのだ。

ある調査結果によれば、オオカミは飢えているときでさえ、目にする動物の大半に対して攻撃はおろか、観察すらしないという。おそらく、ほとんどの場合、食べ物を得るための代償があまりに大きいからだろう。実際、オオカミは狩りに成功するより失敗することのほうがはるかに多い。狩りに失敗すれば、当然ながら貴重なエネルギーが奪われるし、怪我を負うことだってある。そうしたことから、実はオオカミは、病気だったり、弱っていたり、怪我をしていたりする動物をねらうことが多い。

前述の19世紀の探検家、メリウェザー・ルイスとウィリアム・クラークは、こうした科学的研究データがなくても、オオカミと被捕食動物との関係性を理解していた。彼らは草原で見たオオカミを「バッファローの世話役」と呼んでいる。群れを破壊するのではなく、群れをさらに強くするための番人という意味だ。たとえば、ムースがしっかり地面に足を据え、慌てて逃げ出すことがなければ、ほぼ確実にオオカミにねらわれることはない。しかしオオカミにとって、手に入りやすい弱った獲物だけをねらう狩りを続けるには、終わりのない旅が必要になる。そして、しばしば過酷な条件にもさらされる。生物学者のデイヴィッド・ミーチは、そうした実態を説明するのに、オオカミの性格を言い表したロシアのことわざを引用している。すなわち、「オオカミはその足で生きている」

だからオオカミは、同じカロリー消費で何倍も速く進める既存のルートがあるとしたら、そちらを選ぶ。踏み固められたトレイルがすでに存在しているなら、オオカミにとっても移動ルートとして魅力的なはずだ。そのことを経験的に知っていたイヌピアックの罠猟師の何人かは、オオカミのいそうな土地をスノーモービルで進み、後ろにできる道に罠を仕掛けていった。面倒なカモフラージュの必要はほとんどない。窪みに罠を仕掛けて雪をかぶせ、その周りに削った肉片と鼻をつくようなアザラシの脂をまき散らしておくだけでいい。僕自身も、北極圏に暮らしていたころにはよく自分のスノーモービルやスキーで固めた雪道をさかのぼっては、クズリからムースまで、その地域にいるさまざまな野生動物を見つけていた。

なかでも頻繁にそうした道を利用するのがオオカミだった。簡単に通れる道というだけでなく、トレイルは食糧に導いてもくれる。そのトレイルをつくった動物か、他の動物に殺された獲物が見つかることが多いのだ。その点、ロミオはメンデンホール湖を縄張りの中心に据えることで、申し分のない既存の移動ルートを引き継ぐことができた。生存という観点からすれば、これらの既存のトレイルこそが、彼がここを縄張りに選ぶ際の決定要因だったのかもしれない。雪の多い地方では、それほど行動範囲が広くなくても、一匹オオカミが新たなトレイルを切り開きつつ、エネルギーを温存するのは大変なことなのだ。

おそらくロミオの日常の移動距離は平均的なオオカミと同程度だったと思われるが、彼は短い時間で簡単に通れる道を何度も往復していた。そうすることでエネルギーを節約できるだけでなく、食べる量も少なくすむ。つまり、狩りの時間が短く身体的ストレスも少ないということだ。だから休息の時間も多くとれ、社交のスケジュールをカレンダーに書き込むこともできたのだ。これらのトレイルに関しては、もうひとつ重要な役割が考えられる。そもそもこの黒オオカミをここまで導いたのは、これらのトレイルだということだ。ロミオが何カ月もここにとどまり、再び戻ってきたのは、彼がトレイルを利用することで十分な食糧を確保できたからに違いない。

食物連鎖、つまり進化論的な観点からすると、オオカミの運命は、その土地で捕食できる大型の有蹄動物の運命と緊密に結びついている。アラスカであれば主にムース、カリブー、シトカジカ、シロイワヤギ、ドールシープなどだ。仕留めるのがむずかしいこうした有蹄動物たちは、数千年に及ぶオオカミとの関係を通して、互いに適応し合い、ともに進化してきた。アラスカのオオカミの群れの一部は、特定の動物を専門に狩る。生物学者たちが、「ムースオオカミ」とか「カリブー依存オオカミ」などと呼ぶのはそのためだ。

また、状況に応じて2、3種類の動物をローテーションで狩る群れもあれば、あらゆる動物を狩る群れもある。漁業狩猟局に勤める友人のジム・ダウは、同僚と一緒に見つけた群れを「スポーツハンティング・パック」と呼んでいた。その群れは狩りがうまく、何でも獲物にするからだ。このように有蹄動物と強い結びつきを持ちながらも、オオカミは適応力が非常に高く、夕食に何を食べるかという、いつの時代にも変わらない問題にも柔軟に対処している。個体によっては、食糧として認識する対象の幅が驚くほど広い。

活動的で健康なオオカミは、1日に約2・7キロの食糧を必要とする。獲物に恵まれたときには、一度に10キロ近くをむさぼり食うこともある。その後は重い腹を抱えて、数時間、ほとんど気を失ったように眠り込む。イヌピアックのクラレンス・ウッドはこれを「肉酔い状態《ミート・ドランク》」と表現している。だが多くの場合、野生のオオカミは飢えている。オオカミは繁殖率が高いため、比較的獲物が豊富なときでも飢える個体が出ることは避けられないのだ。そのためオオカミは、必要に迫られれば1カ月以上、何も食べずに過ごすこともできる。

ざっくりとした概算だが、ロミオほどの体格のオオカミがお腹を満たすには、消化されやすい食糧が1年に約900キロ必要になる。それに付随して、消化しにくい食糧も230キロほど摂取する。つまり、十分に食べるには1年に1トンを超える獲物を必要とするのだ。大きさにもよるが、これはシカであれば二十数頭、ムースなら数頭分に相当する。そしてオオカミは、彼らが餌にする動物の大部分から必要な栄養を取り込む。肉、体液、臓器、脂肪、皮膚、結合組織、そして噛み砕いて飲み込める大きさの髄を含む骨……。ごちそう部分——臓器、血液、脂肪、肉——から食べ始め、それが終わると他の部分に移っていく。よく物語に出てくるように、舌と肝臓だけを食べ、残りは放置して腐るに任せるなどということはしない。

それどころか、オオカミは邪魔が入らなければ、何度でも屍のある場所に戻ってくる。ときにはそれが無事かどうかを確かめるために、ときには思い出に浸るために、何カ月も、場合によっては何年も、食べる部分が完全になくなるまでやってくる。殺されたばかりで、まだほとんど手つかずで放置されている屍があったとしたら、それは人間が近づいてきたためにオオカミが一時的に離れていったか、近くで様子をうかがっているかのどちらかだろう。苦労して手に入れた獲物である以上、決して無駄に食い散らかしたりはしないのだ。オオカミはいわゆる過剰殺戮をする——簡単に獲物が手に入るときには、食べられる以上のものを殺す——と非難されることが多いが、実際にそうすることはめったにない。おそらく、ハイエナなどに妨害されたり奪われたりさえしなければ、あとでまたその肉を食べるはずだ。

オオカミの状態は、糞をざっと観察すればだいたいのことがわかる。黒っぽく粘り気のある糞は、病気ではなく、そのオオカミが新鮮な獲物の一番よい部分をたっぷり食べたことを示している。多少の骨や毛が含まれた形のよい糞は、一番よい部分は食べ尽くしてしまったものの、まだ役立つ栄養分を摂取できたことを示す。毛と骨ばかりの糞は、その獲物の食糧としての価値がなくなりつつある兆候か、飢えたオオカミ、おそらくは生きるか死ぬかの状態のオオカミが古い屍から何でもいいから少しでも栄養をとろうとしたことを示している。寒さの厳しい、ほとんど砂漠に近いブルックス山脈では、これらの白く固まって半分化石化した何年も前の糞が残っていることがある。バクテリアさえあきらめていなくなった後のものだ。

僕も以前は、寒々とした渓谷の上流や吹きさらしの尾根の頂にあるこうした残留物を、トレイルの道標として利用していた。それを仲間とさえ思ったこともある。これがあるおかげで風景からほんの少し寂寞感が薄れるからだ。こうした糞のひとつひとつがオオカミの過酷な生活を物語っている。

では、ロミオは何を食べていたのだろう?　メンデンホール渓谷の上流域には、オオカミの伝統的な獲物——共進化してきた有蹄動物——はわずかしかいない。たとえばムースは、歴史をさかのぼれば一時的に生息が確認された時期もあるが、植物の生育限界に近いことと雪が深く降り積もることから今は存在しない。たとえ十数頭のムースが冬の間、湖の周辺まで下りてきたとしても、単独のオオカミがそれを捕獲できるとは思えない。たしかに孤立したオオカミがムースを狩ることもあるが、そのムースが病気で弱っているか、怪我をしている場合でさえ単独で倒すのは危険であり、困難を極める。少なくとも2頭、普通は群れ全体で数日間をかけた追跡・捕獲作業が必要になる。

谷の上流域とその周囲の土地には安定した数のシロイワヤギがいるが、こちらもまた仕留めるのは容易ではない。垂直に近い切り立った岩肌にいることが多いからだ。高木限界の下側に移動してくる深い雪の時期から、子ヤギが生まれ、新緑を追ってさらに下の土地まで下りてくる春にかけては少しは捕らえやすくなるものの、その数は多くはなく、自分の縄張りを離れることを嫌う一匹オオカミが1年を通して追うにはあまりにリスクが大きい。アレクサンダー諸島オオカミにとっての頼みの綱は、尻尾が黒い小さなシトカジカだが、氷河の周辺にいることはめずらしく、数キロ離れた海岸近くまで行かなければならない。

しかしもうひとつ、大きな獲物になりそうな動物がいる。クマだ。若いヒグマやグリズリーのこともあるが、とくにクロクマが多い。捕食を目的としたクマへの攻撃は、アラスカとカナダでは数多く記録に残っており、オオカミの群れが冬眠中のクマを掘り出して殺して食べたという記録も1件ある。僕が30年ほど前に目にしたオオカミとグリズリーの対決は、捕食行動と呼べるものではなかったものの、互いに嫌悪感を持っていることがすぐにわかった。

数年前の春にも僕は、オオカミに対してクロクマが明らかに恐怖を示している場面を目撃した。写真家のマーク・ケリーとともに、遠く離れたグレイシャー・ベイの入江に行ったときのことだ。格闘の傷跡が残る2頭の大きな雄のクマが、縄張りと繁殖の権利をかけて対決しようとしているのを発見して、僕たちは大きな花崗岩の上に座り、カメラを構えた。そこに突然、灰色の動物が木立の中から飛び出してきたかと思うと、まっすぐクマに向かっていった。すると、2頭のクマはばらばらに逃げ出した。それは、体重35キロほどのオオカミだった。おそらく捕食攻撃をしようとしたのではなく、自分の巣穴や狩り場からクマを追い払おうとしたのだろう。それでもクマたちは明らかにパニックに陥っていた。

メンデンホール渓谷の上流域にはグリズリーもクロクマも生息する。そして、大人に比べればはるかに力が弱い若いクマは、成熟したオオカミにやすやすと餌食にされてしまう。しかし、生息している地域が限定されているため、ロミオが食糧源として依存する対象とは考えにくい。

以上が、メンデンホール上流域で一般的にオオカミの食事のメニューとなる候補のすべてだ。つまり、数が多くて簡単に近づける動物はオオカミよりもコヨーテ向きの獲物で、オオカミが通常ターゲットにする獲物は数が少ないか、近づくのがむずかしいというのが、ここでの現状だ。それでは、ロミオはいったい何を食べているのだろう？　僕がロミオの足跡を追いながら見つけた獲物の残骸と数十の糞の中には、彼が何を餌にして暮らしていたかがわかる骨や毛も含まれていた。

そのひとつがサケだ。ロミオの糞には、季節によって4種類のサケ――カラフトマス、シロザケ、ベニザケ、ギンザケ――のうろこ、ひれ、骨が交じっていた。それらの産卵時期は互いに重なり合いながら、7月初旬から10月まで続く。ロミオは抜け目なく、その季節は簡単にカロリーを摂取できる餌を選んでいたのだ。

実際にアラスカに生息するオオカミの多くは、継続的な観察と、糞や獲物の残骸、胃の内容物、さらにはＤＮＡ分析（殺すことなく鎮静剤を打って動物の毛か髭からサンプルを採取する）で見つかった特徴的な化学物質から、有蹄動物以外の食糧源の確保に驚くほど熱心であることがわかっている。たとえばアレクサンダー諸島オオカミの亜種で、アラスカ南東部沿岸とブリティッシュ・コロンビアに生息するオオカミは、有蹄動物と同じぐらい多くの時間を海岸の漂流物、つまりアザラシやクジラ、魚、海鳥などの屍を探すことに費やす。食糧になりそうなものなら何でもかまわない。彼らの多くは、アサリのような貝類もよく口にする。

さらに、サケの遡上する川にアクセスできるオオカミは、小川を埋めるほどのサケが集まる短い期間、脂肪分の豊富なこの魚も大いに食べる。オオカミにとって、サケは願ってもない獲物だ。栄養価が高いだけでなく、最低限のエネルギー消費で捕らえられ、怪我をする危険も少ないからだ（もっとも健康上の理由から、サケに多く含まれるサナダムシの嚢胞《のうほう》の摂取は避けなければならない。オオカミがどうやってそのことを知ったのかは謎だが、そのため彼らはとくに栄養豊富で寄生虫のいない頭部と皮と卵を集中的に食べる）。

実際、オオカミは魚を捕るのが相当うまい。ブリティッシュ・コロンビアで行われたある調査によれば、大人のオオカミは1時間に27匹ものカラフトマスを捕らえ、その成功率は49パーセントにのぼったという。また、漁業狩猟局所属の生物学者だったデイヴ・パーソン博士がアラスカの南東の端にあるプリンス・オブ・ウェールズ島で実施したＤＮＡ調査によると、この地域に生息する何頭かのオオカミの夏から秋にかけての食糧は、20パーセントがサケだった。シカが多く生息する島であることを考えれば、かなり大きな割合だと言えるだろう。サケをはじめとする魚介類を餌にするオオカミは、アラスカ北部や南西部でも観察されている。

そのほかにヤギやシカの毛もまれにロミオの糞に含まれていたが、多かったのは小動物の毛皮や羽根、骨のかけらだ。アカリス、ミンク、水鳥、ネズミやハタネズミ、そして最も多いのがカンジキウサギだった。僕は二度、ロミオがあごから白い野ウサギをぶら下げて湖を横切るのを目にしたことがある。さらに、狩りをしていたことがわかる形跡——雪の上に残る血痕と、噛みちぎられた足や塊になった毛皮——を見かけることもたびたびあった。オオカミはそうした動きのすばやい動物をねらえるほどの瞬発力を持たないとか、それほど小さい動物を餌にしても十分なエネルギーを得られないのではないか、と考える人もいるかもしれない。だが、オオカミの中には野ウサギ（小さなカンジキウサギでも、北部に多いもっと大きな野ウサギでも）を集中的に狩り、大いに成功しているものもいる。彼らは野ウサギが多いやぶに覆われた地域を偵察し、ウサギがつくった通り道を追う。そうすれば必然的にその道をつくったウサギが見つかり、より優位な足場も得られるからだ。

その際、オオカミが使う戦術は2つある。やぶを踏みつけてパニックに陥ったウサギが飛び出してくるのを捕らえるか、雪でカモフラージュした白いウサギを鋭い感覚を駆使して見つけ出し、猫のように慎重に狩るかだ。どちらにしても、瞬発力とすばやい攻撃が成功の鍵だ。実際に僕は、ブルックス山脈を流れる渓谷のやぶに覆われた河口で、小さいハイイロオオカミが野ウサギを狩っているのを見たことがある。足跡がいくつも重なり合っていたので、何日も前から狩りを続けていたのだろう。オオカミ研究者のゴードン・ハーバー博士も、デナリ国立公園のある群れは、繁殖により個体数が急激に増えた時期には、各種の野ウサギを主として食べるようになったと記している。こうした傾向は過去には見られなかった。これもオオカミが環境にうまく適応していくことを示すひとつの例だ。

ロミオがここにとどまったのは、そうした獲物の存在と無関係ではなかっただろう。一昔前だったら、獲物を見つけるのにもっと苦労したはずだ。ほかのほとんどのアラスカの氷河と同じように、メンデンホール氷河が前世紀の間に確実に後退を続けてきたことで、メンデンホール川に続く滋養に富む土地に植物の命が芽吹き、そこにさまざま鳥や昆虫、微生物が繁殖し、前述のような草食の小動物が引き寄せられたのだ。また、氷が解けて新たな湖や川ができたことで、サケが遡上してくる場所も増えた。サケは野生動物たちの格好の餌になるだけでなく、その死骸が土壌の栄養分にもなる。つまり、結果的に微生物から巨大なヒグマまで、食物連鎖を構成するあらゆる生物を育んでいるのだ。

しかしロミオはそれら小動物やサケだけでなく、彼が狩りで使うトレイルとそこに残した糞や屍の断片から、もっと大きな獲物も狩っていることがわかった。谷の上流にたくさん生息しているビーバーだ。ロミオは、ビーバーが川を堰き止めてつくったダムのドーム（すみか）をたびたび訪れていた。ハリー・ロビンソンと写真家のジョン・ハイドは、実際にロミオがビーバーを仕留めたところを目にしている。ビーバーは、頑丈な歯と強靭なあごを持つ大型のげっ歯類だ。体重が20キロを超えるものもいて、仕留めるのはかなりむずかしい。だがハリーもハイドも、オオカミの攻撃が圧倒的だったと語っている。

ハイドがそのシーンを目撃したのは、晩春のある日のこと。彼が湖の北西の角に座っていると、中くらいの大きさのビーバーが砂浜の上に出てきた。すると突然、やぶの中から黒いオオカミが跳ねるように飛び出してきて、前足と歯を使ってビーバーに襲いかかった。「余計な動きはいっさいなかった。首の後ろにがぶりと深く噛みつき、何度か強く揺さぶっただけで、そのビーバーは死んでいた」

と、ハイドは振り返る。ロミオはそれから15キロ近くある獲物をリスか何かのようにくわえて、どこか秘密の場所で楽しむために走り去っていったという。僕たち人間と同じように、オオカミは食べている姿を見られるのを好まない。そして、一度に食べ切れなかった分は、飼い犬が骨やおもちゃを埋めておくのと同じように、あとで楽しむために自分だけが知る場所に隠しておく。

ロミオの獲物リストにはもうひとつ、アラスカ南東部に生息する他の多くのオオカミと同様に、狩るために特別な能力を必要とする危険な動物が含まれていた。その動物、ヤマアラシは頭の回転も動きものんびりしているように見えるが、体を覆う針——実際は特殊な毛——は捕食動物にとっては命取りになりかねない。ヤマアラシは危険を感じると尻尾をぴしゃりとたたきつけ、驚くほどの速さで体を回転させ後ろ向きになったかと思うと、敵に対して針毛を逆立てる。針は全部で3万本もあり、鋭くとがっているだけでなく、先がかぎ状になっていて、ほんの少し力を加えただけで深く突き刺さる。それはときに相手の筋肉を貫いて臓器にまで達し、麻痺を与えながら少しずつ死に至らしめることもある。だから、たいていの捕食動物はヤマアラシには近づかない。おそらく命に関わる危険を冒さないよう、遺伝子に書き込まれているのだろう。

しかし、この厄介な針さえ回避できれば、ヤマアラシを捕まえること自体はたやすく、脂肪分が豊富な食べ物となる。開拓時代の古い言葉では「針のある豚」と呼ばれていたが、まさにそのとおりなのだ。仕留める秘訣は、一撃で死に至らしめるように頭部か腹に嚙みつくことだ。どちらも針のない部分で、ヤマアラシが何とかして守ろうとする場所だ。仕留めたら、腹側から皮の内側に向かって食べていく。あとに残るのは、針が下を向いた皮だけだ。

ロミオは、この針の問題を何度も克服してきた。彼の活動範囲にはヤマアラシの皮があちこちに落ちていたし、彼の糞にも、小さくて柔らかい、まだかぎ状にはなっていない生え変わったばかりの針がたびたび含まれていたことからも、それは間違いない。初春のある晩には、ロミオが小さなハコヤナギの根元からヤマアラシをねらっているのを見たこともある。ヤマアラシはまばらな枝の間で、明らかに不安げに動きを止めていた。その様子を、木の梢からワシが眺めていた。翌朝再び見にいったときには、すべての動物が去った後だったが、ヤマアラシの足跡をたどっていくと、数十メートル先に血が飛び散っていた。何が起こったかは容易に想像できる。針だらけの皮はきっとワシが運び去ったのだろう。

ロミオがどのようにしてこのプロの技とも言える狩りをマスターしたのかはわからないが、間違ったところに噛みついたり、判断を誤ったりすれば、彼自身も命を落とすおそれがある。運がよかっただけかもしれないが、ロミオは危険な動物のことも狩りの技術も、すべて自力で学んでいるように見えた。まるで経験を積んでポーカーの腕を上げていくように――。

オオカミは生態系の頂点に立つ捕食動物として知られているが、屍肉《しにく》や食べ残しをあさることもある。逃げもせず反撃もしてこない獲物ほど歓迎したいものはないのだ。縄張りをパトロールするオオカミは、タダで手に入る獲物ならどんな大きさのものでも見逃さず、殺すよりも拾い集めることに驚くほどのエネルギーを投じる。デナリ国立公園の群れを観察していたハーバー博士は、オオカミたちが雪崩に深く埋まった2頭のムースを1週間以上かけて掘り起こしていた例を報告している。雪崩で固まった雪を掘ったことのある人ならわかると思うが、掘り進めるためには大変な技術と体力を要する。それも、オオカミの歯でさえ噛みちぎるのはむずかしいだろうと思われるような、カチカチに凍ったムースを手に入れるためなのだ。それだけの努力を費やすということは、生きた2頭のムースを探し出し、追いかけ、引きずり倒すのに比べれば、まだ硬い雪を掘るほうが成功の見込みが大きいということなのだろう。この一例だけでも、オオカミが食糧あさりにいかに熱心であるかがわかる。

忘れてはいけないのは、このオオカミの習性こそが、罠猟師のねらいになっていることだ。実際、オオカミはにおいを発する餌に誘われて罠にかかることが多い。そこに簡単に手に入る食糧があると思うからだ。ロミオの行動範囲ではムースの死体は期待できなかったが、冬に入って生き残れずに死んだヤギやシカからサケまで、食べられる屍を見つけることはそうむずかしくはなかったはずだ。それもわずかしか手に入らない時期には、多くのオオカミがそうしているように、おそらくもっと対象を広げ、手当たりしだいに餌を探す努力をしていたに違いない（糞の中から、ときには驚くほどの量の非動物性のもの、たとえばベリー類、さまざまな植物の一部、昆虫などが見つかることもあった）。

最初から、ロミオにはあるうわさがしつこくつきまとっていた。この土地に現れた理由にまつわるうわさだ。不安げにつぶやく人もいれば、はっきり不満を口にする人もいたが、それは、「誰かが餌を与えている」というものだった。もしそうなら、将来、大きな危険につながりかねない。実際に、2004年に漁業狩猟局所属の生物学者ニール・バーテンがロミオの糞をいくつか調べたところ、ドッグフードの成分が検出された。意図的に餌づけされたのではないとしたら、ロミオは民家の裏庭に置かれた犬用の餌入れから盗んでいたに違いない。いずれにしても、これは野生動物の管理という面でも、オオカミ愛好者の立場からも、決してよいニュースではなかった。

オオカミと人間の交流と呼べそうな過去の例をざっと調べてみると、友好的な態度――遊びに誘うしぐさを見せることから、人間に遭遇しても恐れずに好奇心を見せることまで――を示したオオカミの多くが、何らかの手段で人間から食べ物を得ていた。餌づけされる場所は、自然の中にあるキャンプ地、町から離れた高速道路沿い、森林伐採作業員の宿舎などだ。餌づけが意図的なものか偶然のものかはどうでもいい。問題は、それが繰り返されると、すべての個体ではないにしても、多くのオオカミが条件付けされる可能性が高まるということだ。つまり、彼らは人間を食糧と結びつけて考えるようになり、結果として、人間が彼らに近づくことを許すようになるのだ。それどころか、積極的に人間との接触を求めるようになることすらある。

こうして人間を受け入れるようになると、やがてバックパックや靴といった食べ物以外のものを盗んで噛むとか、キャンプ用品や人間自体に興味を持つといったように行動の幅が広がってくる。人間に対する攻撃と見られる多くの事件、たとえばアイシー・ベイで男の子が襲われた事件や、ケントン・カーネギーやキャンディス・バーナーの死亡事件は、オオカミのこうした人間を恐れない行動が一因と考えられてきた。そのため、オオカミがただ人間を恐れない態度を見せただけでも、大きな問題と判断されて殺されてしまう。クマとの衝突を避けるために、「餌づけされたクマは死んだも同然」という警句が古くから使われるが、オオカミにもそれは当てはまるのだ。

ロミオも同じような運命をたどる危険がかなり高いように思われた。友好的で、遊びを楽しんだり、おもちゃを盗んだりすることは、社交的な性質というよりは、餌づけされているしるしなのかもしれない――。

実際のところロミオはほぼ間違いなく、道路脇や駐車場に捨てられたシカの内臓や、古くなった冷凍のカレイやサケをありがたく頂戴していたはずだ。一部の住民が廃棄処分の費用を惜しんだり、わざわざにおいのひどいゴミ箱まで持っていく手間を省こうと、深く考えもせずに捨てたものだ。ロミオはまた、裏庭の餌入れに置かれているドッグフードをくすねることもあっただろう。さらには、思慮の足りない人たちによって意図的に餌を与えられたこともあったかもしれない。

僕やハリー・ロビンソン、ジョン・ハイドの名前が、そうしたうわさと結びつけられることもあった。そうでもしなければ、オオカミと特定の人間の間にこれほど強い絆が生まれるはずがない、と考えられたためだろう。かつて漁業狩猟局で働いていた高名な博物学者のボブ・アームストロングは、ドレッジ・レイクス周辺の柳の木の根元にドッグフードがばらまかれているのを一度目にしたことがあるという。ただ、それがオオカミのために残されたものか、そして実際にオオカミがそれを食べたかどうかまではわからなかったと話していた。

しかし何年もたってから、ドレッジ・レイクスのそばに住む女性が、厳しい冬の間に、友人と一緒にシカの頭と何匹かの凍った魚をロミオが見つけられそうな場所に置いたことがあると認めた。これは僕が実際に聞いた、意図的にオオカミの餌づけを試みたことを認める唯一の告白だった。僕自身は、ロミオが食べ物を期待して人間に近づくところや、誰かが実際に彼に餌を与えているところを一度も見たことがない。彼の糞の中に、野生の生き物の残留物以外のものが交ざっているのも見たことがない。もちろん、僕は分析用の実験ラボを持っているわけではない。だからこそ、漁業狩猟局が彼の糞の中に見つけたドッグフードの問題へ注意を向けざるをえなかった。

ただし、そのドッグフードの多くはロミオが直接口にしたものではなかったのではないか、と僕自身は考えている。このあたりには毎日、多くの犬がやってくるので、あちこちに排泄物が散らばっている。とくにひと月分ほどの雪が解けたときには、その間に残されたものがすべて顔を出す。そうした時期にオオカミの足跡が、雪が茶色に染まったところから次の茶色のところまで続いているのはめずらしいことではない。そして、そこにあるはずの排泄物はきれいに消えている。ハイドもこう語っている。「間違いないね。ロミオが犬たちの落し物をかき集めていったんだろう。とくに最初の1年か2年は頻繁にやっていたと思う」

糞便を食べる「食糞症」は、家畜や野生動物の多くの種に見られるごく一般的な習慣で、イヌ科の動物にも見られる。僕自身、ロミオが糞を食べているのを目撃したことがある。しかし、やがてその習慣からは脱却したようだった。もしかしたら、それは、餌が少なく、カロリーの得られるものなら何にでも手を出さざるをえない時期に限って見られる一時的な行動だったのかもしれない。

意図的であれ偶然であれ、ロミオが氷河での生き残り戦略として小さな餌を広範囲に探し集めたのは大正解だった。まず、この黒オオカミは自分が狩り場とする地域の大部分を独占し、コンビニへ行くくらいの手軽さで餌を探しにいくことができた。次に、人間がつくったトレイルを利用することで他のオオカミとの直接的な競争を避けただけでなく、死につながるような縄張り争いにさらされる危険を軽くすることができた。人間という代替的な群れの近くで行動することで、人間の存在に不寛容な他のオオカミの群れを遠ざけることができたのだ。さらに彼は、実際の狩りでのストレスを最小限に抑えることもできた。サケやビーバーはムースと違って足で蹴ったりしないから、仕留めるのにさほど時間と労力をかけずにすむ。そのうえ、歯がすり減るほど硬い骨をかじる必要もない。オオカミにとって歯の健康は死活問題だ。歯がすり減ったり折れたりすると満足に食べられず、飢えに直結するからだ。

ロミオはまた、一度の狩りで自分が必要とする最適な量の食糧を手に入れることができた。これには大きな省エネ効果がある。というのも、苦労して一度に食べ切れない大物を仕留めても、結局ほかの動物に横取りされてしまうからだ。たとえば、ヒグマはしばしばオオカミが倒した獲物を奪い取り、キツネやクズリのような小動物はそれを何とかして盗み取ろうとする。

なかでも鳥類は、しばしば最悪の略奪者になる。アラスカではカラス、カモメ、ワシ、カケス（カシドリ）、カササギがその代表だ。ある研究では、カラスの群れはオオカミが捕獲したシカの60パーセントを、オオカミがすべて食べ尽くす前に奪えることがわかった。タダ乗りの略奪者にとっては非常に大きな取り分であり、オオカミとしてみればまったく割に合わない。彼らが努力して手に入れた獲物をできるだけ自分たちで消費するには、早く食べ尽くすしかない。たとえばムースの屍なら、10頭あまりのオオカミがいれば効率よく平らげることができる。食べられる部分は個体によって270〜450キロとまちまちだが、それを数時間間隔で2、3回に分けて食べるのだ。

僕は、食い尽くされたばかりのそうした獲物の残骸を何度も目にしてきた。そこにあるのは細かく噛み砕かれた骨と毛の束、それに踏みつけられた胃の黒っぽい塊だけだ。折れる太さの骨はすべて折ってそこから髄が引き出され、血が染み込んだ雪まで食べられていた。それは貪欲というよりも、必要に駆られて生まれた効率性なのだ。ロミオのような一匹オオカミは、たとえムースを倒したとしても、できるかぎり早く食べ尽くそうとしても、屍を守ろうとしても、残りを隠そうとしても、おそらくその半分以上はカラスやカササギに奪われてしまうだろう。しかしロミオは、一度に食べられるだけの獲物に集中することと、前に述べたような戦略によって必要なエネルギーを確保し続けることができたのだ。

結局、ロミオが人間から食べ物を受け取っていたのかどうか、もしそうなら、どのくらいの頻度で、どのくらい直接的に受け取っていたのかについては、誰にもはっきりとしたことがわからなかった。だが、このオオカミの近くで多くの時間を過ごしてきた者はみな、彼が定期的に餌を与えられているとは思っていなかった。彼の行動はあまりに賢く、あまりに一貫性があり、あまりにリラックスしていて、それが彼の本来の性格なのだと考えるよりほかになかったのだ。僕たちがロミオと呼ぶオオカミをめぐる状況は複雑に入り組んでいたが、人間を襲ったという報告は1件もなく、犬に対して牙をむくようなこともめったになかった。しかし、彼が実際に人間から食べ物を受け取っていたかどうかにかかわらず、トラブルはすぐそこまで迫っていた。

第 7 章

名前に何の意味があるの？

2005
February

ロミオとジェシー

ティム・ホールとモーリーン夫妻の飼い犬で、雌のボーダーコリーのジェシーが湖の上を走り、黒オオカミが猛スピードで彼女のほうへ跳ねるように駆け寄っていく。長く離ればなれになっていた恋人同士のように、ひとつになってパ・ド・ドゥ［訳注：バレエで男女２人によって展開される踊り］を踊っているみたいだ。ジェシーが体をくねらせまとわりつくと、ロミオは飛び跳ねて回転し、尻尾を高く上げ、彼女と一緒にいられることを喜んでいる。

実を言うと、彼らは始終一緒にいる。ホール夫妻の家はわが家の2軒先にあるので、ジェシーは裏庭から抜け出して林の間を45メートルも走れば湖に出ることができた。逆にロミオがホール家の裏庭の端までやってきて、丸めた尻尾で足先を隠すようにして、かつてダコタを待っていたようにジェシーを待っていることもある。体重13キロの牧羊犬と、まったく対照的な55キロほどの大きな野生のオオカミという、この思いも寄らないペア――少なくとも理論的には、一方が守っている羊をもう一方が追いかけて餌食にするという関係だ――は、会うたびに何時間も一緒に姿を消した。ロミオとジェシーが固く結びついた、陰と陽の関係であることは間違いない。

このようにロミオは犬たちと戯れることが目的でここにやってくる。この二度目の冬には、近づいてくる犬たちのほぼすべてと愛想よくあいさつを交わした。尻尾を振り、においを嗅ぎ、遊びに誘うようなしぐさを見せ、ときには大立ち回りに発展する。それは、犬たちが興味を失うか、人間が邪魔をするか、オオカミがもっと興味のあるものを見つけて駆け出していくまで続いた。にぎやかな日には、ロミオがあいさつを交わす犬は30頭を超えた。ほとんどは1分か2分の接触で終わったが、まれに1時間以上にわたることもあった。

僕たちが知るかぎり、ロミオは明らかにほかのオオカミといるより、仕留めたビーバーを味わうより、何をするより犬たちと一緒に過ごすことを好んだ。多くの場合、その関心の強さはただ一緒に楽しく過ごしたいというレベルを超え、飛び抜けて頭のいいペットが飼い主に対して見せるような強い絆に発展していた。それは繁殖のため、あるいは狩りや偵察のパートナーを求めるためといった純然たる生物学的な目的（パートナーと一緒のほうが獲物を捕らえやすく、縄張りを守るのも簡単になる）を果たすための行為というより、まるで心の隙間を埋めようとでもしているかのようだった。

通常は、犬たちとの間に社交的な関係を築くことが、オオカミの生存にとって有利になるわけではない。しかし、ロミオがこれほど犬たちに対する執着を見せるからには、そこに食糧や隠れ場所と同じくらい現実的な必要性があったに違いない。特定の犬たちとの深い結びつきは、オオカミにとってそれ自体に価値がある社会的接触と考えるよりほかにないだろう。人間の言葉で表現するなら、まさしく「友情」である。人間同士の関係と同じように、そうした絆にもさまざまな種類があった。強い関心、明らかな敬愛、なかには人間の理解を超えた関係もあったに違いない。

かつて、動物間のそういった関係が、人間が勝手にそうあってほしいと望んでいるだけの想像の産物にすぎないと思われていた時代があった。だが、異種動物間で友情を育んだ多くの例——猫とイグアナ、ライオンとガゼル、犬とゾウなどのありえない組み合わせを含む——が、ユーチューブから大手メディアに至るまでさまざまな媒体で紹介され、最近では多くの科学的研究でも実証されている。このテーマに関しては、たくさん書籍も出版されている。『ナショナルジオグラフィック』誌のシニアライターであるジェニファー・ホランドの著作『びっくりどうぶつフレンドシップ』や、生物学者のマーク・ベコフが書いた『動物たちの心の科学』は、最近ますます注目されている動物の行動科学に焦点を当てた研究の代表的な例だ。

そうした研究により、動物が同種間だけでなく、異種間でも愛情深い絆をつくりだす能力を持ち、ときには驚くほど複雑な関係を築くことが認識され始めている。ホランドが例として挙げている猫は、目が見えなくなった年老いた犬を何年も世話し、守ってきた。異種動物間に見られるこの種の「目の代わりになる」関係について書かれた資料は、ほかにもたくさんある。だとすれば、オオカミと犬の間での友情も可能なのだろうか？　感情を抜きにして理屈で考えたとしても、その可能性を排除するより、受け入れることのほうがはるかに簡単だ。となると、考えなければならない問題は、僕たちにはまだわかっていない彼らの絆の性質とその深さだろう。

その点、これだけは言える——ロミオはほかに選択肢がなかったために犬たちで妥協したわけではない。毎週、彼は１００頭を優に超える犬たちとすれ違っている。彼の注意を引こうとする人間たちが連れてくるのだ。そもそもジュノーは、アウトドア活動のメッカであると同時に犬の町でもある。この２つはごく自然に融合している。仲間と一緒にスキーコースを滑るのでも、家族全員でそり遊びをするのでも、散歩をするのでも、あるいはランチのためにちょっと外に出かけるのでも、氷河を背にするこの地はそのための完璧なスポットになる。そしてもちろん、ここは犬を連れていくのにも絶好の場所である。

前章で述べたように、人間が自分たちのためにつくりあげた風景とそこで適用されるルールは、ロミオにとっても申し分のないものだった。メンデンホール氷河レクリエーションエリアは、ロミオの狩りには欠かせない理想的な場所になった。それだけではない。町なかとは違って、レクリエーションエリアでは犬を放すことができた。泥まみれになることも気にせずに、自由に犬を走らせるスペースを求めている人たちにとってはこの上ない場所なのだ。しかし犬たちは、必ずしも飼い主の指示に従うわけではない。つまり、人間が自分たちの所有物だと思っている生き物を、一時的とはいえ彼らの手から引き離し、同じ祖先を持つ者同士のひと時を楽しみたいと考える一匹オオカミには、願ってもない場所だったのである。

ロミオはいつも愛想がよく、新しい仲間をつくることに意欲的だったが、自分の好みははっきりしていた。たいていは初対面で評価が決まり、それはずっと変わらないように見えた。ダコタとジェシーはロミオのお気に入りの2頭だったが、そのほかにも10頭ほど、彼がジュノー周辺にいた何年かの間に強く惹かれた犬がいた。そのうちのどれかと一緒のときには完全に相手に惚れ込んでいるように見えたが、どうやら内なる葛藤に苦しむことなく、別の犬に気持ちを切り替えることができたようだ。その点では、ロミオというよりドンファンに近いかもしれない。それでも、不思議なことに子どもをつくろうという衝動には欠けていた。本来はそれが生まれつき備わる本能として、雌に近づく最大の理由になるはずなのだが。

ロミオがダコタやジェシーに惹かれたのも、それなりに理由がありそうだ。端的に言えば、どちらの犬も見た目が美しく社交的な雌だった。このオオカミが彼女たちに夢中になるのと同じくらい、彼女たちもオオカミに惚れ込んでいた。だから彼女たちは、つがい相手の代役として十分な役割を果たしたとも言えるだろう。

それでは、わが家の1階に住む友人、アニタ・マーティンが飼っているシュガーはどうだろう？ シュガーは体重が40キロ近くある大きくて黒いニューファンドランドとラブラドールのミックスの雄で、去勢手術を受けている。容姿はお世辞にも美しいとは言えず、おっちょこちょいで、ヒステリックな吠え声を上げる癖があり、まるでコメディドラマに出てくるような犬だった。小さな子どもからおもちゃを盗んだり、クマの糞の上を転がったり、ふざけてヤマアラシに手を出したり、固まった油絵具を飲み込んで命を落としそうになったり……。これらはすべて僕が自分の目で見たことだが、実際はもっとひどかったようだ。アニタが大事にしていた大きなクマのぬいぐるみを相手に、儀式か何かのように毎日、交尾のまね事を繰り返していたというのだから。

アニタが引き取ったころのシュガーはまだ若くて落ち着きがなく、そこらじゅうを荒らし回っていた。もうお手上げだとあきらめた前の飼い主に捨てられたのは間違いない。そんなシュガーをアニタは心から愛していたが（そのお返しは、気前よく与えられる腐ったサケのにおいがするキスだった）、彼女も賢さという点ではシュガー以下の犬はいないと認めていた。頭の中には脳みその代わりにサイコロでも入っているのではと言いたくなるくらい、何をするにも当てにならなかった。この見た目も性格も完璧とは程遠い犬が、イヌ科の大先輩であるオオカミに何を与えることができるというのだろう？　だが、奇妙な物語がさらに不可思議な展開を見せることになった。

先に述べたように、僕たちは前の年にアニタにもオオカミを見せていた。僕が初めてロミオを見た数日後のことだ。それから2、3日後、彼女はシュガーともう1頭の飼い犬ジョンティ（ボーダーコリーのミックス犬）と一緒に、湖の上でフェッチをしながら散歩していた。シュガーはフェッチも大好きだった。決して飽きることなく何度でも喜んで追いかけていく。

そのとき、40代のアニタは耳が遠くなっていたうえに冬用の帽子をかぶっていたため、周囲の音が聞こえづらかった。しばらくして彼女は自分が1人ではないことに気づいた。振り向くと、オオカミがあとをついてきていた――セレナーデを奏でるような、人を魅了する甲高い鳴き声を出しながら。彼女はもう少しで跳び上がりそうになった。誰だって、1人でいればそうだろう。しかしオオカミは愛想よく尻尾を振り、ボディランゲージで彼女を安心させた。それに彼女と犬たちは、すでに僕たちからオオカミを紹介されていた。

アニタがもう一度振り向いて真正面からオオカミを見ると、彼は足を止めた。そして彼女が背を向けてまた歩き出すと、50メートルほど間を開けて後ろをついてくる。その間、シュガーは投げられたテニスボールを追いかけて持ち帰るいつものミッションを続け、よそ者のことはまったく目に入らない様子だった。オオカミがシュガーのお気に入りのテニスボールを奪いでもしないかぎり、シュガーは何の問題もなさそうだったが、ジョンティのほうは無愛想に歯をむき出す傾向があったので、アニタは万一に備えてリードをつないだ。

その日をきっかけに、週に何度かこの不思議なカルテットが結成されるようになった。アニタと彼女の2頭の犬が先行し、その数十メートル後ろを大きな黒いオオカミが鼻を鳴らしながらついていく。オオカミは明らかに、シュガーと一緒にどこかへ行けることにワクワクしている様子だった。だが、シュガーのほうはまったくと言っていいほど気にかけていない。オオカミが見えない存在であるかのように、シュガーは少しも反応を示さなかった。アニタもまた、オオカミのほうを見ることはほとんどなく、決して視線を合わせないようにしていた。これがさりげない心配りであることは、オオカミにもきっとわかったはずだ。彼は毎日のように自分に投げかけられる声と視線のわずらわしさから、いっとき解放されることを感謝していたに違いない。

アニタはシュガーを受け入れたのと同じように、この黒オオカミも無条件で受け入れた。そして、オオカミが出会うほかの多くの人間たちとは違い、オオカミから何の見返りも求めなかった。アニタたちのほうからオオカミを探すこともなく、オオカミのほうが彼女たちを見つけてあとを追うのが常だった。だから、アニタたちとオオカミの関係は、オオカミの意志によって深まっていったと言って間違いない。

ある日の午後、ガスを連れた僕がビッグロックを過ぎたところで、同じくラブラドールを連れた2人の漁師と話をしていたときのことだ。45メートルほど先でオオカミが立ち止まり、彼らが連れていたラブラドールに近づく好機を探っていた。そのとき、800メートルほど先にあるスケーターズ・キャビン近くの氷の上に人影が現れた。アニタとその飼い犬たちだ。するとオオカミはさっと首を回し、ロープで引っ張られたかのように彼女たちのほうに走っていった。誰だかわかったのだ。アニタたちは北に向かって進み、その少しあとをロミオがいつものように小走りでついていく。漁師たちは口をぽかんと開けてその様子を見ていた。「へえ、彼女は神経が図太いんだな。あんなふうにオオカミを連れて歩くなんて」。1人がそうつぶやいた。しかし、アニタが自分の意志でオオカミをどうこうできるわけではない。でも説明するだけ時間の無駄だと思い、僕は黙っていた。

シュガーの何がロミオの気を引いたのかわからないが、2頭はさまざまな点で対照的だった。その違いのひとつは、大きさだ。シュガーは筋肉ががっしりつき、走るのに適した細長い骨太の体型で、犬としては大型だったが、ロミオの隣にいると弟分にしか見えなかった。さらに言えば、ロミオより体重がある犬でさえ彼より小さく見えた。長い足、ふさふさとして密度の高い冬毛、整った頭部と胸が、この黒オオカミを実際のサイズよりずっと大きく見せていたのだ。それに、雪の上に残る彼の足跡はどんな犬のものよりも大きかった。シュガーの大きな足も、目いっぱい広げてもロミオの手のひらほどの大きさしかなかった。

ほかの犬とその飼い主たちもまた、それぞれにオオカミとのプラトニックな逢瀬《おうせ》の物語を持っていた。だが、彼らのほとんどはそれを自分だけの秘密にしようと、ときには手の込んだ手段をとっていた。誰もがそうした逢瀬を自分だけの特別な経験だと思っていて、その点では彼らはまったく正しかった。ただし、ほかの多くの人たちもそれぞれに自分だけの特別な経験を手にしていた。実際に谷をはじめあちこちで、たくさんの人が秘密の逢瀬場所と時間をつくり、こっそりロミオとのランデブーを楽しんでいたのだ。犬を連れている人もいれば、そうでない人たちもわずかながらいた。

オオカミと人間のこうした結びつきの中でもとくに忘れられないのが、友人のジョエル・ベネットと妻のルイーザのエピソードだ。ロミオが初めて姿を現す数年前、ルイーザは乳がんと診断された。つらい手術、そして化学療法と放射線治療の合間に、彼女はたびたびジョエルと一緒に、ときには僕も一緒に、オオカミを見に出かけた。スキーと徒歩を切り替えながら進んでいると、彼女の顔に幸せそうな笑みが広がっていくのがわかる。ルイーザはそのころ、痛みに苦しみながらも一度も不満を口にしなかった。ジョエルがのちに語ったところによると、オオカミを見ることが彼女に生きる希望を与えていたのだという。そして、シェリーやジョエルや僕と同じように、ルイーザは山に縁取りされた氷河を背景に立つロミオの優雅なシルエットを、自分のアラスカへの愛の象徴として見ていた。

オオカミとの交流という点で、まったく別次元の関係を築いた人物もいる。その筆頭は、何と言ってもハリー・ロビンソンと彼の黒いラブラドール・ミックスのブリテンだろう。最初からハリーたちとオオカミとの結びつきは緊密だったが、二度目の冬にはそれがますます強くなった。互いに惹きつけられる気持ちと共有する経験は、時とともにどんどん大きくなっていった。ともに過ごす行動範囲が広がり、ドレッジ・レイクスだけでなく、ウエスト・グレイシャー・トレイル沿いの高い斜面の森や、サンダーマウンテンのふもとにも足を延ばすようになった。天気のいい日も悪い日も、黒オオカミに導かれるままに、人間と犬があとについていった。彼らは次第に社会的な意味でも群れを形成していった――縄張りを巡回し、休息をとり、遊びに興じる。やがて、その遊びにはハリーも参加できるようになった。

「わざと僕をかすめるように通り越したり、僕の足に鼻を押しつけたりしてくるんだ」と、ハリーは振り返る。「ロミオは、雪の上に寝転んでスノーエンジェルみたいに自分の体形の窪みをつくるのが好きだった。呼び方はスノーウルフでも何でもいいけどね。それから、雪だるまでもつくるみたいに足で雪を押し転がし、ときどき僕のほうを見て、歯を見せて笑うんだ。『ほら、見てよ』とでも言いたげに」

山の奥まで行ったときには、ロミオが狩りモードに変わることもあったという。目的を持った足取りで姿を消し、獲物を探し、しばらくするとまたハリーとブリテンのところに戻ってくる。こうして、人間と犬とオオカミの密会は、日々の堅固な習慣となっていった。3種の異なる動物が理屈を超えた驚くべき形で絆を深めていったのだ。

僕はと言えば、最初の冬の半ばにシェリーと決めたルールを守り続けていた。ロミオの姿は毎日のように、ときには1日に数回、目にしていた。彼が家から数十メートル先で待っていることもよくあった。疲れとは無縁のアニタの飼い犬のシュガーや、穏やかな性格のガスを仲介役にすれば簡単に近寄れただろうが、僕は間近での接触は避けていた。それでもロミオは間違いなく僕のことを認識していたし、僕も彼のことをよく知るようになり、お互いにリラックスした友好的な関係を築いていった。犬がそばにいてもいなくても、ロミオは僕の姿を見つけるとよく小走りで近寄ってきては、愛想よく口を開き、頭を下げ、すぐそばまで僕が近づくのを許してくれた。だがシェリー以外の誰かが一緒のときには、そうした態度は見せなかった。

僕が犬たちを従えてスキーで滑っていると、しばらく並んで走ってくることもあった。そして僕たちが氷の上で休むと、石を投げれば容易に届く距離にロミオもとどまる。その距離を縮めたいという誘惑に僕が耐えていたことは彼にはわからなかっただろうが、彼が近づきすぎると、僕は犬をそばに呼んでスキーのストックを振り回した。これが人気《ひとけ》のないブルックス山脈の上のほうだったら違ったかもしれない。しかし僕が今いるところは、僕がどんなに望もうと、視界から民家や人間を消すことはできなかった。

このころ、ジュノーの住民たちはロミオがいることに慣れ、それが広い意味での安定をもたらしつつあった。結局、このオオカミはただの通りすがりではなく、この町の周辺で暮らすことを選んだのだ、と人々が気づき始めたのである。言ってみれば、特別なオオカミとしてその存在を人々が認めたということだ。こうして彼は、1頭のオオカミではなく、「オオカミのロミオ」になった。その呼び名は町じゅうに浸透し、一度も彼を見たことのない住民でさえ、それが誰のことを指しているのかわかるようになった。そうした状況は、野生動物――とくに大きくて危険な肉食動物――に名前をつけることに反対する人たちを悔しがらせた。動物を擬人化して身近な存在とみなそうとするのは、ファンタジーの世界に影響された危険な試みだ、と主張する野生動物担当の役人や保守派の人たちだ。

実際、名前の問題は、アラスカ州漁業狩猟局や連邦森林局の職員たちにとっては悩みの種になった。当時、森林警備隊の地域責任者だったピート・グリフィンは、「動物に名前をつけると、現実には存在しない関係が築かれていると錯覚することになる」と言っていた。覚えているだろうか。ピートは、このあたりをオオカミがうろついているのは「悪いことではない」と考えていたあの人物だ。要するに、ピートが問題視していたのはオオカミそのものではなく、名前をつけるという行為だった。

理屈としてはこういうことになる。野生動物に名前をつければ、今度はその動物に人間の特性を当てはめたくなり、気づかないうちに何らかの相互的な絆――友情か、少なくとも相互理解――が存在すると信じるようになる。それが過度の慣れにつながり、近くにいることが当たり前だと思うようになり、やがては対立を招く。そしていずれ、誰かが傷つくか殺される。そうしてもし人間の犠牲者が出れば、必然的に動物も殺される。そこからほとんどの生物学者や野生動物の管理者が引き出す教訓は、人間と野生動物の社会的関係は遅かれ早かれ不幸な結果に終わる、というものだ。

野生動物に名前をつけることについてのこの考えは常識にもかなってはいるが、アラスカ州でも他の場所でも監督機関の間で意見が一致しているわけではない。森林局の中でもそれは同じだった。たとえば、ジュノーから約320キロ南にあるアナン・クリーク野生生物観測所（ケチカン森林警備隊の監督下にある）では、毎年夏になると川に遡上するカラフトマスを捕りにやってくる数十頭のクマのうち、個体を特定できたものに気まぐれに名前をつけている。中学生がニックネームをつけ合うのと同じように、ごく内輪のもので、科学的調査とはまったく関係ない。同じことがアラスカ州の管理下にあるマクネイル川や、国立公園局が管理しているブルックス・フォールズでも行われている。名前をつければ思い出すのが簡単で、数字よりも混乱が少ないからだろう。「ショーティー」や「アリス」と言えば、全員がすぐにどの個体のことを言っているのかがわかり、そのクマがどう行動し、どこをうろついているのかもわかる。

こうした名前は単純に管理のためのひとつの手段であり、科学的な目的に使われているはずだと論じることもできるだろうが、実際には、それより深い感情的な結びつきが明らかに見られる。たとえば、ブルックス・フォールズの「ダイバー」やマクネイル川の「ミセス・ホワイト」をはじめとする数十頭のクマは、各機関のスタッフだけでなくツアーガイド、さらには何千人もの心奪われた観光客の間で、それぞれのエピソードとともに名前が共有されていた。これらのクマは、外見、習慣、性格に応じて選ばれた名前を持つ特別なクマになったのだ。そうしたクマに強い思い入れを持つ人の中には、この動物のことを最もよく知る各機関のスタッフもいた。たいていは名前をつけた張本人だ。

名前がトラブルにつながるという問題に関しては、これら3カ所の観測エリアが杞憂であることを示している。僕自身、アラスカでもほかのどこでも、動物に名前をつけたことで管理上の問題が起きたという話は聞いたことがない。実際には、〝名前をつけるな〟の訴えは、別の問題から注意を逸らすことが目的であるように思える。つまり、その訴えには次のようなメッセージが込められているのだ。「距離を保て——物理的にだけでなく、感情的にも」というものだ。オオカミも他の野生動物も、理論的には「特定化されない資源」に分類され、さまざまな理由により現状を守るほうが望ましいと考える人たちがいる。なかでも、個として認識されて人気の出た動物は管理がむずかしくなる、というのがその大きな理由だ。「管理」が駆除や殺害、あるいはその動物を合法的な狩猟や罠猟の対象として認めることを意味する場合にはとくにだ。ロミオはまさに、個として認識され、人々が魅了されたオオカミだった。

また、オオカミを敵視する人たちの心の片隅には、感情を持つ生き物として野生動物と接しようとする人たちに対する根深い軽蔑心もある。自称スポーツマンの人たちによく見られる姿勢だ。そういう人たちにとっては、ハリーのようなやり方でオオカミと仲よくなるのは、文化的タブーに等しい。そうした行動は見当違いなだけでなく、現代的なスポーツハンティングの伝統に反し、危険とみなされる。かつての狩猟採集社会では、自分たちが狩る生き物と深い精神的な絆を築いていたことを考えれば、これは昔から存在する関係の奇妙な断絶と言わざるをえない。僕たちの祖先は、生き物に敬意を表し、意味ある名前を与え、自分たちより高等とは言わないまでも平等なものとみなすのが普通だったのだから。

オーストリアの神学者マーティン・ブーバーは、その関係を「アイ・ザウ《I-Thou》（我—汝）関係」と呼んでいる。一方、釣りや狩りのテレビ番組や雑誌で見られるように、現在主流のスポーツハンティングが強調するのは、ブーバーなら「アイ・イット《I-It》（我—それ）」と名づけただろう関係だ。つまり、友好的な接触ではなく、動物を対象化し、自分の楽しみのため、利益を生み出すため、または単なる気まぐれで、個として特定しない生き物を合法的に追いかけたり殺したりするのである。

クマの保護活動家として知られるティモシー・トレッドウェルは、アラスカの海岸にいるヒグマに「ブーブル」や「カップケーキ」といったかわいらしい名前をつけ、安全基準の常識を超えるほど接近して、何年も彼らと過ごした。結局、彼は一緒にいた女性の仲間とともに1頭のクマに襲われて殺されたため、狩猟コミュニティの嘲《あざけ》りの対象になった。もしトレッドウェルが戦利品ねらいのハンターで、「オールド・ボールディー」という名のクマを追っている途中で襲われ、銃を握ったまま殺されていたとしたら、彼を嘲っていた同じハンターたちから代わりに追悼の言葉を贈られていただろう。彼らは、ならず者のクマやオオカミになら名前をつけてもかまわず、最終的にその動物を自分たちの手で倒せるかぎりは、多少の称賛くらいは贈ってもいいと思っている。

しかし彼らにとって、ロミオに関して起こっていることは、まったく別次元のことだった。オオカミと親しくするのは危険きわまりない間違った行動で、そのすべては愚かにも名前をつけることから始まったと彼らは考えたのだ。

それでは、時間を巻き戻して、この黒オオカミがせいぜい何か簡単な形容詞か名詞で呼ばれる程度だったと仮定してみよう。あるいは研究調査でよく使われるような、たとえばW-14といった中立的な識別記号でもいいだろう。そうすることで、実際に何かが変わっていただろうか？　彼の運命が変わったり、僕たちの彼に対する見方が変わったりしていただろうか？　オオカミは名前を持たずにここにやってきた。彼の個性と行動が知られるようになったことが名前につながったのであり、その逆ではない。

そもそも人間の歴史を通して、どれほどの野生のオオカミが名前をつけられてきただろう？　悪名ならたくさんあるだろうが、少なくとも生きている間に好ましい名前をつけられたオオカミはこれまで1頭もいなかったのではないだろうか。「名前に何の意味があるの？」と、シェイクスピア劇の中でジュリエットは自分に問いかけた。「薔薇《バラ》はどんな名前で呼ばれようと香りはそのままよ」。それから何世紀も後に世界の遠く離れた場所に現れた、彼女の恋人の名前を借りたオオカミにも、同じことが言えるのではないだろうか？

第 **8** 章

新しい日常風景

2005
March

ロミオは午後の日差しを浴びながら、河口近くの氷の上にぽつんと横たわり、体を伸ばしていた。僕がスキーで100メートルほど離れた場所を通り過ぎると、彼は頭を上げて僕を確認した。大きく口を開けて日差しをまぶしがるように目を細めたが、起き上がりはしない。そして「なんだ、あんただけか」とでも言いたげな顔で、片目を開けたまま再び深々と身を沈めた。オオカミ特有の昼寝の体勢だ。僕は立ち止まって無言の感謝——もうすっかりおなじみになった彼の無関心ぶりと、そこにいてくれることに対する感謝——を示すためにうなずくと、氷河のほうにスキーを滑らせた。オオカミと過ごした二度目の冬も終わろうとしていた。

気が滅入るほど暗くて寒い1月が終わると日一日と春めいてくる。僕たちが望んでいた以上にすべてがうまくいっていた。たしかに反オオカミ派による粗探しは続いていたが、彼らの不満の声も気にならない雑音程度に落ち着いていた。誰もが、この大きな野生の肉食動物が人間やペットたちと平和的に接するための新しい基準づくりに参加しているように見えた。

そうして1日が過ぎ、週が変わり、月が変わっていった。厳格な規則があり、それを守らせる管理者がいる野生生物保護公園ではなく、アラスカの準都市部で、いまだかつてないほど無制限に野生動物と人間や犬とが交流していた。全部合わせれば数千回にも及ぶであろうオオカミとの接触の中には、裏庭や駐車場での遭遇もあれば、危険とも言える人間や犬の振る舞いも見られたが、それでも、どちらの側にもまだ状況を一変させるような行動は見られなかった。人間に脅威を与えるような出来事もなければ、ペットが襲われることもない。何人かが予想していたようにオオカミが殺されることもなかった。

彼は人間が近くにいても落ち着きを見せてリラックスするようになり、人間のほうも彼の存在に慣れていった。だがそのぶん、彼を排除することは以前よりも簡単になった。ロミオの命はつねに首の皮一枚でつながっていたと言っていいだろう。ジュノー住民のほとんどは、この「裏口までやってくる善良な大きなオオカミ」を新しい日常の風景として受け入れているように見えた。それを受け入れたくなさそうな人たちも驚くほど自制心を保っていた。しかし、そのまま何事もなく終わるはずはなかった。

3月半ばのある日、リック・ヒュートソンという20歳の地元の若者が、2頭の犬を連れて何人かの仲間とドレッジ・レイクスを歩いていた。犬の片方は2歳のビーグルで、タンクという名前だった。ヒュートソンによれば、リードにつないでいなかったタンクが、何かのあとを追って急に森の中に駆けていった。ごく普通のビーグル犬の行動だ。ヒュートソンは犬を追いかけ、呼び戻そうとした。だが「数秒後、すぐ先で低いうなり声が聞こえてタンクの姿を見失った」。彼は『ジュノー・エンパイア』紙の記者にそう話している。「それからまた数秒後、今度はオオカミが走ってきた。絶対にタンクはあのオオカミに嚙み殺されたんだ」。ヒュートソンと仲間たちはタンクを見つけられず、その生死もわからないままとなった。

彼はこの件をアラスカ州漁業狩猟局に報告し、翌日、同局所属の生物学者ニール・バーテンとともに再び捜索を始めた。野外捜索の標準的な装備として、バーテンは12口径のショットガンを肩に下げ、ゴム弾を装填していた。万一に備え、弾丸もポケットに入れていた。襲いかかってくるグリズリーを一撃で倒せるほどの威力があるものだ。

バーテンとヒュートソンは、やぶに覆われたエリアを中心に調べた。春の雪の中での捜索はむずかしい。雪が固く締まっているので、前日の足跡はほとんど残っていないうえに、多くの古い足跡が重なり合い、解けたり凍ったりを繰り返して変形しているからだ。オオカミ、犬、人間、それに野ウサギやリスなどさまざまな小動物のものもある。場所によっては硬い雪の下を雪解け水が流れていたり、氷が解け始めてぬかるんでいるところもある。結局、バーテンはヒュートソンの話を裏づけるようなはっきりした足跡や、犬の毛や骨のかけら、決定的な証拠となる首輪など、その他の痕跡を見つけることはできなかった（唯一、氷の状態に近い雪に染み込んだ血の跡を見つけたが、それだけではどれくらい前のものかを判断することはできなかった）。また、ヒュートソン自身の説明にもあいまいな部分があった。

そんなとき、バーテンの前で、ヒュートソンのポケットから呼び笛がこぼれ落ちた。その道具を使う理由はひとつしかない。怪我をした野ウサギに似た鳴き声を出して、肉食動物を近くに引き寄せるためだ。「彼に『なぜそんなものを持っているんだ?』と尋ねると、彼は歯切れ悪く『自分の家の庭で吹いていているだけだ』と答えたんだ。それで、この件についての私の見方が変わった」。バーテンは、ヒュートソンがオオカミをおびき寄せようとしていたのではないかと疑った。そうした状況下で、野ウサギくらいの大きさで色も同じような動物がやぶの中に走り込んでくるのを見たら、ロミオの捕食動物としての本能が刺激されるのは当たり前だ。簡単にありつける食事をみすみす逃す手はないだろう。それに、そのあたりはロミオが好む狩り場のひとつで、ウサギの通り道と重なり合っていた。

ヒュートソンのそうした行為と彼が自分の犬を放していたことを考え合わせれば、オオカミだけに責任を負わせることはむずかしい、とバーテンは思った。そのうえ、ロミオがビーグル犬を殺したという確たる証拠もなかった。雪の上に残っていた血の跡は野ウサギのものかもしれないし、タンクが白頭ワシの餌食になった可能性だってある。その可能性が実際にあることを裏づける話ものちに聞いた。僕がこの事件についての記事を書いていたこともあり、ジュノーに住む友人の1人が、そのころワシがどこから持ってきたかわからない犬の死骸の一部を庭に落としていった、と教えてくれたのだ。

ヒュートソンはバーテンに、オオカミを見つけて撃ち殺してくれと頼んだが、バーテンは断った。それから5年以上がたつが、バーテンは今も自分の判断が正しかったと思っている。「私にはオオカミを殺すだけの正当な理由は見つからなかった……あのオオカミと犬たちとの平和な接触の例も山ほどあったしね」

ロミオとの絆を深めていたハリー・ロビンソンも付近を調べてみたが、大した成果はなかった。血の染み込んだ雪を見つけたものの、やはりその近くにはほかに手がかりはなく、その代わりにタンクのものかもしれない足跡が解けかかった氷のほうに続いているのを発見した。ロミオ犯行説を否定する最後の証拠として、タンクが消えてから数時間後、シェリーの知人とその飼い犬が湖の北西の角でロミオと会っている。その知人の話では、ロミオはいつもどおりの、犬を攻撃する素振りをみじんも見せないあのロミオのままだったという。

このビーグル行方不明事件に対して警察の捜査が行われたなら、捜査結果は次のようにまとめられていただろう。死体はなく、殺害の証拠となるものも見つかっていない。犯行現場とされる場所に容疑者がいたという確たる証拠もない。容疑者は、それまでに何度も同様の状況の中にいたが、問題となるような行動を起こしたことはない。むしろ行動はまったく逆である。目撃者もたった1人しかおらず、しかもその証言には疑わしい部分がある——。以上を踏まえれば、常識のある地方検事なら起訴するに足る理由を見つけられないだろう。

しかし新聞には、バーテンの見解やハリーの調査のことも、呼び笛についてもまったく書かれていなかったので、それらは一般市民の知るところとはならなかった。その代わりに、数日後の『ジュノー・エンパイア』紙には、「湖のオオカミがビーグルを殺した模様」という大見出しと、「犬の飼い主はオオカミの殺害か排除を希望」という小見出しが躍っていた。それに続く記事の内容は基本的には正確で、結論についての明言は避けていたものの、殺害への関与を示すタイトルと、重要な情報が書かれていなかったことから、ロミオは明らかに不利な立場に追い込まれた。

さらに記事には、ヒュートソンの一方的な証言に基づく事件のあらましが掲載されており、彼の次のような発言も引用されていた。「オオカミの出没場所やその危険性について、警告板やもっと頻繁な注意喚起があったなら、僕は飼い犬や自分自身を危険にさらすことはなかった」。要するに、ヒュートソンは当局の怠慢を指摘したのだ。しかし彼は、バーテンに対しては、前の年にもオオカミを見たことがあり、近くにオオカミがいることは知っていたと認めていた。

これに対して、バーテンではなく（彼は同紙のこの記事にはなぜかまったく名前が出てこない）、アラスカ州漁業狩猟局の当時の野生生物保護担当ディレクターだったマット・ロブスが州の立場を擁護した。州局長に次ぐ地位にある上級管理職が、1頭の動物をめぐる地元の問題でメディアに対して発言することは非常にめずらしい。数年後、ロブスは僕に、記者からの電話をとったのは単なる偶然だったと教えてくれた。ちなみにロブスはバーテンの直属の上司ではなかったが、バーテンに対し、彼なら正しいことを言い、正しい行動をとるだろうと絶対的な信頼を寄せていた。一方で、古くからのジュノー住民であるロブスには、この一件は扱いがむずかしいということもわかっていた。

当時、地元住民の間でロミオに対して好意的な感情が強かっただけでなく、その直前に州の他の地域で飛行機からのオオカミ掃射計画が再開されたため、漁業狩猟局は批判を受け始めていた。僕たちが住む南東部ではそうした計画はなかったが、同局が最も避けたかったのは、メディアでさらにたたかれることだった。さまざまな場所で州の広告塔になってくれるはずの有名なオオカミに関わる問題となれば、いっそう厄介なことになる。歴史をさかのぼれば、たとえばウォルター・ヒッケル州知事のもとで1990年代初めに実施されたオオカミ駆除への住民の怒りは、アラスカへの観光ボイコットにつながり、州の駆除計画は一時的に中止された。そうしたこともあり、現実的な地方政治とより大きな問題の板挟みになっていた漁業狩猟局は、慎重に行動することが求められていた。

一方、少数派ながら声高に主張するジュノーの反オオカミ陣営は、この事件を受け、ここぞとばかりに行動を開始した。ヒュートソンの母親は漁業狩猟局に長い申立書を送りつけるとともに、ドレッジ地区を含め、町じゅうに抗議のチラシを貼り出した。彼女が『ジュノー・エンパイア』紙に送った投書には、腹立ちまぎれにこう書かれていた。「何を待っているのですか？　また別のペットが連れ去られるのを見たいのですか？　それともまさか、人間の男の子が、小さなジョニーが野生のオオカミに連れ去られるのを待っているのですか？　とんでもないことです……漁業狩猟局がここに住んでいる人間よりも、観光客を引き寄せるオオカミを守ることを優先しているとは考えたくありません」

もちろん漁業狩猟局は、このオオカミを特別に守ろうとしていたわけではない。事実、そのために指一本動かそうとしなかった。それに、湖へやってくるのが増えたのは明らかに地元の住民たちで、観光客はほとんど交じっていなかった。人間がこのオオカミからの保護を求めてきたという記録さえいっさいない。だが、こういった反オオカミ陣営の主張がどれだけ不正確で誇張されたものであったとしても、そのメッセージはどんどん広がり、影響がすでに表れていた。「もう彼はおしまいだ」と、僕がため息まじりにシェリーに言うと、彼女もうなずき返したものだ。ロミオがどれほど危険にさらされているか、彼女もよくわかっていたのだ。

こうしてロミオは人間への脅威というイメージを巧みに植えつけられ、住民の不安への対処に責任を負う漁業狩猟局は、義務づけられているわけではないにもかかわらず何か対策を打つ必要に迫られた。もう無視できないレベルに近づいていたのだ。そしてロブスは、ビーグルの死をめぐる不確かな証拠を受け入れただけでなく、オオカミに殺されたようだという意見にも同意した。もし何らかの措置を講じず、誰かが怪我でもしたら、漁業狩猟局は——言うまでもなく、連携して管理にあたっている連邦森林局も——厄介な訴訟事件に巻き込まれるおそれがあった。

漁業狩猟局に属する生物学者たちの選択肢は4つあった。まず、これまでどおり軽度の監視を続け、傍観主義的なスタンスをとること。2つ目は、オオカミを別の場所に移すこと。3つ目は、人間や飼い犬との接触を避けるようにオオカミに条件付けすること。そして最後は、殺処分だ。訴訟に発展する可能性があるかぎり、何もしないという選択肢はありえなかった。ただし、オオカミの殺処分という選択肢は核兵器のようなもので、実際に使おうものなら深刻な後遺症を引き起こすことは間違いなかった。

現実的な選択肢は、オオカミをほかの土地へ移すことのように思えた。生物学者のチームが麻酔銃（鎮静剤入りのダーツ）をオオカミに撃ち込んで捕獲し、適当な解放地点まで移送すればいい。絶対に戻ってくる心配がないくらい遠くの場所だ。たとえばリン海峡のフィヨルド、タク海峡の南のどこか、あるいは150キロほど北のチルカット渓谷の上流でもいいだろう。州では捕獲手段として麻酔銃の使用を認めている。安全面も、数年前に実験的プログラムとして、多くのオオカミをユーコン川上流のフォーティマイル川から数百キロ南のケナイ半島まで移送したこともあるので問題ない。オオカミは安全、人間も安全。それで万事解決だ――。

ただ、麻酔銃には慎重な扱いが求められる。薬は強力で、適量を撃ち込むのは簡単ではない。それが直接の原因と見られる死亡率は1パーセント前後だが、この措置全体を通して見ればその率はもっと高くなる。実際、ホッキョクグマからムースまで、これまで麻酔銃で撃たれた多くの動物が薬の副作用やストレス、麻酔銃の矢そのものによる怪我で死んでいる。また、移送の途中で動物が死ぬこともある。理由はさまざまだが、フォーティマイルからケナイに移送されたオオカミも、そのうちの何頭かが移送途中で死んでいる。

それに、たとえこの黒オオカミを無事に移送して解放したとしても、春の深い雪の中、なじみのない土地に置き去りにすることは死刑宣告にも等しいかもしれない。飢えることはないとしても、その土地ですでに縄張りを築いている群れが、土地勘もなく、しかも体が弱っている侵入者に牙をむくことは十分に考えられる。そしておそらく、研究と管理のため、オオカミの動きと運命は、捕獲後に装着されるＧＰＳ機能付きの首輪で記録されることになる。この首輪は重さが1キロくらいあるので、オオカミが生きていくのに大きな障害となると指摘する研究者もいる。雪に埋まらずにスピーディーに動くことが生き残るために必要不可欠な動物にとって、それだけの重さが加わることがどれほどの負担になるか想像してほしい。マラソンランナーが命をかけたレースで、数キロの岩を背負って走るようなものだ。

この問題をさらに複雑にしているのは、今回のように関心の高い例での追跡データは公表が避けられないという点だ。過ってオオカミを殺してしまったら、あるいは間接的に死に至らしめたという印象を与えるだけでも批判の声が膨れ上がり、漁業狩猟局の広報にとっては悪夢のような事態に陥りかねない。ロブスはそのときのジレンマを次のように簡潔に語った。「多くの人がここにオオカミをとどめておきたいと考えている。彼らはそれを野生動物との接触を楽しむ夢のような機会だと思っている。だから、もしわれわれがこの動物を排除したり殺そうとしたりすれば、今よりも大きな批判を受けるだろう。どちらに転んでもわれわれに勝ち目はないということだ」

残る選択肢は、オオカミを訓練し、「逆オペラント条件付け」として知られる手順を通して人間に近づかないようにさせることだ。手順は次のとおりだ。まず、犬を連れた生物学者を送り込み、オオカミが近づいてきたら、殺傷能力のない銃か何かで威嚇する。チクッと刺したり驚かせたりする程度で、あとあとまで残るような身体的な害は与えない。理論的には、これを何度か繰り返せば、オオカミは人間と犬をその不快な経験と結びつけ、距離を置くようになる。この方法は、低リスクで最適な方法と思われた。素人考えでは、たしかに簡単にできそうに思える。

漁業狩猟局は、3種類のそうした威嚇道具を持っていた。いわゆるゴム弾（必ずしもゴム製ではないが、殺傷能力のない発射物を使う）、ビーンバッグ弾、そしてクラッカーシェルだ。いずれの道具も、問題を起こす大きな野生動物を撃退したり、条件付けしたりするために使われている。

ゴム弾は拳銃、ショットガン、または特別仕様の火器から発射され、最も射程距離が長いうえに効果も大きい。だが、無害からは程遠い。世界中の機動隊が同類の発射物を人間に対して使用しているが、これまでに数十人の死者と数千人の重傷者が出ている。それほどまでに人を傷つけたり殺したりする威力があるのなら、オオカミも同じかそれ以上のダメージを負うのは確実だ。オオカミに対してゴム弾が使われた例はわずかしかないが（通常、オオカミは非常に見つけにくく、対決的な姿勢をとることもないため）、漁業狩猟局の生物学者マーク・マクネイは、カナダ北部の北極圏でそうした銃によってオオカミが死亡した例を1件記録している。2つ目のビーンバッグ弾は、12口径のショットガンから発射される小さな玉入りの模擬弾で、負傷の危険ははるかに少ないが、精度がよくないため、実効射程距離は30メートルにも満たない。最後の選択肢であるクラッカーシェル、別名「花火弾」は、ショットガンで発射する爆発物で、衝撃を与えるというより、驚かせる効果を期待して使うものだ。

結局、漁業狩猟局は最初の威嚇の試みとしてビーンバッグ弾を使用した。バーテンもそのことを認めている。だが、「ねらいは外れたんだ」と、バーテンは苦笑いしながら語った。「でも、望んでいた効果はあった……オオカミは明らかに銃声に怯えていた。かなり手前に落ちたビーンバッグに気づいたかどうかはわからないが、森の中に逃げ込んで、ほんの少し遠吠えをした……それから数週間はあまり姿を見かけなかった」。バーテンはその後も湖を数回パトロールしたが、オオカミに向けて発砲することは二度となかったという。理由はただひとつ。そのチャンスがなかったからだ。ロミオが犬と人間を避けるようにうまく条件付けされたのか、それともバーテンだけを恐れるようになったのかはわからない。しかしいずれにせよ、ロミオは間もなくハリーと飼い犬のブリテンをはじめ、多くの友人たちとの交流を再開した。

もちろん、ロミオの信奉者たちの多くがこの威嚇攻撃に憤慨した。ハリーは、ロミオが実際にゴム弾を受けて、足を引きずっていたと訴えている。ロミオはたしかにその春の後半、ときおり左前足をかばうようなしぐさを見せていた。もっとも、その怪我はどこかから滑り落ちたためかもしれないし、ヤマアラシの針が刺さったためかもしれない。あるいは、罠に足を挟まれたからかもしれない。彼らはまた、ロミオをあまり保護されていない別の土地に追いやれば、もっと大きな危険にさらすことになると心配してもいた。

僕自身は、ロミオをよく知るほかの人たちと同じように、複雑な気持ちだった。ロミオにもっと人間を警戒させることは、彼が生き残るためには必要不可欠だ。そして彼の命を守ることこそが肝心なのだから、僕たちが自分中心の考えを捨てればいい、とも思っていたのだ。だが、最悪の事態に陥る可能性があったことを考えれば、ビーンバッグ弾であれ、ゴム弾であれ、威嚇射撃は漁業狩猟局の反応としては控えめなものと言わざるをえなかった。

この黒オオカミと人間の二度目の交流が終わるまでには、少なくともまだ1カ月残っていた。それだけの時間があれば、何かの拍子で事態が悪い方向に一気に転じるおそれも十分にある。事実、怒りに駆られた反オオカミ陣営の一部の人たちは、もっと過激な行動をとるように当局を促す口実ができるのを待っていた。そして、自分たちの手に対策が委ねられることを期待していた。もしロミオの目に、特定の犬——行動や見かけに何か特別なところがある小型犬や、飼い主から離れすぎてしまった犬など——が安上がりの定食として映ったとしたら？ 1頭の犬が消えたのに続き、また別の犬が消えたとしたら？ ビーグル事件に続いて再び同じようなことが起これば、ロミオの命運も尽きるかもしれない。緊張をはらみながら、時間は刻一刻と経過していった。

ビーグル犬のタンクが姿を消してから間もないある日、ビルという名の若い動物衛生看護師が、まだ生後12週間の秋田犬を連れて湖の北東の端を歩いていた。ジュノーに少し前に移り住んだばかりの彼は、ロミオの大ファンの1人だった。だから、黒オオカミがやぶの中から現れて体重10キロほどの子犬と穏やかに遊び始めると、興奮を抑えられなかった。ところが突然、オオカミが子犬の首をくわえ、柳の木立のほうに走り去った。ビルは必死になって子犬を呼んだが、自分の声がこだまするだけで、あたりはしんと静まり返ったままだった。呆然とした状態から我に返ると、今度は悲しみと後悔の念が波のように押し寄せてきた。自分がそばにいたのに、愛する犬が連れ去られるのを許してしまった。なぜ考えもなしに、子犬の命を危険にさらすような愚かなことをしてしまったのだろう？　どうしたらいい？　何ができる？

だが彼は、この事件について通報すれば、ひとつだけでなく、2つの悲しい死のために自分を責めることになると気がついた――オオカミも間違いなく殺されるはずだ。オオカミのあとを追って、武器も持たずに1人で林の中に入るのは想像しただけで恐ろしかったが、彼は勇気を振り絞って目の前のオフトレイルに飛び込んだ。すると、30メートルも進まないうちに、子犬が彼のほうに駆け寄ってきた。何とかして逃げ出したに違いない！　彼は幼い秋田犬をすばやく腕に抱きかかえ、湖まで全速力で走って戻ると、ようやくそこで止まって子犬の体を調べた。ひどい傷を負っているに違いないと覚悟して、専門的訓練を受けた目と手でくまなく調べてみたが、ほんの一筋の擦傷《さっしょう》もあざも見つからなかった。彼は木立のほうを振り返った。夕暮れの湖岸は静まり返っていた。黒オオカミの姿はなく、ビルは深い感謝と、混乱した気持ちで立ち尽くしていた。それから1年後、彼は一生夢に見続けることになるこの経験を胸に、アラスカを去っていった。

それにしても、これはいったいどういうことなのだろうか？　子犬は文字どおり「死の淵」から、どうやって逃げ出すことができたのだろう？　間違いなく、オオカミが自ら彼を放したのだ。しかし、なぜ？　これはよくテレビのネイチャー番組などでやっている、チーターがすさまじい勢いでガゼルを捕まえておきながら、それを解放するという、捕食動物の説明不能で感動的な行動と同じなのだろうか？　それとも、狩りをするシャチがアザラシの子どもを傷つけることなく海岸線で優しくつついているのと似たような行為なのだろうか？　もちろん、どれほど経験を積んだ研究者でも、オオカミの頭の中にどんな思いがあるのかは推測することしかできない。

僕自身が最も可能性が高いと思う仮説は、そしてほかの人たちも認めている仮説は、ロミオは子犬のお守《も》りをしていたというものだ。思い出してほしいのだが、群れの中のオオカミはみな、ファミリーに生まれた子どもを優しく見守り、積極的に子育てに参加する。親以外の群れのメンバーも特別の注意を寄せ、信じられないほどの愛情を注ぎ、群れの遺伝子を継ぐものに辛抱強く接するのだ。

ロミオは疑う余地なく、社交的で穏やかな性格のオオカミだった。だから、おじとしての役割を果たすのに十分な資質を備えていたはずだ。きっと、ジュノーの犬たちが彼にとっては群れの仲間になっていたのだろう。彼は新しい仲間の世話を焼きたいという本能に突き動かされ、注意深く、本当なら骨を砕けるほど頑丈なあごで秋田犬（オオカミの外見と行動にかなり近い性質を持つ犬種である）をくわえて、運んでいった。そして子犬がビルのもとに帰りたがったときには、その気持ちを察して放してやったに違いない。なぜオオカミがこの幼い犬をそれほど優しく拾い上げ、運び去り、解放したのかを考えたときに、僕にはそれ以外の理由は思いつかない。

しかし、こうしたストーリーも、黒オオカミについてのほかの多くの話と同じように、内輪のサークルの外にまで広がっていくことはなかった。たとえ外に伝わっていたとしても、伝言ゲームのように細部が失われたり、書き換えられたりして話が歪められ、オオカミが別の犬を殺したことになったりしただろう。ビーグルのタンクに関しては、ロブスが疑ったようにロミオが殺した可能性はあり、僕自身、おそらく実際にそうだったのではないかと思っている。だが、ハリーをはじめ何人かは、ロミオがそんな殺し方をするなどということはありえず、それは状況証拠からの単なる推測でしかなく、まったく彼の性格に反していると訴えた。それでも、ロミオがビーグルをくわえ上げようとしたときに、犬のほうがパニックを起こしたか攻撃的になって、思わずそれに反応してしまったという可能性も排除できない。あるいは、ビーグルは本当に解けかけた氷に足を踏み入れ、そのまま水の中に落ちてしまったのかもしれない。いずれにせよ、僕たちがロミオとビーグル、そしてロミオと秋田犬の間で実際に何が起こったのかを正確に知ることはない。ロミオのことを最もよく知る人たちでさえ、天文学者が銀河系の最果てにある遠い星を見つめるように、彼のことを見守っていた。

こうして2005年の春がやってきた。雨が続いた後、雪解けの時期を迎えると、ほとんどの住民と飼い犬は、その間、湖から離れていた。固く締まった厚さ60センチほどの氷がぬかるみと水の下に残り、ドレッジ・レイクスも雪解けが半分進んで水浸しになっていた。ロミオがいつもの場所に現れることも、どんどん少なくなっていった。そして4月のある日、彼は去った。もしかしたら、丘の上でついにパートナーを見つけ、自分の群れづくりを始めたのかもしれない。それでも僕はときどき、夕暮れになると外に出て座り、すっかりおなじみになった遠吠えが尾根にこだましないかと耳を澄ませた。湖岸をパトロールし、何か痕跡はないかと探しもした。もう彼が去ってしまったことはわかっていたはずなのに、希望を持たずにはいられなかったのだ。

第9章

奇跡のオオカミ

2006
March

黒オオカミは夕暮れのなか、湖の西の端に立っていた。800メートルほど離れたドレッジ・レイクスの岸を見つめるその姿が湖面に映っている。霧のベールを通して射し込む弱い光の中に、彼とその周囲の風景が静かに浮かび上がっていた。どんなカメラでも再現できないような、とても微妙な淡い色彩だ。僕がひとり、静止した世界が再び動き出すのを待っていると、カラスの鳴き声が山にこだました。

そしてついに、ロミオは一歩前に踏み出した。水の中ではなく、その上に。僕が見守るなか、彼は湖を小走りで横切っていく。一歩ごとに銀白色の水煙が立ちのぼり、彼が通った跡を記録するように湖面にV字型の波紋が広がった。反対岸でロミオは立ち止まり、影の中にもっと暗い影をつくると、夜の闇に溶け込んだ。

オオカミが夕暮れの湖面を散策する姿は、まるで聖書の中の奇跡の物語のようだ。秘密は、湖面の10センチほど下にある。雪解けによって厚さ60センチほどの氷が顔を出したところに激しい雨が降り注いだために、氷が雨水によって覆い隠されてしまっているのだ。しかし、たとえオオカミの神がかり的な走行の秘密を知っていたとしても、その光景は感動的で、彼が三度目の冬を僕たちのもとで生き残ったことこそが奇跡に近い出来事だったのだと、あらためて思わずにはいられなかった。

野生のオオカミの例に漏れず、ロミオは生まれたときから自然界の数々の困難を切り抜けてきた。飢え、敵対するオオカミ、病気、怪我などだ。どこかで1回足を滑らせていれば、ひとかけらの不運に見舞われていたら、命が尽きていたはずだ。彼が人間のすぐ近くを縄張りに選んだことは、明らかに彼に有利に働いたが、さまざまな脅威に対するいくつもの防衛手段を犠牲にしてもいた。

その脅威は、彼に安全を確保してくれるのと同じく、人間から来るものだった。ジュノー住民のほとんどが彼の不幸を願っていなかったが、彼の生死はたった1人の人間の行動に左右されるおそれがあった。その行為が意図的であれ偶然であれ、悪意によるものであれ無意識によるものであれ、合法であれ違法であれ、それは変わらない。文字どおりにも比喩的にも、ロミオがこの土地でかわしてきた弾丸の正確な数は誰にもわからない。僕たちが知っているのはそのうちのほんの一部であると考えれば、全体では相当な数になっていたはずだ。

仕事として罠猟師をする人の数は減っているが、アラスカのたいていの町がそうであるように、ジュノーでもレクリエーションとしての罠猟が盛んに行われている。とくに優れたスキルを持つ年季の入った人たちは、自分たちはフロンティアの伝統を守っているだけでなく、害獣や捕食動物の数を制限することで地域に貢献しているのだと主張する。ただし、活動は目立たないように注意し、その成果も内輪だけで共有している。くくり罠やとらばさみは、尿のにおいで誘い込むタイプでも、香りのある食べ物を餌にするタイプでも、とくに岩がちで深い森の広がる地域では、オオカミを捕らえるのに最も効果的な方法であることは間違いない。ダグラス島のオオカミやその他の動物の運命が、罠猟師と彼らの罠の効率のよさを証明している。その中には、ロミオのいた群れから同じように離れていったオオカミたちもいたかもしれない。

そもそもオオカミは罠にかかりやすい。なかでも、鋼鉄の歯を持つとらばさみ——基本的な形は１００年以上前からほとんど変わっていない——が、オオカミの捕獲に絶大な効果を発揮してきた。ロ一ワ一48州でのオオカミ根絶に決定的な役割を果たしたのも、この罠だ。こうした足用の仕掛け罠は（野ウサギ用の直径の小さいものは別として）、ドレッジ・レイクス全域や、メンデンホール氷河レクリエーションエリアのトレイルと道路から４００メートル以内、そして隣接するジュノー市管理下の土地では禁止されているが、取り締まりは緩かった。実際にこれまでに何度か、ハリー・ロビンソンをはじめとするハイカーが、氷河の近くやいくつかのトレイル沿いに不法に仕掛けられた罠を見つけている。すべてがオオカミの捕獲用ではなかったが、少なくともひどい怪我を負わせることができるものだった。

しかし当局に通報しても、行動を起こしてはくれない。役人たちは、せいぜい地元の何人かの狩猟愛好家をたしなめる程度の罰ですむような問題に本格的に介入するのは時間と労力の無駄遣いだ、と考えていた。その空白部分を埋めるかのように、住人の中には自力で罠を壊したり、取り外したりする者もいた。

ロミオがそうした罠にはまったという はっきりした証拠はなかったものの、観察者たちは少なくとも二度、彼が足を引きずり、足の下のほうを怪我しているのを確認している。原因がとらばさみかくくり罠の可能性は十分にあった（オオカミは力が強いため、罠を外して逃げるケースがよくある）。たとえば

2005年から翌年にかけての冬、ロミオが2週間近く姿を消したことがあった。ハリーでさえ、彼がどこにいるのかわからなかった。ようやく姿を現したときには、肋骨《ろっこつ》が浮き出るほどやせ細り、これまで見たことがないほど薄汚れていた。彼を知る人たちはまたしても、ホッと安堵のため息をついた。おそらく彼は放置された罠にはまり、何日かしてようやく抜け出すことができたのだろう。たとえロミオが鋼鉄の歯に足を挟まれたり、くくり罠のワイヤーに足を締めつけられたりすることがなかったとしても、彼が数年の間、そうした危険に繰り返し遭遇し、それを避けてきたことは間違いない。幸運と経験から得られた知恵のおかげで、無数の仲間たちが陥った運命からどうにか免れることができたのだ。

仕掛け罠だけでなく、大きな獲物をねらった狩りもレクリエーションエリアの大部分では禁止されているが、銃器を携帯するのは合法で、実際に氷河を訪れる人の中には、自衛を理由に銃を携行する人たちもわずかながらいた。もちろん、何が脅威となるかの判断は、かなり主観的だ。僕は、視界に入るグリズリーやオオカミはすべて潜在的脅威とみなす生粋のアラスカ人を何人か知っている。その一方で、玄関口にクマがやってきても大きなリスか何かのようにしっしっと追い払うだけで、オオカミに対しても何の脅威も感じない人たちもいる。

僕が何度か会ったことのある70代の男性は、44口径のマグナム・リボルバーを収めたホルスターを作業服の腰に下げ、まだ小さい孫を連れてオオカミを見にやってきては、コンパクトカメラで写真を撮っていた。彼と会話を交わしたときに、僕がその銃を持ってくる必要があるのか、さらには実際に発砲するようなことがあれば湖にいるほかの人たちにとっても危険ではないかと指摘すると、彼は、自らの判断で家族を守ることは神から与えられた権利だと断言した。僕は、ポークチョップを頭に結びつけて寝転がったとしても何の危険もないと説得したかったが、彼の口調からそんなことをしても無駄だとわかったので、話はそこで終わった。

いずれにしても、もし彼が自分と孫の身にそれほど大きな危険を感じているのなら、どこか別の場所に行くべきであって、わざわざ不安を覚える動物に近づくべきではない。僕の頭の中には、ロミオが反対岸にいる犬の友だちを訪ねにいく途中にこの男性がいて、自分に向かってきたと勘違いした彼から銃で撃たれ、血まみれになって倒れる姿が生々しく浮かんだ。

一方、ドレッジ・レイクスの端のほうにある特定の狭いエリアにおいては、野ウサギと水鳥を狩ることが認められている（当然ながら、獲物が多いのでオオカミが頻繁に訪れる区域だ）。そこを訪れるハンターの多くは近隣に住む少年たちで、家から徒歩かバイクでやってくる。経験の浅い若者が狩りに出かければ、きっとミンクでもビーバーでも、動くものなら何にでも引き金を引いてしまうだろう。オオカミのような、仕留めれば一人前の男になった気分を味わえる大物ならなおさらだ。

秋のある日、ハリーは、ロミオがそうした新米ハンターと遭遇することでどんな危険に直面するか、身をもって経験することになった。夕暮れにロミオと会えることを期待して、いつものように飼い犬のブリテンを連れてドレッジ・レイクスのオフトレイルを歩いていると、12口径の弾丸がブリテンの頭上をかすめて後ろの木に撃ち込まれたのだ。ハリーが叫ぶと、やぶの中からティーンエイジャーの少年が慌てふためいて飛び出してきて、申し訳なさそうな顔をした。一緒にいた友だちは彼を見捨てて逃げていった。彼らは黒っぽい影を見てオオカミだと思ったのだ。間違いなく、こうしたことはたびたびあったろう。

　僕の家でも、夜中にドレッジ・レイクスのあたりから銃声が聞こえてくることがあった。銃声が、ロミオが耳にする最後の音になりはしないかと心配していたものだ。だが、ロミオの命が危険にさらされる場所はほかにもあった。隣接するモンタナ・クリークの上流の谷や、スポールディング・メドウズの湿地が広がる森、その先のハーバート川の付近などだ。これらの地域となると僕たちの目も届かず、しかも狩猟期間中はオオカミの狩りや罠猟も完全に合法だった。


　では、裏庭でばったり出くわした場合はどうだろう？　裏口のドアを開けたら、目の前でオオカミと飼い犬が鼻と鼻を突き合わせていたとしたら？　その近くに子どもたちがいたとしたら？　生まれたときからジュノーに住んでいる隣人の1人は、嘲るような笑みを浮かべて、オオカミが彼の所有地に一歩でも入ってこようものなら、それが最初で最後にしてやると息巻いていた。彼の家は、ロミオのお気に入りのトレイルのひとつから100メートルも離れていない。近くの分譲地に住む別の女性も、まだ小さい子どもと一緒にスキーをするときにはオオカミを近寄らせたくない、と言っていた。それでも彼女は湖に出ていくのだから、わざわざその確率を自ら高めていたことになる。

　要するに、彼らから発せられていたメッセージはこうだ――何かが変わらなければならないとしても、それは決して自分たちのほうではない。オオカミに不満を持つ住民の態度は、ロミオが最初に現れたころの「しばらく事態を静観しよう」という姿勢から具体的な行動へと変わってきていた。そして親ロミオ派との対立は、ますます大きくなっていきそうだった。反オオカミ陣営の人たちは、まだ記憶に新しいビーグル犬の一件を持ち出し、ロミオが地域にもたらす危険はもう看過できないレベルにある証拠だとした。かたや親ロミオ派の人たちは、われわれはアラスカに住んでいるのだから、これから何が起ころうと責められるべきはオオカミではなく人間のほうだ、と主張した。

反オオカミ陣営のロミオに対する敵意が高まっていることは、はしばしで感じられた。たとえば、毎年開かれる感謝祭のクラフトフェアで僕の写真ブースにやってきたある男性は、薄ら笑いを浮かべながら、聞こえよがしに自分の息子たちにこう言った。「なあ、おまえたち。ここの写真に写っているオオカミは、この春、一緒に皮をはいだ奴に似ていると思わないか?」また、冬のある日の午後、僕が店のレジに並んでいると、いかつい顔をした男性がそばにいた友人に、こんなことを打ち明けているのが聞こえてきた。「自分の仲間がそのうち、あの忌々《いまいま》しい黒オオカミを始末する」

そんな不穏な空気が流れる中でも、当然ながら自分の死刑宣告を知らないロミオは、湖の上を小走りで横切ることを日課としていた。たしかに彼は幸運ではあったが、しかし決してそれだけではなかった。ロミオは、僕たちの気まぐれに運命を任せるだけの受け身の存在ではなかったのだ。彼は人間のすぐ近くを動き回りながら、並外れた知性と能力、かみそりのように磨き上げられた反射神経、さらには鋭い感覚によって手に入れた情報をもとに、つねに状況を解釈し、それに反応し、自分の生死に関わる決定を下していた。そして、明らかに人間の振る舞いやにおいからニュアンスを読み取ることを学び、危険を察知したときには姿を消していた。

だが、ロミオが悪意を持つ人間からどんなにうまく逃れていたとしても、皮肉にも、彼が愛してやまない犬たちが最大の脅威となった。たとえば、きちんとしつけられていない制御不能の攻撃的な犬や、ヒステリックに反応する犬がやってきてちょっとした取っ組み合いでも始まれば、致命的な反応を引き起こすおそれがあった。もちろん、犬からではなく、その飼い主からの反応だ。そうした不運な出会いは、数は少なくても、最初のころから完全に避けることはできなかった。それは、毎日のように起こる犬とオオカミとの数知れない接触、飼い主の無知や不注意や問題行動を考えれば、何ら驚くことではない。実際、歯をむき出しにし、首すじの毛を逆立ててロミオに近づいていく犬たちがいた。彼らは、それが刃の鈍いナイフで銃に立ち向かうのと同じ意味を持つことをわかっていなかった。

しかしロミオは、向かってくる犬たちをいつも優雅にかわしていた。その接し方を見るかぎり、彼は無限の忍耐力を備えているようだった。それでもロミオのほうも、ときにはもう十分だとでも言いたげな態度を示すことがあった。たとえば、しつこく向かってくる大きなマラミュート犬に対して肩から体当たりし、支配的なポーズをとって微動だにせず、その犬を見下ろしていたことがあった。その気になれば簡単にのどを食いちぎることもできただろう。

また、ロミオが太りすぎのゴールデンレトリーバーののど元に鼻先を押しつけているところを見たこともある。ときどき遊び以上の目的を持ってロミオのあとを追いかけていた3頭の犬のうちの1頭で、ロミオは頭を一振りするだけでそのレトリーバーをごろんと転がした。さらには、雄のワイヤーヘアード・グリフォンと対決したこともある。湖の常連の人たちは、この犬がほかの犬に対してよく攻撃的になることを知っていた。だが、ハリーと何人かが見ている前で、グリフォンはオオカミを挑発するような声を出したものの、逆にロミオにしっぺ返しを食らい、押さえつけられてしまった。ところが飼い主は、グリフォンがオオカミに一方的に攻撃されたとして漁業狩猟局に通報した。これでまた、疑わしい状況下でロミオに減点がつけられることとなった。

ロミオが犬からの攻撃を受けたことはそれ以外にもあるが、なかでも忘れられないのが、2頭のジャーマン・シェパードの成犬がからんだ出来事だ。三度目の冬、この2頭がいきなり奇襲を仕掛け、ロミオの背中に深い傷を負わせたのだ。彼はその犬たちを知っていた。僕も、この2頭がたびたびロミオと接触しているところを目にしていたが、それまでの2年間は何事もなかった。しかし、このときだけは違った。理由は誰にもわからない。そのシーンを目撃したジョン・ハイドによれば、「2頭がオオカミのほうに走っていき、何の警告を与えることもなく、ひとつかみの毛と皮膚の一部を嚙みちぎった」。だが、ロミオは怪我を負いながらもしっかりと足を踏ん張り、牙をむいたので、2頭のシェパードは後ずさりし、飼い主が慌てて引き寄せたという。

後日、ロミオの背中に残った傷と、その周辺の日焼けして赤みがかったブロンドの毛を見て、漁業狩猟局の生物学者と獣医は（彼らはシェパードによる攻撃のことを知らなかった）、飼い犬からシラミをうつされたのだろうと考えた。それがほかのオオカミにも広まれば、深刻な伝染病につながるおそれがある。こうして、オオカミに対して何らかの行動をとるべき理由がもうひとつ増えた。10年ほど前にアンカレッジの南にあるケナイ半島で実際にそうした伝染病が広がり、その地域のオオカミが大量死したことがあるのだ。しかし、それから数週間もするとロミオの傷は癒えた。シラミのように体全体に広がることはなく、みすぼらしく見える傷はどんどん縮み、やがてすっかり消えて、漁業狩猟局は再び結論を先送りにした。

ロミオはもうひとつ危険にさらされていた。生息環境が道路で分断されている地域にすむオオカミは、クマと同じように、ごくまれにだが自動車に轢かれることがある。どちらも薄暗い光の中で活動するので、ドライバーの目には入りにくい。そしてオオカミは車に突然遭遇すると、それを避けようとして斜め前方に逃げ出す傾向がある。そのため、反対車線からやってくる別の車の前に飛び出して轢かれてしまうことが往々にしてあるのだ。ジュノー周辺では、その危険は現実のものだった。それを思い出させてくれる実例が、メンデンホール氷河ビジターセンターのガラスケースに入っている。ロミオが現れる少し前に、わが家の近くでタクシーに轢かれて死んだあの雌の黒オオカミだ。彼女が轢かれたグレイシャー・スパーなど整備された一般道では、ドライバーはしばしば制限速度をかなりオーバーして、オオカミがうろつく森林地帯を貫く道を突っ走る。

ジュノーにはまた、イーガン・ドライブもある。海岸沿いを走るこの高速道路では、大勢のドライバーが時速80キロ以上で飛ばしている。さらに、メンデンホール渓谷周辺にも支線や小道などが縦横に走っている。僕たちは目撃情報から、ロミオがこれらのさまざまな道を半ば日常的に横切っていることを知っていた。彼（あるいは彼とよく似たオオカミ）は、メンデンホール渓谷のあちこちに現れた。ときには北や南に30キロ以上離れた場所に現れることもあった。実際にこうした通りを何度も行き来することで、ロミオが知恵をつけていったのは間違いない。

僕はある知り合いの男性から、バック・ループ・ロードにいるロミオをたまたま見かけたときの話を聞いたことがある。そのときロミオは、モンタナ・クリーク橋の北側の道路脇に立ち止まっていた。それから、よく教え込まれた小学生のように、左右を二度ずつ見て安全確認をしてから舗装された道路を小走りで横切り、林の中に消えていったという。この用心深さが彼の命を守ってきたのだろう。

またハリーは、ウエスト・グレイシャー・トレイルとスケーターズ・キャビンの間の雪道で、明らかにロミオを轢き殺そうとして意図的にアクセルを踏み込むドライバーを目撃したと言っていた。ロミオは路肩に積もった雪の山に飛び乗って難を逃れたそうだが、これもまた彼が危機一髪のところで助かった一例だ。

しかし、２００６年夏のよく晴れたある日、そうした幸運と神のご加護にもついに終わりが来た。僕は頭の片隅では、この日が来るのは時間の問題だと覚悟していた。ベリーを摘みにきていた女性が、町の南端で雄の黒いオオカミの死骸を見つけたのだ。彼は銃弾を撃ち込まれ、のどを切り裂かれ、ギャングに慰み者にされたように道路脇の斜面の茂みの中に捨てられていた。その知らせを電話で受けた僕は、気づくと受話器を壊すのではないかと思うほど強く握りしめていた。何かの間違いではないかと思い、湖の水面を氷河のほうまでつぶさに見渡してみたが、何も見えなかった。

そのオオカミは何度も殺されていた。撃たれた後、のどを切り裂かれたうえに、わざわざ見つけられやすい場所に死骸が捨てられていたのだ。それは、辛辣なメッセージのように思えた。死体解剖は、漁業狩猟局所属の生物学者ニール・バーテンが行うことになった。

写真には、まだ若く、大きくて黒いオオカミが写っていた。一見すると、たしかにロミオのようにも思えたが、写真をよく見れば見るほど、確実にこれがロミオだとは思えなくなった。頭が細すぎるし、鼻口も薄すぎる。胸の白い模様も違って見える——少し大きすぎるし、位置も上すぎる気がする。でもネズミの毛のようなオオカミの短い夏毛は、冬にまとっていたのとはまったく違う。模様や毛色でさえ、年々変わっていくこともある。死が特徴を変えてしまうこともあるだろう。そう思いつつも、僕はそれがロミオだとはどうしても信じたくなかった。一方で、確実に「違う」と言えるだけの説明も思い浮かばなかった。結局、僕だけでなくシェリーも、そして数百人の住民たちも半ば放心状態で、すべてが終わってしまったというショックを抱えながら日常に戻っていった。

この件の調査は、州警察ワイルドライフ・トルーパーズの管轄だった。殺害は2つの面で違法行為だった。まず、オフシーズンに狩猟動物を撃ったこと。そして、皮をはがずに死骸を廃棄したことだ（この時期の毛皮は、記念品としても売り物としても価値が低い）。しかし目撃者も手がかりもなく、殺害者を特定できる見込みは薄かった。しかもトルーパーズは、この件の捜査にかける人手が不足していた。そのため、せいぜい電話での情報提供を求めることくらいしかできなかった。

友人のジョエル・ベネットは、以前からオオカミ全体の保護に関心を持ち、ロミオの保護にも意欲的だった。そのベネットが僕を引き込んだ。「真相を突き止めようじゃないか」と彼は言った。希望があるとはとても言えなかったが、僕は彼と一緒に、死んだオオカミを最初に見つけた女性に会いにいった。彼女は僕たちを現場に案内してくれたが、茂みに覆われた斜面の上に、草が弧を描くようにぺちゃんこにつぶれている部分があるほかには、これといって見るべきものはなかった。映画に出てくるような、銃の特定につながる薬莢《やっきょう》や、犯人の手がかりになるめずらしい銘柄のたばこの吸い殻などは落ちていなかったし、足跡や血の跡も雨で洗い流されてしまっていた。

ジョエルと僕は、道路沿いにある何軒かの家も訪ねてみた。その中には、最初に僕たちに死んだオオカミのことを知らせてくれたポーラ・テレルという猟師が住む家もあった。彼は協力を申し出て、

情報提供を呼びかけるポスター
懸賞金　$9000
7月16日（日）に、黒いオオカミを違法に殺し、テーヌ・ロードに遺棄した犯人の特定につながる情報を求む。321-5427に電話を。寄付金も歓迎！

付近の住民にも尋ねてみてくれた。すると何人かから、死骸が見つかる2日前の日暮れに、黒いオオカミが近所を速足で歩いていたという目撃談が得られた。一方の容疑者は？　状況証拠から何人か考えられる。オオカミを忌み嫌っていた人や、鶏が襲われるのを心配していた人は、何がしかの動機を持っていただろう……。そんなことくらいしか思いつかない僕は、自分がへまばかりしている二流の刑事になった気分だった。

　ジョエルは僕より決意が固かった。彼は作家のリン・スクーラーら何人かとともに、情報提供者への懸賞金を出し合った。僕もその一部を提供するとともに、ポスターづくりを手がけた。僕たちはとりあえず、３０００ドルの懸賞金を出すことにした。

数日後、シェリーとジョエルは西部劇スタイルの懸賞金の告知ポスターを町じゅうの掲示板に貼って歩いた。しかし何枚かはすぐにはがされ、何枚かの上では間接的な言い争いが起こった。誰かが「オオカミを皆殺しにしろ」と落書きすると、その下に別の誰かが「代わりにお前を撃ってやる」と書き込む。ここでも、オオカミをめぐる両陣営の対立が見られたのだった。

　僕の家の電話は鳴り続けた。ショックを受けたり怒りに駆られた人たちからの電話が相次いだのだ。住民がみな、自分たちの町で撃ち殺されて死んだオオカミを中心に気持ちをひとつにしていた。また、当初は寄付金を求めていたわけではなかったが、たくさんの住民が10〜１００ドルほどの寄付をしてくれたため、懸賞金の額はどんどん膨らんでいった。地元の犬ぞりツアーの主催者がポケットマネーから５０００ドルを寄付してくれたことで（自分が犯人だと疑われたことに屈辱を感じたこともあるが、ロミオのファンでもあった）、総額は一気に９０００ドルに跳ね上がり、その後さらに増え続けた。そのスピードがあまりに速かったので、ポスターの額をいちいち変更するのもやめてしまったほどだ。

　その間、僕はこれまで撮ってきた数百枚のロミオの写真と解剖写真を入念に比較し、手がかりを見つけようとしていた。僕の判断はますます揺らいでいた。ロミオを間近で見知っている人たちも、さまざまな見解を述べた。これは間違いなく彼だ。いや違う――。ハリー・ロビンソンはロミオではないと確信していたが、それでも死んだオオカミが発見されたときから今に至るまで、生きているロミオの姿を見た者は誰もいなかった。僕も同じところで行き詰まっていた。別々の2頭の黒い雄のオオカミが、ジュノーの町の中で殺される確率はどれくらいあるのだろう?

　そうして1カ月以上が過ぎた。僕たちに残っていた希望の糸はどんどん細くなり、もうかすかな筋にしか見えなくなったころのことだ。木々の葉が色づき、スティープ・クリークにサケが遡上を始めたタイミングと合わせるかのように、静かに一報がもたらされた。ビジターセンター近くの道路を横切る黒いオオカミの姿を見かけた人がいるというのだ。それから間もなく――ハリーがブリテンと一緒にロミオと再会を果たしたと知らせてきた。

すべては元どおりになった。ロミオが再び戻ってきたのだ。8月の終わりには、残っていた謎も同じように奇跡的な展開で解決した。匿名の通報に基づいて捜査していたワイルドライフ・トルーパーズが、もう1頭のオオカミを殺した2人の男性を捕らえたのだ。ダグラス島のバーでそれを自慢していたのが、結果的に逮捕へとつながった。男たちによれば、そのオオカミはジュノーではなく、ボートで南に数十キロ下ったタク川の河口近くで見つけて銃で撃ったのだという。そしてボートに積み込んだとき、死んだと思っていたオオカミが動いたので、のどを切り裂いた。それから町に死骸を持ち帰ったものの、自分たちがオフシーズンに獲物を撃ったことに気づき、不法行為で捕まるのを恐れて道路脇に捨てたのだそうだ。

結局、1人は罪（軽犯罪）を認めたため少額の罰金を科されただけですみ、もう1人は無罪を主張して裁判にかけられた。そして彼の仲間が連なる陪審団は、オオカミの狩猟時期が終わったことを知らなかったという彼の主張をもとに、無罪を評決した（本来は、法律についての無知は弁護理由として有効ではないのだが）。この出来事すべてが、オオカミの命がアラスカでは取るに足らないものであることを物語っていた。ロミオはまだ生きてはいたが、彼もまたアラスカでは取るに足らない1頭でしかないのだ。

1万1000ドルにまで増えていた懸賞金に関しては、誰もその権利を主張してくることはなかった。通報してくれた人がみな、匿名を望んだからだ。そして、ロミオは？　２００６年11月の霜の降りたある朝、僕が執筆の手を止めて湖のほうに目を向けると、黒っぽい影が氷の上を浮かぶように横切っていった。なじみのあるまっすぐな背中に、ゆったりとした歩き方。僕の胸に、この土地とそこに住む人たちへの感謝の気持ちがこみ上げてきた。氷河のオオカミは僕たちの誰か１人のものではない。彼は僕たちみんなの一部なのだ。

第 **10** 章

オオカミにささやく男

2007
January

ハリー・ロビンソンとロミオ

自分の生活の一部にロミオが組み込まれた人たちにとって、2007年は間違いなく「オオカミ年」として記憶されるだろう。それは、押し寄せる嵐と高まる緊張の年であり、かつてはほぐれていたはずの糸がいつの間にかもつれて固まり、後戻りできないような状態になっていた。四度の冬を通じて黒オオカミと共存してきた人たちは、いっそう厳しくなる地元の現実と戦っていた。オオカミとどう関わるかについての考え方の差が行動の違いを生み、反オオカミ陣営の人たちとの間だけでなく、同志の間でさえ派閥が形成された。一方で、そんな人間たちの口論や彼らが帰っていく家を遠くから眺めながら、ロミオはオオカミとしての日々の務めを淡々とこなしていた。

1月下旬のある日の昼さなか、僕は2階の窓から、陽光に輝く白い湖面を苦々しい思いで眺めていた。わが家の裏口から800メートルの距離にあるビッグロックの近くに、小さなグループの輪ができていた。20人ほどの人間と、その半数くらいの犬がいる。僕はその理由を知っていた。いつものように、ロミオが彼の取り巻きの犬たちとともに〝観客〟を引きつけている。前年までとは違い、これは自発的な犬同士のパーティーというよりも、むしろお膳立てされたイベントで、1時間以上も続いていた。今日に始まったことではなく、この2週間にすでに数回繰り返されている。

双眼鏡をさらに拡大して見ると、やはり人だかりの中心には、背筋を伸ばして大股で歩く男性と、大きな体をした黒いラブラドール・ミックスの姿があった。ハリー・ロビンソンと飼い犬のブリテンだ。オオカミが集団の外に出るか、あるいは湖の別の方向に視線を向けて今にも動き出そうとすると、ハリーが手を伸ばせば届く距離までロミオに近づく。そしてまた、ブリテンとロミオが鼻を突き合わせ、じゃれ合うように仕向ける。ロミオがリラックスして観客のほうに近寄ると、犬とオオカミのこのショーの舞台監督とも言えるハリーは後ろに下がり、センターステージを彼らに譲った。

この3年間、ハリーはロミオとの交流について、決して目立つ行動はとらなかった。それが突然、180度方向転換し、彼自身とロミオにスポットライトを当てるようになった。つまり、昼間の明るい時間帯に、ほぼ定期的に、ウエスト・グレイシャー・トレイルの駐車場からわずか200メートルの場所をステージに選び、誰でもオオカミを間近に見られるようにしたのだ。

もちろんこれまでも、多くの努力と時間を注いだ結果、オオカミを間近に見るチャンスに恵まれた人はいる。だが、ロミオは誰に対しても同じようにリラックスした態度を見せていたわけではない。彼はたいていは愛想よく振る舞っていたが、見知らぬ人間がいるときにはいつもよそよそしく打ち解けず、神経質だった。とくに彼のことを正面から見据え、ずかずかと近づいてくる人間や、ふさわしい犬を連れていない人間、あるいは犬を連れてさえいない人間に対しては警戒心を見せた。だから普通の見物人にとっては、ロミオは相変わらず得体の知れない威圧的な動物にすぎず、ほとんどの場合は遠くから見るだけの存在のままだった。

それが今、ハリーとブリテンという、オオカミを引き寄せる究極のタッグチームがガイド役を務めている。ハリーはオオカミを30〜40メートルの距離まで、ときにはもっと近くまで引きつける。いったい何を考えているのだろう？　なぜこんなことをしているのだろう？　しかしそれはまだ、2つのリングで繰り広げられる夢のサーカスの第1幕にすぎなかった。ハリーが午後の早い時間に引き揚げてから数分もすると、湖の反対側の河口近くで、またロミオを中心とした別の犬と人間たちのグループができるのだ。何人かは最初の場所から次の場所へ、ぞろぞろと連なって湖を横切っていく。そこでハリーたちの抜けた穴を埋めるのが、ジョン・ハイドだ。

2007年の1月初旬までには、それはほぼ毎日行われるイベントになっていた。ハイドは驚くほどの忍耐力と、隣人から借りた性格のよいチョコレート色の2頭のラブラドールのおかげで、この2年間にロミオの条件付けに成功していた。今では息がかかるほど近づいてもロミオに受け入れてもらえるようになり、会いたいときも彼を探す必要すらなかった。ロミオのほうから犬たちを訪ねてくるからだ。一流の自然写真家である彼は、目の前のチャンスの意味が十分にわかっていたので、明日など存在しないかのように写真を撮りまくった。実際、いつ、その日が最後のチャンスになってもおかしくはなかった。

ハイドはオオカミの行くところであればどこにでもついていったが、自分のほうから誘いかけようと思うときには、できるだけ背景が美しく、光がきちんと届く場所を選んだ。そのひとつが、ドレッジ・レイクスの河口近くの雪が積もった岸辺だ。そこは、日差しが降り注ぐ午後であれば、どこから見ても絵的に完璧なロケーションだった。さらに好都合だったのは、そのエリアがロミオの好む隠れ場所だったことだ。

とはいえ、遮るもののない開けた場所では、取り巻きが集まってくるのを避けることはできなかった。公共の土地にいるからには、あとをついてきて、おこぼれにあずかり、あわよくばオオカミの毛でもお守り用に拾えないかと期待する人たちを追い払うことはできない。ときには、あとをついてきた写真家や見物人が写真の構図の中に入り込んだり、オオカミと犬の注意を逸らしたりして苛立たしい思いをすることもあったという。「誰ともオオカミをシェアしたくなかった」と、ハイドは数年後に僕に打ち明けた。「自分だけのものにしたかったんだ」。しかしその思いとはうらはらに、彼はいつしか舞台監督の役割を果たしていたのだった。

ハリーとハイドは、ジュノーの残りの住民全員がロミオと接触した時間よりも多くの時間をロミオと過ごしたと言っていいだろう。とくにハリーのほうは、観客を集めたこうしたパフォーマンスのほかに、今までのように少なくとも1日に一度、早朝か午後遅くに1人でロミオに会いにいっていた。だから、ハイドの倍はオオカミと過ごしたはずだ。ロミオのオーラが届く場所にいて、ロミオに心底惚れ込んだ人間の1人として、僕には2人がオオカミに惹かれる気持ちがよくわかる。だから、そのことで彼らを責めるつもりはない。

だが、窓からちらっと眺めるだけでも、2人のやり方が正しくないのは明らかだった。2人の意図はそれぞれまったく反対でも——1人は明らかにオオカミをみんなに見せたいと思い、もう1人はそうしたくないと思っている——、誰かが「ハリーとハイドのショー」と呼んだこの見せ物についての意見に変わりはない。なぜなら、ロミオはこれまで以上に、日常的に人間と間近で接触するようになっていたからだ。その人たちの中には、オオカミのそばでどう振る舞うべきか、何の知識も持っていない人たちもいる。と同時に、ロミオはいつの間にか、なじみのない大勢の人間がすぐそばにいることを受け入れるように条件付けされてしまっていた。その結果、物事がまずい方向に行く可能性があまりに高くなっていた。ロミオの命は春の雪庇《せっぴ》のように宙ぶらりんで、カラスの羽ばたきでも崩れ落ちてしまいそうだった。

嫌な予感を、政治の世界での動きがさらに強めた。２００６年12月、サラ・ペイリンがアラスカ州知事に就任した直後に、野生動物の管理計画を承認したのだ。保守派のペイリンにとっては、ムースがその保守派の象徴で、オオカミは対立するリベラル派の象徴なのだろう。そして、アラスカにはオオカミが多すぎた。アラスカ州外では、ペイリンはオオカミ管理計画を支持することで非難されたり、逆に称賛されたりしていたが、この州では彼女が生まれるずっと前から、この問題は混乱のもとだった。彼女は、以前から続いている住民の意見対立（言葉と感情の対立という点では、まさに戦争だった）の一番最近の触媒になったにすぎない。

前にも少し触れたように、アラスカ州民は、この問題に関しては昔から2つの陣営に分裂していて、支持する人たちもほぼ同数だった。そのため、これまで二度の住民投票で一時的に捕食動物の駆除計画が中断されたが、そのたびに議会が新たなプログラムを再開させるといった具合だった。そして、２００２年以降はフランク・マーカウスキー知事のもとで管理プログラムが着実に強化され、ペイリンが州政治の表舞台に登場したときには、アメリカ中西部の州ほどの面積があるいくつかの地域で、すでに特別許可を得た射撃手による空中からのオオカミへの掃射が認められていた。

ペイリンに任命された州の漁業狩猟局と狩猟委員会の責任者は、保守派のスポーツハンティング団体である「スポーツマン・フォー・フィッシュ・アンド・ワイルドライフ」や「サファリ・クラブ・インターナショナル」のような州外の団体、さらにはアラスカ・アウトドア協議会のような州内の組織の後押しを受けて、駆除地域と捕食動物の数を制限するための計画をいっそう押し進めていった。しかし実施されたのは、どれも科学的には疑わしい根拠に基づく計画だった。広大な地域の複雑な生態系を人工的に操作することで、ムースやカリブー、シカなど人間の狩猟対象になる動物の数が自動的に増えるというものだ。万一、そうならなかったとしても、どんな問題があるのだ？　オオカミが少なくなるのはいいことじゃないか——。

議会の集中管理条例には、野生動物は人間の利益になるように管理されるべきだと明記されている。彼らはそれを、特定の地域においては狩猟用・食肉用動物の数を最大値に維持すること（最大持続生産量）を意味していると解釈したのだ。だが野生生物学者の多くは、そうした管理が生態系に負荷を与え、繁栄と枯渇の永続的なサイクルと、終わりのない捕食動物の管理を繰り返すことになると考えている。そして狩猟動物の必然的な衰退に対して罪をかぶせられるのは、オオカミやクマなどの捕食動物だ。しかし、オオカミやクマは商業的にも動物種としても貴重な存在ではなかったのか？

僕は一度、漁業狩猟局の高名な生物学者が、「この持続生産量の最大化という考えは巧妙なごまかしだ」とつぶやくのを聞いたことがある。生態系の力学について何も理解していない、科学者以外の人々によって押しつけられた達成不可能な目標だというのだ。だが、この計画に疑問を投げかけた州の生物学者たちは、すぐに余計な発言はしないほうがいいと学んだ。科学的議論の原則に反し、この問題に関しては、舞台裏で拘束力の強い箝口令が敷かれたからだ。

アラスカ州内と州外の両方でつねに意見が分裂していたこの問題に関して、ペイリンが認めた管理プログラムの範囲と規模が今までと比較にならないくらい大きかったことから、両陣営の対立はいっそう激しさを増した。これほどの規模の駆除計画が実施されるのは、アラスカがまだ属領地だった時代以来のことだ。その当時は納税者の負担で（オオカミが1頭殺されるたびに出される報奨金も税金で賄われた）、連邦政府に雇われたフルタイムのハンターによってオオカミが駆除されていた。

ペイリンが全米の注目を浴びるようになったことは、火に油を注ぐ結果となった。ジョエル・ベネットと僕も、その火中に飛び込んでいった。民間のパイロットと狙撃手のチームによる空からのオオカミ掃射計画の是非を問う住民投票の共同発起人になったのだ。僕たちは、特定のエリアでの駆除は、オオカミが本当に狩猟動物の減少を引き起こしていることを示す科学的データによって支持されなければならない、と訴えた（実際には、オオカミによる捕食ではなく、生態系の環境の悪化と厳しい冬がムースやカリブー、シカの減少の主原因となることが多い）。

僕たちは数十人態勢で州内あちこちの通りの角に立ち、多くの署名を集めて住民投票の実施に漕ぎつけた。僕たちが望んでいたのは、多くの尊敬すべき野生生物学者たちが求めているものと同じだった。つまり、地域特定の科学的データに基づいたオオカミの管理プログラムであって、政治的思惑であおられる不安や疑似科学に基づいたものではない。その結果、前線で戦うほかの人たちと同じように、僕にも敵ができ、州内に住む友人を何人か失った。一度も会ったことのない人たちからののしられるのにもすっかり慣れた。

僕はこうした問題で前面に立つつもりはなかったのに、気がつくとそうなっていた。それまでの二度の住民投票で経験を積み、アラスカ狩猟委員会にも長く奉仕してきたジョエルこそが代表にふさわしいというのが僕の意見だったのだが、彼はもっと深刻な問題を抱えていた。長く乳がんを患っていた妻のルイーザの命が尽きようとしていたのだ。彼はルイーザのそばにいなければならず、シアトルの病院への付き添いで長く留守にし、家でも介護に追われていた。もちろん、僕は彼の状況を理解していた。

このようにアラスカのオオカミをめぐる古くからの戦いは2005年以降、新たな局面を迎え、激しさを増していた。飛行機からのオオカミ掃射計画の是非を問う2008年の住民投票までにはまだ1年近く時間があった。結果を先に言えば、今回はこれまでの二度の住民投票とは違って、数ポイント差で敗れた。敗因はさまざまあったが、とくに大きかったのは、投票用紙の説明の言葉遣いがわかりにくく（もちろん州が作成した）、多くの投票者が逆の場所にしるしをつけたことだ。いずれにしても、捕食動物管理をめぐる政治は間違いなく右寄りに傾いていた。それが一時的なものかそうでないかは誰にもわからなかった。振り返ってみれば、僕自身がもっと運動に影響を与える行動や発言をすべきだったのではないかと反省せずにはいられない。

それから数週間後の晩春のある日、ルイーザが自宅で息を引き取った。その2日前、シェリーと僕は彼女に最後の別れを告げるために、彼女とジョエルが暮らしている湖岸の小さな家に立ち寄っていた。窓が開け放たれ、外で言葉を交わす友人たちのそばを、赤褐色のハチドリが餌箱をかすめて飛んでいく。僕たちは1人ずつ、ルイーザの手をとった。彼女の意識はぼんやりしていたが、もう痛みを感じることもなく、穏やかに目を閉じ、僕たちの声に微笑んでいた。僕はそのほんの数カ月前の彼女の姿を思い出していた。キャンプ場のトレイル沿いにある空き地で、スキーのストックに寄りかかり、湖の向こうにそびえる氷河のほうを、最後にもう一度ロミオの姿が見えないかと眺めている姿だ。

ジョエルはその後、手作りのヒマラヤスギのベンチを注文し、この場所に置いた。通りかかる人たちがルイーザのようにひと休みして、湖を眺められるように。そのベンチの背には、ロミオが遠吠えしている姿を彫った銅製のプレートがはめ込まれている。ロミオの遠吠えがルイーザにも聞こえることを願って僕たちが贈ったものだ。

その当時、州の南東部では組織的なオオカミ狩りは計画されていなかったが、州都ジュノーには連邦政府の建物や漁業狩猟局の本部があった。そのため州政治の影響は州都を中心として同心円状に波紋を広げ、それがロミオの世界を押し流そうとしていた。地元の反オオカミ派は、殺して焼いてしまえ、という保守派のレトリックに勢いを借りて力をつけていくばかりだった。彼らは、オオカミの管理は妥当な資源の管理であると言うだけでなく、他の野生動物を救い、住民と家族を守ることにもなると主張した。

アラスカで最も有名な、最もそばまで近づけるオオカミにとっては分《ぶ》が悪い展開だった。彼の愛想のいい性格は、オオカミ自体に利用価値を感じない人たちを苛立たせ、怒りをあおってさえいた。ロミオのようなオオカミは、オオカミが人間にとっての脅威になるという彼らの説と矛盾するのだから、仕方ないかもしれない。ロミオは図らずもオオカミと人間の肯定的な関係のシンボルとなり、あまりにも理想的な前例をつくったことで、攻撃の標的になるリスクがますます高くなっていた。

そうしたなか、僕は多少の苛立ちを覚えながら、ハリーやハイドに対してどう意見すべきか、思案に暮れていた。2人の本意は理解していた。ハリーは友人としてオオカミと過ごしたいと考え、ハイドはプロの写真家として生涯にもう一度あるかどうかわからない大チャンスをモノにしたいと考えている。それに、ハイドはロミオのそばにいる間は、彼を守るためにできるだけのことはしており、ハリーもロミオを守ることを自分の使命とみなしていた。僕と彼らとの違いは、個人的な哲学と、あとは程度の問題だろう。僕たち3人にとって、ロミオは野生動物というよりは家族に近い存在だった。そして僕にとっては、ロミオは僕が救いたいと思って失敗した動物たちを思い出させてくれる、生きて呼吸をする存在でもあった。

そんな思いを共有しているのだから、友人として話をすれば事態を簡単に収拾できたのではないか、と思われるかもしれない。しかし、僕たち3人の関係はもっとこみ入っていた。ハリーと僕はともに2003年に最初にオオカミに遭遇した何人かのうちの1人だが、このころもまだ直接顔を合わせて話したことはなかった。電話で話したのも4回だけで、すべて2006年のことだ。前章で述べたロミオに似たオオカミが殺されたときに、死体を見た印象について話し合い、オオカミの特定につながる情報を交換したのだ。ハイドについては何年も前から知っていたが、やはり話すことはほとんどなかった。実際に話をしたときでも、たわいない雑談をするだけで、黒オオカミの話題ではなかった。ハリーとハイドの間にも、ほとんど共通点と言えるものはなかった。

言ってみれば僕たち3人は、何年もの間、それぞれが互いの姿を湖の上で見かけてはいたが、相手の存在に気づくことすらめったになく、同じ魅惑的な相手をめぐって競い合っている求愛者みたいなものだった。オオカミを中心に結びつくこともあるが、敵対視することもあるライバルだ。僕たちのオオカミへの愛情や執着を考えれば、そうした例えも的外れではないだろう。互いに無視し合うことで、それぞれが自分のスタンスこそが正しいと思い、ライバルたちのスタンスを認めることを拒んでいたのだ。だが、ロミオのことを最もよく知る僕たち3人が、最もよい形で彼を守るために団結できないのなら、ほかの誰にできるというのだろう？

たしかに僕は怒っていた。怒りの度合いは不満から激怒まで、日によって変化した。ハリーとハイドはそれぞれが自分勝手な理由で、あまりにも多くの時間をオオカミの周りで過ごしていた。しかし、それは僕の意見のひとつにすぎない。それに、僕はその意見と矛盾するような考えも持っていた。シェリーと僕とアニタ・マーティンは距離を置いて見守ることを選び、自分たちの犬にもそうさせていた。ほかの何人かの観察者も同じようにしていた。だからといって、それに倣わない人たちが間違っているとは言えない。僕は何度も、これは僕のオオカミでも誰のオオカミでもない、と自分に言い聞かせなければならなかった。

まあ、僕たちのことはいいとしよう。では、ロミオは何を望んでいたのだろう？　ロミオは毎日、ハリーとハイドのどちらかを待ち、彼らやその飼い犬たちと何時間も一緒に過ごしていた。その気になれば、いつでも自分の行きたい場所に足を向け、一時的にでも永遠にでも自然の中に姿を消すことができたはずだ。ハリーかハイドが何らかの形で彼を手なづけていたわけでもない。そうした主張は、ロミオの知性を見くびっている。危険な状況を避け、自分の有利に導く魔法のようなロミオの才能についてはすでに証明されている。人間に利用されるどころか、彼はうまく2人の男性をそそのかして、自分がどうしても欲しいもの——お気に入りの犬たちと至近距離で定期的に接触すること、それも、群れのような永続的な絆を形成できるほどの頻繁な接触だ——を提供させていると言ってもいいくらいだ。ロミオは自分自身で行動を決めていた。僕たちは何より、これまでのところ順調にそんな目的を達成している彼の本能と判断力に対して、敬意を表さなければならなかった。

しかし、ほとんど儀式とも言えるこうした接触がどんどん公開の見世物になっていくにつれ、ハリーとハイドは、まるで野生動物の周囲ですべきではないことについてのマニュアルを共同執筆しているみたいになっていった。たとえば、オオカミの自然の行動に干渉したり、人間との長時間の間近での接触に慣れさせたり……。その結果、オオカミは悪意を持つ人間たちに対しても警戒心を持たなくなるおそれがある。また、人間が近寄ることでストレスを与えることもいけない。そのほか、公共資源を独占したり、他者にとっての悪い見本になったり、動物が狩りや休息に使うべき時間を奪うことによってその生存率を低めることも含まれるだろう。これらの点については、野生動物の専門家や管理者のほとんどが支持する常識だ。

だが、この黒オオカミについては、そんな常識では測れない部分もあった。ロミオはこのころまでには少なくとも6歳になり、見事な体格に成長していた。毛づやがよく、澄んだ目をして、丈夫な歯を持ち、胸が深く、歩き方も滑らかだ。地球上に生を受けたオオカミの中でも、これだけ均整がとれて健康的なオオカミはほかにいなかっただろう。体重は間違いなく55キロを超え、食べるものが豊富なときには60キロに達していたかもしれない。オオカミとしては例外的な大きさだ。

ハリーやハイドや彼らの犬たちと始終一緒に過ごすことは、ロミオにとって健康増進効果があったようにも思われる。また、不法に罠を仕掛けたり銃を振りかざしたりする人たちや、手に負えない犬を連れてきたり危険な振る舞いをする人たちといった、間違っている人間たちこそがオオカミの生存にとって最大の脅威だと信じる人たちは（オオカミについての知識を持つ人はほとんどがそうだった）、彼が正しい人たちといればリスクはゼロ近くにまで引き下げられると気づいてもいた。実際、そうした人がそばにいるときにオオカミを不法に撃ったり、罠にかけたりしようとする者はいない。言ってみれば、意識していたかどうかは別として、大勢のジュノー住民がオオカミの監視役として貢献していたのだ。

その中でも、最も長く彼を観察していたのが僕だと思う。大きな理由は、自宅から湖がよく見え、ロミオの縄張りにも近かったことだ。そして、最も頻繁に最前線にいたのが、群を抜いてハリーとハイドだった。実際のところ、彼ら2人ほど優れたオオカミの守護者を見つけるのはむずかしいだろう。アウトドアの経験が豊富で、ロミオの癖や習慣を熟知し、見物人に忠告したり、態度を改めさせたりすることもいとわない。何より重要なことは、2人が明けても暮れてもロミオと長い時間を一緒に過ごし、温かく見守っていたことだ。森林局、州警察ワイルドライフ・トルーパーズ、漁業狩猟局はいずれも人員不足で、ハリーやハイドが自らの意志で行ってくれていることを代わりにするつもりなどなかった。2人の動機が純粋なものであれ、利己的なものであれ、あるいはその2つが混ざり合ったものであれ、その評価は変わらない。本当に重要なのは、ロミオの身を心から案じていたかどうかなのだから。

正直に言えば、僕自身、寛大な心を持って嫉妬心を捨て去らなければならなかった（愛してやまない野生動物と毎日、手の触れられる距離で過ごしていたのは僕だったのかもしれないのだから)。そのことを十分にわかってはいたが、それでも僕は、大勢の人が集まる湖上のショーに苛立ちを隠せなかった。経験もほとんどなく、知識も十分とは言えない人間があまりにもたくさんやってきては、ロミオに近づきすぎていた。想定外のことが起こっても、誰もその場を収めることができなかっただろう。

あとからわかったことだが、ハリーのオオカミ公開ショーは利己的な動機から来たものではなかった。彼はただ、熱狂的なロミオのファンからガイド役として彼を見せてほしいと頼まれていたのだ。ハリーは、それによってロミオを危険のない社交的な動物としてとらえる人が増えれば、彼を守ろうという意識が人々の間で広まると期待していた。そしてハリーは、地元のパイロットが彼に与えた、ガイド役を自任するにふさわしいニックネームを受け入れてもいた。ハリーとブリテン、そしてロミオがマクギニス山の森林限界より上をハイキングしているのを見かけたそのパイロットは、ハリーを「オオカミにささやく男《ウルフ・ウィスパラー》」と呼んだのだった。実際に彼はロミオとの関係を人に尋ねられると、ロミオは自分を友だちとして受け入れてくれ、自分もロミオを友だちと考えている、と淡々と答えていた

——自慢としてではなく、客観的真実として。

「友情」という言葉は、人間と野生動物との関係を表現するには適切ではないと考える人も多いだろう。たしかに、ロミオが特定の犬と愛情にあふれた特別な絆を築いてきたことは客観的事実として認めても、人間との友情となると話は別だ。友情というものは一方通行になることもあり、片方がどれだけ相手を思い、その気持ちを行動に表しても、報いはないかもしれない。僕たちがオオカミの友だちとして行動したからといって、それだけでオオカミが僕たちの友だちということにはならないのだ。

それでも、ハリーが言うように、人間と野生のオオカミが真の友として深い絆で結ばれ、互いに相手と一緒に過ごす時間を楽しむなどという関係は本当に成り立つのだろうか？　僕が何年か後に、オオカミ公開ショーのもう1人の主催者であるハイドにこの点について尋ねたとき、彼は肩をすくめて首を振った。「いいや。ロミオの目的は犬だった。彼は僕のことを認識していたし、僕がそばにいることにも慣れ、やがて気にしなくなったけれど、それだけだ」。それから少し間を置いて、こう付け加えた。「彼はまったくすごい動物だったが……僕にはこの関係をどう表現していいか見当もつかない」。しかし言葉と言葉の間の沈黙の中に、僕はハイドの目の奥にもっと深い感情を読み取ることができた。

ハリーのほうはやはりと言うべきか、まったく考えが違っていた。こちらはアニメ映画のファンタジーの世界そのままのストーリーだ。ハリーが当時も今も語っているように、彼とオオカミは犬と人間の間に生まれるのとまったく同じような友情、あるいはそれ以上の友情を育んだ。彼はこう説明する。「ブリテンはロミオの疑似的な伴侶で、僕は彼の友人か、雄のロールモデルだった。ロミオは僕に手引きを求め、安全を委ねるようになったんだ」。その声がどれだけ自信に満ちあふれていたとしても、すべてを信じるのはむずかしい。それでも、実際に氷の上で観客に取り囲まれているハリーとロミオを見れば、彼らの間の絆の強さを認めないわけにはいかなかった。

その絆は「容認」でも「受容」でもなく、「信頼」と呼ぶものに近かった。「理解」という言葉も当てはまるだろう。彼らの間で交わされるものは、一見、人間と犬を結びつける視線、姿勢、言葉による合図とよく似ていた。アイコンタクト、ボディランゲージとジェスチャー、短い発声といったものだ。僕はロミオが訓練されていたとは思わない。ハリー自身、それを否定している。訓練という言葉は、彼らの間には存在しなかった主従関係を暗に意味しているからだ。彼らの間では、完全に双方向に情報が行き来していた。

それに、犬の遺伝子の99・98パーセントがオオカミと同じなら、人間と犬との間で機能するコミュニケーション手段は、オオカミに対しても機能するはずだ。とはいえ、DNAの二重らせんの中では数ミクロンにすぎないかもしれない犬とオオカミの違いも、現実的には大きな隔たりには違いない。何世紀もかけて人間が繁殖に介入した分だけ犬はオオカミから遠ざかり、たとえ人間の保護下で生まれ、つねに人間による世話や接触によって刷り込みが行われたとしても、それだけではオオカミを犬にすることはできないのだ。

だが、ロミオは普通のオオカミではない。また、ハリーも普通の人間ではない。彼らが一緒に過ごしてきた時間も普通ではない。2003年以降、ハリーとブリテンはロミオとほとんど毎日のように会い、ときには1日に2回以上会うことも、そして数時間一緒に過ごすことも多かった。彼らはあらゆる季節に、あらゆる気候の中で、数十時間、数百時間、そしてついには数年で数千時間もの時間を一緒に散策し、休み、遊びに興じてきた。ロミオと出会った僕たちみんながそうだが、最初の絆は彼と犬の間に生まれる。しかしやがて、人間との間にも特別な絆ができてくる。ハリーにとっても、それは驚きの展開だった。

「時間がたつにつれ、ロミオと僕の間には、彼とブリテンの関係とは別の関係が芽生えてきた。朝はたいてい、彼はまずブリテンにあいさつするために駆け寄ってきて、それから今度は僕のほうにきて、あらためてあいさつしてくれるんだ」。そのあいさつとは、次のようなものだ。歯をむき出しにして笑っているような表情で近づいてきて、高く上げた尻尾を優しく振り、穏やかな顔で口を大きく開き、頭を下げて「プレイ・バウ」の姿勢をとる――。ロミオはすでにだいぶ前から、ハリーをただ受け入れるだけでなく、さらに先の段階に進んでいた。ハリーの注意を引き、アイコンタクトを交わし、トレイルを進むときには足に体をこすりつけ、彼と一緒に遊び、ときには彼の腿の裏側に鼻を押しつけてくるようになったのだ。

ハリーはロミオに対して、自分から手を伸ばして触ったりなでたりは決してしなかったと言うが、その気になれば何度でもそうできただろう。また、ハリーに一度も会ったことのない何人かが、彼はオオカミに餌を与えているに違いないと言っていたが、それも決してしなかった。そういう連中は、野生の肉食動物を近くに引き寄せて手なづけるには餌を与えるのが唯一の方法だ、と思っているのだ。人間とオオカミの間の社会的な関係、無条件の交友など考えられない、と彼らは言うだろう。だが間違いなく、種としての歴史を振り返れば、そうした絆が結ばれたことは何度もあったはずだ。

「彼は僕の指示の多くには従うけど、いつもその前に注意深く考えるんだ」と、ハリーは言った。「状況を観察し、納得できる理由を見つけようとする……そして彼は間違いなく、人間が使う『ノー』という言葉の意味を知っていた」。一度も捕獲されたことのない野生の肉食動物を声で従わせるなんて信じられないかもしれない。しかし、僕が何度も双眼鏡を通して見た湖の上でのショーでは、ハリーがロミオにジェスチャーで何かを伝えたり、音節だけの言葉で何か言ったりすると、ロミオはたしかに反応していた。漁業狩猟局の地域担当の生物学者ライアン・スコットは、一度ハリーにお礼の電子メールを送ったことがある。彼の大きなハスキー・ミックスとロミオが対決しそうになったときに、ハリーが間に入って引き離してくれたからだ。そのときのロミオは、明らかにハリーの指示に従って引き下がったという。

ハリーとロミオが心を通わせる本当の瞬間は、他人の目が届かない自然の中にいるときに訪れた。とくに雪が降る日照時間の短い時期になると、1人と2頭はけもの道をたどり、ウエスト・グレイシャー・トレイルの上方にうねるように続くツガの森や、ドレッジ・レイクスの深い茂みの中にあるいくつかのランデブーポイントを訪ねた。どちらの場所もロミオの縄張りの中心にある。

また、夏には彼の姿を見ることがまれになるので、たいていの人は町の周辺にはいないのだろうと思っていたが、この間もハリーたちの散歩は密かに続いていた。秘密の散歩は午前3時の薄暗い光の中で始まり、遠くマグギニス山の尾根まで行くこともあった。そこまで行くとかなりの高地になるため、氷河のうねりが広がる土地を見下ろすことができる。そこでロミオとブリテンは、マーキングした場所を探しながら斜面を登ったり下りたりして遊びの時間を楽しむ。

また、ロミオの先導で歩くことも一度や二度ではなかったという。そんなときロミオは、氷河から1キロも離れていないブラード山方面に向かう。しかし、途中にあるクレバスだらけの交差路が近づくと、振り返って失望した表情を見せ、それから自分だけで先へ進んでいくのが常だった。その先にはとびきりの狩り場があるが、そこは人間と犬にとっては危険な氷の迷路だからだ。ときにはロミオがやぶの中に隠しておいた、ぼろぼろのテニスボール（おそらく最初の冬に僕たちから奪っていったものだ）

かプラスチックのブイを持ってきて、フェッチの遊びを促すこともあったそうだ。

ここまでの話がすでに信じがたいものであったとしても、さらに驚くべき話が続く。ハリーによれば、ロミオは一度、彼らの散歩するトレイルのひとつで何かを感じ取り、毛を逆立たせるとうなりながら先のほうに走っていった。すると、数十メートル先のカーブに、地元ではよく知られているヒグマとかなり成長したその子どもが姿を現した。そこでロミオは自分の〝群れ〟を守るために攻撃を仕掛け、完全に圧倒してクマを追いやったというのだ。別のときには、姿は見えなかったがクロクマらしき動物に対しても、同じ行動をとったらしい。

この話を信じていいのだろうか？　ハリーの話のほとんどには、それを裏づけてくれる目撃者はいない。しかし彼が僕に話してくれたことは、どれも細部に至るまで矛盾がなく、客観的だった。彼は僕に、特定の出来事が起こった場所も見せてくれた。岩が露出したところ、コケに覆われた空き地、ほとんどそれとわからないけもの道。さらにはロミオが餌を食べている場所（そこにはヤギの骨のかけらなど物理的な証拠が残っていた）や、ロミオが飛びついてあごでくわえ、引っ張るのが好きな弾力性のある木の枝がある場所にも案内してくれた（実際にはっきりと噛み跡が残っていた）。そのすべてが、彼の話を裏づけていた。

数少ない目撃者の中には、元アラスカ州上院議員のキム・エルトンもいる。彼はときどきハリーに同行し、ロミオが例の獲物のヤギのあばら骨を噛みながらくつろいでいる写真も撮っている。それこそハリーの話を裏づける証拠だ。ジョエル・ベネットと弁護士のジャン・ヴァン・ドートも何度もハリーに同行し、彼と野生のオオカミと犬という異種動物間の密接な結びつきを実際に目にしている。

こうした関係の前例、つまり、最上位の捕食動物と人間が友情を築いた例はこれまでにあるのだろうか？　捕獲されたか、あるいは救助された野生の肉食動物と人間の間に、生涯にわたる友情が築かれたという例なら数十はある。ジェイムズ〝グリズリー〟アダムズが、ベンジャミン・フランクリンと名づけたグリズリーを連れて19世紀のサンフランシスコの通りを歩いていた話から、コスタリカの漁師チトー・シェッデンが、450キロはあろうかというポチョと名づけた海水ワニと池の中で水浴びをしている最近の話まで、さまざまだ。こうした実例は、特定の〝人食い動物〟が特別な環境の中で、生涯にわたり愛情深い絆を人間と育む共感能力があることを示している。

だが、野生動物を一度でも檻に入れてしまえば、その野性は多かれ少なかれ失われる。一度捕獲された動物が完全に野生に戻ることもあるが（最も有名なのは、1970年代にイギリス人のジョン・レンドールとエース・バークが、クリスチャンという名のライオンを自然に戻してから何年も後にアフリカで奇跡の再会を果たしたという実話だろう）、たいていの場合、飼育環境で餌をもらうことをはじめ、動物が完全に人間に依存するようになるのだ。そうした関係と、野生に生まれて自由に動けるロミオとハリーの関係とではまったく背景が異なる。

ロミオは自分で狩りをして獲物を確保していたし、ハリーのことを食糧と結びつけて考えていた様子もない。それに、もう一度繰り返すが、ハリーはオオカミに餌を与えていたのではないかという疑いをきっぱりと否定している。ただし、彼はいつも犬用のジャーキーをブリテンのためにポケットいっぱい持ち歩いてはいた。一度、こんなことがあったそうだ。「ポケットからつい、ひとかけら落としてしまったんだ。でもロミオはすばやくにおいを嗅いだだけで、そのまま手をつけなかった」。

そして彼はこう付け加えた「明らかにもっといいものを食べているということだ」。その一方で、ロミオは誰かが落としていった羊革の手袋を見ると喜んで拾い上げ、あれこれいじくりまわして、ぼろぼろにしていたという。

すでに述べたように、餌づけは正当な理由から、野生動物の管理担当者からは顔をしかめられるが、少なくとも餌づけによって人間と野生の捕食動物との間に表面的な友情を築くことはできる。事実、そうした例はたくさんある。極端な例としては、チャーリー・ヴァンダゴーという人物がアラスカの人里離れた自分の農場で、数年間に延べ数十頭のクロクマとヒグマに餌づけし、そのうちの多くと驚くほどの信頼関係を築いていた例がある（しかしそのことで州から起訴された）。彼が出演した6回シリーズのリアリティ番組から判断すれば、少なくとも数頭のクマは、食糧以上のものを求めるようになっていた。彼とクマの間では餌のやりとりにとどまらず、明らかに触れ合うこと自体も目的になり、愛情が感じられることすらあった。

価値の高い褒美と引き換えに望ましい行動を強いることは、捕獲した野生動物を扱う訓練士が使う一般的な方法だ。シャチやグリズリーなどの捕食動物もその対象になり、やがて親密な絆が動物と訓練士との間に生まれる。彼らがそれを「友情」と呼ぶのももっともで、深い絆を築くうえで餌づけが想像以上に重要なスキンシップになっていることは明らかだ。しかし野生動物の管理者たちは、そうした友情は見かけだけのまがいもので、動物を擬人化した解釈にすぎないと指摘する。そして、餌づけは動物との過度な接触に一直線につながり、動物が人間を攻撃する可能性を高めるおそれがあると警告している。

一方で、人間と野生の捕食動物が餌づけを介さずに社会的相互関係を築くことは可能であるだけでなく、さほどめずらしいものでもない。ここ何年かの僕自身の経験を振り返っただけでも、理由はわからないが、動物が何らかの社会的行動と分類されるような行動をとった例を10件以上思い出すことができる。ずっと以前にブルックス山脈で出会った例のオオカミは、棒をくわえると、遊びに誘うかのように僕に向かって振ってみせた。広い草地の上にいた若いヒグマは6メートルの距離まで近づいてきて、リラックスした友好的なジェスチャーを見せた。オコジョは餌づけのテーブルをひっくり返して、殺したばかりの野ネズミを僕のところまで持ってきて足元近くに置いた。僕が木材の切り出しをしている間、ずっとそばを離れなかったキツネもいる。そして、ロミオは何度もあいさつをするために駆け寄ってきた。

こうした人間と野生動物との友好的な接触の例は、グーグルかユーチューブで検索すれば、ライオンからサメまでいくつも見つかるだろう。僕が個人的にとくに気に入っているのは、これも動物のほうが人間に食べ物を持ってきた例だが、『ナショナルジオグラフィック』誌の写真家ポール・ニックレンが、巨大な雌のヒョウアザラシから、次から次へとペンギンをプレゼントされたというエピソードだ。しかし、こういった例は通常はほんの短い間の出来事にすぎない。数日や数カ月、ましてや数年も続くことはめったにない。

前に述べたように、ティモシー・トレッドウェルはアラスカ西部のカトマイ国立公園で過ごした13年間に、多くのクマとの友好的な関係を築いた。だが、現地にいる彼を何度も撮影し、親友にもなったジョエル・ベネットは、彼と特定のクマとの親密な関係を「友情」と呼ぶことはためらい、空に向けて両手を広げてこう言った。「何とも言えないな」

はっきりと「友情」と呼べる例としては、イギリス領西インド諸島でジョジョという野生のイルカと自然学者のディーン・バーナルとの間に築かれた四半世紀以上にわたる関係がある。彼らの間の愛情は映像や写真の形で記録され、疑いようがない。彼らの関係には餌づけが介在していたものの、それが友情の原動力になったわけではない。バーナルは、何度も命に関わるような傷を負いながらもジョジョの世話をしたのだ。その甲斐あってか、彼らは一緒にロブスターを捕りにいくまでになった。その際、ジョジョはバーナルの小型ボートを追いかけ、海中では一緒にバレエを踊るようにくるくると回ったという。彼らは、「友情」と呼べる関係が実際にありうるという好例だ。ドラマ『わんぱくフリッパー』をはじめとする、こうした2つの種の触れ合いのエピソードは、古代にまでさかのぼれば数十はあり、それほど驚くことではない。だがしかし、野生のオオカミの場合は？

一度も捕獲されたことのない野生のオオカミと人間との相互関係の例も、実際にはいくらでも存在する。ロミオのケースだけでなく、僕自身、北極圏にいたときに何度も経験している。自然界のことなら何でも知っているイヌピアックの友人たちも、それぞれオオカミとの個人的な経験を持っていた。しかし、それらはどれも束の間の経験で、「友情」と呼べるようなものではなかった。日常的な長期の関係となると、デイヴィッド・ミーチやゴードン・ハーバーのような著名なオオカミ専門家たちが、自らの研究対象にしていた野生の群れのメンバーとの接触を重ねるうちに、そばに近寄っても許容されるようになった例がある。ときにはオオカミたちから社会的行動を示してくることもあったそうだが、彼らは研究者に求められる不干渉のルールに従っていた。言ってみれば、ハリーとは正反対の接し方だ。

もちろん、ハリーは科学者ではなく、科学者のふりをするつもりもなかった。彼には証明すべき仮説もなければ、データを収集していたわけでもない。簡単な日誌をつけることすらなく、カメラを持っていくこともほとんどなかった。彼の目的はシンプルそのもの——ただロミオの友だちになりたかったのだ。ロミオがかわいそうなほど孤独だと感じたからだ。「僕はオオカミのためにそうしたんだ。彼が僕たちを必要としていたから」。そうハリーは言っている。

僕がハリーの話をすべて受け入れる気持ちになった大きな理由は、僕自身の経験と重ね合わせていたからだ。晩秋から春の半ばまで、僕はほとんど毎日のように、ときには1日に10回以上、離れた場所からロミオを観察していた。しかし、自ら進んで間近での接触を試みたことは1年間でも片手で数えるほどしかなく、その場合も通常は長くても1時間ほどだった。僕はロミオがすでにあまりに多くの人間と至近距離で接しすぎていると思っていた。だから、僕にできる最善のことは、よい手本を示し、距離を保つことだと考えたのだ。その原則を破って近づいた何回かは、単純に意志の弱さゆえだった。

犬を連れていくときにも、彼らをオオカミと一緒にしておくのは1時間までにしていた。それっぽっちの遊び時間しかもらえず、ロミオの側からすれば僕たちが理由もなくすげない態度をとっていると思っただろうが、それでも彼は僕たちの姿を見つけると、湖を横切って走り寄ってきては、しばらくの間、僕たちと並んで歩いていた。彼は僕たちのことをきちんと認識していた。その反応から判断すると、すでに数年たっている楽しかった過去の出来事も覚えていたと思う。つまり、ダコタやテニスボールのことである。僕はそれ以来、オオカミの鋭い記憶力と、異なる種との間の絆を維持しようとする意欲については疑いを抱いていない。

それは、アラスカのヘインズにあるクロスチェル野生動物保護公園において飼育環境下で生まれ、刷り込みが行われてきたイシスという名のオオカミとの経験でも裏づけられている。僕がその雌のオオカミを最初に腕に抱いたのはまだ生後4週目のころで、会いにいけばつきっきりで過ごしたが、会ったのはほんの数回だった。イシスは今はもう4歳になるが、興奮して近寄ってきて従順なあいさつをする様子から、数カ月ぶりでも僕のことを覚えているとはっきりわかる（この夏には、公園を訪れていた大勢の観光客の中から僕を見つけた）。ついでに言うと、僕が初めておもちゃを投げたとき、彼女はそれを取って戻ってきた。明らかに、学習した行動というよりは本能的な反応だ。というのも、この公園の所有者であるスティーヴ・クロスチェルが、彼自身もほかの誰もそれまで彼女とそんなふうに遊んだことは一度もなかった、と言ったからだ。

話をロミオに戻そう。彼は、僕が1人で会いにいった場合でも、ゆっくりと近づいていけば不快感を示すことなく、数メートル以内にまで近づくことを許してくれた。ただし、その態度は、よく知っている犬たちに見せる寛容で友好的なものとは別だ。それでも、僕が立ち止まって腰を下ろせば、たとえ犬を連れていなくても、彼はしばしば距離を縮めて、いつもの愛想のよいボディランゲージを見せてくれた。頭を下げ、ストレスを感じていないことを示すあくびをしてリラックスし、アイコンタクトを交わし、ときにはオオカミ流の笑みを見せるのだ。だが、彼は見知らぬ人間に対してはほとんどの場合、明らかに異なる反応をした。

たとえば、それまであまりよいオオカミの写真を撮れていなかった友人の写真家マーク・ケリーに手を貸したときのことだ。ロミオは、僕たちから120メートルほど先の河口近くに寝そべっていた。そこで僕は、マークにここにとどまって僕の合図を待つように言った。そして僕が100メートル圏内までスキーで近づき、湖岸の岩の上に座ると、僕に気づいたロミオは伸びをし、あいさつをしようと駆け寄ってきて、20メートルほど先で横たわった。ロミオが落ち着いたところで、僕は合図を送った。マークはアドバイスどおり、ロミオとアイコンタクトは交わさないようにして、ゆっくりと歩いてきた。しかし、マークが半分の距離も進まないうちにロミオは彼に気づき、突然立ち上がると、柳の木立のほうに駆けていってしまったのだった（それでもマークは、最後には何とかねらった写真を撮ることができた）。

その一方で、ロミオは彼自身にしかわからない理由で、あまり知らない人間にも興味を持つことがあった。僕の家の近所に住むキム・ターリーは、彼自身が語ったところによると、ときどき見かけるだけで、ロミオとは一度も接触したことはなかった。だが4月のある日、驚くべきことが起こった。ジュノー山岳クラブの共同設立者で、根っからのアウトドア愛好家であるターリーと妻のバーバラは9日間続けて、朝、湖をスキーで回っていた。毎日、彼らはロミオがいつもの待機場所に寝そべっているのを目にしていた。そして10日目、ロミオは立ち上がると、彼らのあとを小走りで追ってきたというのだ。

「まるでうちの飼い犬みたいに、ほんの数メートル後ろをついてきたんだ。ひとりぼっちで仲間が欲しかったんだろう」。キムはそう振り返る。そうしてターリー夫妻とロミオは1周6キロほどのコースを丸1周、一緒に走った。ロミオは2人が湖を離れるまでついてきたという。「あんな経験は生まれて初めてだった」と、キムは言う。ターリー夫妻の体験、そしてこの何年間かに僕とオオカミの間で起こったことを考えると、ロミオとは友情で結ばれているというハリーの静かな主張は、十分にありそうなことに思われる。

僕がロミオと過ごした時間の中には、もっとスリルに満ちていたり、ドラマチックだったりする出来事もあったが、つねに思い出すのは次のシーンだ。暖かい陽気に包まれた4月のある日の午後、僕とガスはロミオと一緒に河口近くの氷の上でうとうとしていた。僕はスキーを外してリュックを枕に横になり、ガスは僕の腿に頭をのせていた。ロミオは伸ばした前足の間に鼻をうずめている。ありふれた穏やかな1日だった。ときどき雪の吹きだまりがシューッと音を立てて崩れる音が聞こえ、日差しが白い氷の表面に反射してまぶしい。ロミオはときおり目を細く開けては、あたりを見回し、再び短いうたたねに戻る。僕も同じだった。僕たちの間には6メートルほどの距離しかない。僕がそれほど近くにいても目を閉じて眠っていられるほど、ロミオは僕を信頼してくれていた。もしかしたら、ガスと並んで僕の足の上に頭をのせることもできたかもしれない。僕たちはみな、種は異なるものの、過去の複雑で苦い歴史を乗り越えて互いに結びついていた。

その午後は僕にとって、夢の境にいるような美しく静かな瞬間として記憶に残っている。ガスと僕がしばらくして起き上がると、ロミオも同じように身を起こした。そして、あくびをして伸びをすると後ずさりし、僕たちが再び元の異質な世界へと戻っていくのを見守っていた。僕が振り返るたびに彼の姿は小さくなり、やがて雪の中にぽつんと残る黒い点のようになった。まるでこれが最後であるかのように、僕はその姿をしっかり目に焼きつけた。

第 11 章

パグとポメラニアン

2007
February - April

アフガンハウンドたちとロミオ

政治的圧力の影響と人間ドラマが複雑に絡み合う中で、ロミオが生き残るために最も避けなければならなかったのが厄介な犬たちとの遭遇だった。それを不運と呼ぶのであれ、当然の結果と見るのであれ、まさにそれが2006年から翌年にかけての冬に起こったことだった。シーズンの滑り出しは、僕たちの期待どおりのパターンだった。夏の終わりから秋にかけてロミオの姿を見かけることが多くなり、やがてほとんど毎日現れるようになり、湖に氷が張ると、その上でまた犬たちとの心温まる交流が始まった。

彼がその夏、〝死〟からよみがえったことで、彼を支持する側の陣営は間違いなく勢いを得て、新しい支持者を獲得していった。彼を失ったと思っていた期間に、僕たちはどれほど貴重なものを手にしていたかをあらためて思い知った。そして一丸となって活動したことで、ロミオを受け入れるコミュニティの緊密さが増していった。さらにニュースやラジオ、日々の会話の中で彼の話に割かれる時間が増えたことで、まだオオカミを目にしていない人たちの関心も高まった。これまで以上に大勢の人が湖にやってきたのも不思議ではない。しかもそこでは、ハリー・ロビンソンとジョン・ハイドのショーが開催されていた。

僕たちが直面していた厄介な管理の問題は、単純に割合の問題に根差していた。見物人が3倍になっているのに、オオカミは相変わらず1頭しかいないのだ。それでもロミオは、ますますリラックスして人間を受け入れ、これまで以上に近づくことを許していた。そのため、正しい行動をとろうとしている人も多かったものの、次第に収拾がつかなくなってきた。知識不足と慣れによる誤った認識は、しばしば集団心理に近くなり、みんながそうしているから自分も同じことをしていいと考えるようになる。そして、さまざまな要因の結びつきが間違った判断につながり、場合によってはあからさまに無頓着な行動を引き起こす。それに、同じくらい熱心な反オオカミ派は、当然のこととして今もロミオに死んでほしいと思っていた。不吉な月がのぼるのが見え、嫌な予感がした。

その予感は的中し、冬に入って間もなく2つの深刻な出来事が立て続けに起こり、僕たちはどれほど危険な淵へと近づいているかを思い知らされた。そのひとつは僕も目撃したが、もうひとつは瞬時の差で見逃した。僕はそのころ、ロミオの観察のためというより群衆を監視するために、できるだけ湖を訪れるようにしていた。執筆の最中でも、デッキの雪かきをしているときでも、夕食をつくっている最中でも、湖の上でおかしな動きがあれば頭の中で一時停止ボタンが押され、スコープか双眼鏡をのぞき込む。そこに犬でも人間でも新しく加わったものが見えると、監視する時間は長くなった。

そして何か怪しい動きがあれば（興奮した見物人がオオカミに近づきすぎるとか、群衆が集まりすぎているとか）、スキーをつけて滑っていき、もっと近い場所で観察する。僕は警察官ではないのだから、第一の選択肢は、誰に対してもいらぬおせっかいはしないことだ。しかし、もし誰かがロミオを追い詰めるようなことがあれば、それが偶然だったとしてもそうでなかったとしても、自分ができるかぎり状況を正さなければならないと思っていた。たとえば、犬を1頭か2頭連れてスキーで近くを通り過ぎるだけでも、一時的にせよロミオの気を引き、その場から離して僕たちのあとをついてこさせることができた。そうやって危ない状況から救い出すのだ。

もし誰かが明らかに間違った行動をとっていれば（ラジコン飛行機をロミオめがけて急降下させた人もいた）、当局の役人に見えるようなカーキ色のジャケットをまとい、近づいていってカメラの望遠レンズを取り出し、シャッターを切りまくった。それだけで、通常は十分な抑止効果があった。また、不届き者のもとに赴き、オオカミとはもう少し距離をとったほうがいい、とやんわり諭したこともある。そうすると、微笑んでうなずくにせよ、ムッとした表情を見せるにせよ、だいたいの人が少し下がってくれた。

ロミオは、とくに2月後半から3月初めにかけての繁殖の時期になると、いつもよりずっと積極的になり、犬たちを駐車場から氷の上に引き出そうとした。それでも僕が制止すると、彼のアプローチがそれ以上ヒートアップすることはなかった。ロミオが実際に僕の「ノー」の指示に反応していたのかどうかはわからない。もしかしたら、ただ声とボディランゲージに反応していただけなのかもしれない（スキーのストックを彼と相手の犬の間に差し伸ばしたことも何度かあったほか、彼の鼻先をたたく寸前までいったことも一度あった）。いずれにせよ、彼は僕のメッセージを受け取り、数メートル後ろに下がった。

実際の取り締まりに関しては、森林局の管轄だった。彼らは、オオカミに近づきすぎるか、飼い犬が近づくのを止めなかった人たちに対して、野生動物へのハラスメントとみなし、150ドルの罰金を科すことができた。違反行為が道路やトレイルや駐車場から見える屋外の開けた場所で公然と起こっていたことを考えれば、法律がもっと積極的に適用されてもよかったのではないかと思う。

しかし森林局は、当初からロミオの件にはあまり関与しないようにしていた。そもそも氷河エリアをパトロールする局員は1人だけで、ロミオが2003年に初めて姿を現してから、違反者に対する出頭命令を出したことも一度もなかった。森林警備隊の地域責任者であるピート・グリフィンがのちに説明してくれたところによると、人員不足だったこともあり、まだ大きな問題となっていないことに対しては予防的措置をとることもなかったのだという。いずれにしても、ロミオに対する違法行為のほとんどは、観光のオフシーズンにメンデンホール氷河ビジターセンターからは見えない湖の西側で起こっていたので、ロミオのことが彼らの頭の中を占めることはなかったのだ。

問題行動を起こす人たちに目を光らせる一方で、ハリーやハイドのギャラリーたちにも目を向ける必要があった。もちろん僕は、彼らのオオカミと見物人に対する扱い方には信頼を置いていた。だから普段は、離れた場所からときどき観察する程度だった。だが一度、ハリーのところに見物人が大挙して押し寄せ、我慢できずに出ていったことがある。そのとき僕は、アニタ・マーティンのおっちょこちょいな飼い犬シュガーを連れてわが家の裏手の湖畔まで行き、そこでテニスボールを放り投げた。それするとシュガーは興奮が最高潮に達し、よだれを垂らしながらボールを一目散に取りにいった。それを何回か繰り返すと、ねらいどおりロミオは群衆から離れて、800メートル先から弾むように走ってきた。そして、もう長いこと会っていなかった古い友だちに再会できた嬉しさから、オオカミ流の笑顔を見せながら跳び回っていた。彼から見捨てられた氷上の群衆は、すぐに解散した。

しかし1月半ばの穏やかに晴れた土曜日、ビッグロック近くでついに懸念していた事態が起こった。その日のハリーのショーには、大きなカメラを抱えた何人かと、2匹のアフガンハウンドを連れた年配の夫婦が来ていた。間もなく、ロミオとブリテンの鼻先でぶつかり合うレスリングがいつものように始まった。ラウンドの合間には、ロミオは突然小走りでどこかに行ったり、相手のにおいを嗅いだり、一緒にポーズをとったり、近くで横たわったりしている。

そんなとき、年配の夫婦が2頭のアフガン（犬たちも少しばかり盛りを過ぎていた）のリードを外して自由にした。2頭は氷をぎしぎし言わせながら、澄み切った青空が氷の白に映える中央の舞台に一目散に駆けていく。するとロミオも、その2、3歩後ろを楽な歩幅で追いかけていった。オオカミと犬たちは仲間として一緒に走れることそれ自体を楽しんでいた。それからしばらくすると、ロミオとブリテンは再びレスリングを始め、その合間にお互いのにおいを嗅ぎ合ったりしていた。

こうした光景は、普段ととくに変わったところはない。しかし、この日はそれだけでは終わらず、車が次々と停まり、大勢の大人や子どもや犬たちが雪の積もった湖岸沿いをぞろぞろとやってきた。その何人かは明らかに初めて見物にきた人で、ハリーが誰なのかを知らなかった。しかもハリーがさばくには人数が多すぎ（20～30人に膨れ上がっていた）、散らばりすぎていた。僕はガスと一緒に100メートルほど離れた場所にとどまり、肩に下げていたカメラを構え、彼らにフレームを合わせた。誰かが離れていくことを期待していたわけではない（これほど多くの人がいれば、カメラを向けられたところで誰も気にしない）。ただ、オオカミを取り巻くバカげたカーニバルの雰囲気をとらえようとしたのだ。

ロミオは小走りで行ったり来たりし、クンクン鼻を鳴らし、舌を垂らし、どこかいつもと違う状況にとまどった様子を見せている。そして、僕とガスから70メートルほど離れた場所に横たわった。そのままじっと動かないので、しびれを切らした群衆の中の何人かが近づいていく。それに気づいたハリーはブリテンと一緒に大股で前に進み出て、ロミオを安心させ、彼を群衆から遠ざけようとした。

そのとき、ハリーの後ろにいた、明るい赤のピエロ帽にスノージャケットを着た3歳の男の子が両親のそばにぺたんと座り、五つ星レベルのかんしゃくを爆発させた。傷ついた動物が上げるような甲高い叫び声だった。するとロミオはパッと頭を上げ、雪の上で身もだえし、金切り声を上げるその小さな赤い生き物を、人間の姿形として認識することなく、標的ととらえた。まずい！　僕は思わずそうつぶやいた。ロミオの中で獲物に対する狩りのスイッチが入ったことに誰も気づいていない。ロミオは自分のほうに集中していると思っていたハリーには、雪を踏みしめる音が耳にこだまして、子どもの叫び声は聞こえなかったに違いない。しかもその声に反応したのか、ずんぐりした灰褐色のパグが群衆の中から飛び出して、彼とブリテンのあとを追い、まっすぐオオカミに向かっていった。

パグはそのままハリーを追い越し、ロミオに突進する。ロミオは緊張して毛を逆立て、視線を自分に向かってくるその小さな生き物に固定した。数歩先まで来ていたハリーは目に入っていない。パグはロミオの目の前でスリップした。するとロミオはその恐れ知らずの犬に嚙みつき、くわえたままドレッジ・レイクスの湖岸に全速力で向かった。ハリーが氷に足をとられながら大声で「ノー！」と叫ぶ。それに反応したのか、ロミオは犬を口から放し、そのまま走っていった。

僕はこの一連の出来事を、シャッターボタンを押し続けていることに気づかないままファインダー越しに見ていた。パグの飼い主は地元の医師だった。ロミオのファンでもある彼は、放心状態のパグのところに慌てて駆け寄っていった。パグは震えていたが、大した怪我は負っていなかった。1平方インチ（約6・5平方センチ）当たり1000ポンド（約450キロ）以上の圧力と言われる強靭なあごに噛まれ、ぶら下げられていたというのにだ。ロミオが去ってしまうと、群衆は散っていき、湖の上には何事もなかったかのように冬の穏やかな1日が戻った。

だが、それも束の間だった。それから2、3日後に、ロミオがまた別のパグに飛びかかったのだ。まるで前の出来事がリプレイされたかのようだった。今度は、ドレッジ・レイクス近くの湖岸に集まっていたハイドと彼の取り巻きたちから数メートル先で起こった。このときもロミオは鋭いひと声に反応して（今回はハイドが出した声だった）、くわえたパグをすぐに解放した。僕はロミオが柳の木立の中に消えた数秒後に、その場に駆けつけた。パグは震えていて、唾液がべっとりとついてはいたものの、やはり傷を負ってはいなかった。ハイドは「君が悪い！」と飼い主に叫んだ。

その飼い主は近くに住むアマチュア写真家で、いい写真が撮りたくて自分の小さな飼い犬をオオカミに近づくようにけしかけたのだった。彼はそれがどんな危険を引き起こすか、まったくわかっていなかった。しかし彼はスクープ写真をモノにした。ロミオが彼の犬をくわえて走り去るところをとらえた1枚だ。その写真は州最大の新聞『アンカレッジ・デイリーニュース』の一面を飾った。「ジュノーのオオカミ、犬を襲う」という誤解を招く見出しつきで。その記事に実際の顚末がどれだけ書かれていようと関係ない。ほとんどの人はそこまでは読まないのだから。

その写真とこの2つの出来事によって、オオカミが暴れ回って犬を食い殺しているといううわさが広まった。そして『ジュノー・エンパイア』紙への抗議の投書がさらなる舌戦の炎を燃え上がらせ、再び町中をなめつくした。「何か対策をとらないと、人間の犠牲者が出るのは時間の問題だ……オオカミを撃ち殺せ……どこか別の場所に追い払え……人のいない山奥に置いてこい……」

その騒動の中に埋もれてしまったのは、2頭の小さな犬は一滴の血を流すこともなく生還したという事実だ。ロミオは間違いなく、一度ならず二度も人間の命令に従った。そしてどちらの場合にも、そもそもの原因はオオカミではなく、人間の軽率な行動にあった。さらにこの2つの事件は、どちらもアメリカ50州の中でもずば抜けて手つかずの自然が残る州の、この国最大の森林地域内で起こった。この土地がダメなら、いったい地球上のどこでオオカミに暮らせと言うのか？

人間の行動や動機も理解に苦しむが、この黒オオカミがどうしてあんな行動をとったのかもわからない。二度にわたるこの不可思議な出来事は、彼の狩りが中断されたものと解釈できるかもしれない。しかし、もしそうなら、その引き金になったのは何なのだろう？　2年近く前にビーグル犬のタンクが行方不明になった一件以来、ロミオは数百頭の犬との数千回にも及ぶ友好的な接触を楽しんできた。ただ、10キロに満たない小さな犬との接触は少なかったから、もしかしたら2頭のパグは、本当に獲物と認識されたのかもしれない。であれば、パグが持つ何か独特な動き、見かけ、または毛の色が、その反応を引き出したのだろう。あるいは、二度続けてパグが巻き込まれたのは、単なる偶然にすぎなかったのかもしれない。

逆に、犬がどちらも傷つけられることなく解放されたこと、またロミオのこれまでの友好的な振る舞いを考えれば、彼は子犬と遊んでいたか、子犬の世話を焼こうとしていただけとも考えられる。2年前の幼い秋田犬に対する行動がその前例だ。

それでも最初の一件は、ロミオがパグをくわえたときの様子、そして彼が飛びかかったスピードとパワーを思い出すと（それは僕が撮影した写真の1枚にしっかり焼きつけられている）、獲物として襲いかかったという解釈を完全に除外するのはむずかしい。おそらく人間の小さな子どもが上げた叫び声に本能が刺激され、そこに突然パグが現れて捕食体勢に入ったのだろう。では、パグを殺しも傷つけさえもしなかったのはなぜだろう？　その点については、数多くの調査で報告されている例から説明できるかもしれない。つまり、オオカミは獲物を狩るときには、殺すよりも単に制圧するだけで満足する場合が多いのだ。ただし、パグをくわえて走り去ろうとしたときに、人間の介入がなければどうなっていたかはわからない。あるいは、ハリーやハイドのひと声はロミオの行動とは何の関係もなく、彼は単にキャッチ・アンド・リリースのゲームを楽しんでいただけなのかもしれない。

結局のところ、2頭のパグに対する出来事が起きた原因について、僕たちはあれこれ想像をめぐらすことくらいしかできない。世話を焼こうとしていたのか、狩りのモードに入ったのか、状況証拠からは可能性は五分五分で、判定を下すことは不可能だった。

いずれにしても、騒動は大きくなる一方だった。その結果、漁業狩猟局は何らかの対策をとる必要に迫られた。同局はオオカミをほかの場所に移送する権限を持っている。そしてトラブルが増えるのは避けられそうもなく、オオカミと人間双方のために行動を起こすべき時期が来ていた。それでも漁業狩猟局は明らかに、そうした措置をとった場合の住民の反応を恐れていた。

結局、漁業狩猟局は応急措置として、オオカミをここに近づけないようにすることに決めたようだ。そのために、地域担当の生物学者ライアン・スコットが、おとりの犬を従えて二度ほど湖にやってきた。彼はロミオが現れると、オオカミを驚かせるために考案された銃で信号弾を連射した（その弾は、爆竹のような音を立てて空中で炸裂する）。「その結果……オオカミはすばやくそのエリアを離れていき、私が知るかぎり人間や犬との接触はそれから2、3週間は少なくなった」と、スコットは報告している。

その措置に対し怒りを抑えられなかったアニタは、『ジュノー・エンパイア』紙へ投書を送り、次のようなアプローチを提案した。「逆条件付けこそ、メンデンホール氷河のオオカミ問題を解決するための答えです。何発か精度のよいゴム弾かビーンバッグ弾を撃ち込めば、大馬鹿者たちにも正しいメッセージが伝わるでしょう。飼い犬をわざとオオカミに近づける人たちや、利己的な動機のために湖にやってきて、しつこくオオカミを追いかける写真家たちのことです。ロミオではなく、彼らこそ、小さな行動の変化を促される対象にするのが公平というものです。そもそも問題を引き起こしたのは彼らなのですから」

ライアンの威嚇射撃と同じくらい辛辣なアニタのメッセージがきっかけとなり、変化が起こった。良心を持つ人たちが恥の意識に目覚めたのだ。一方、無責任な人たちも、そもそもオオカミに出会う機会自体がなくなった。そうしてロミオが数週間、表に出てこなくなったことで、ショーと見物人もそれが始まったときと同じくらい突然に姿を消した。ハリーとハイドは相変わらず毎日のように外に出ていたが、明らかに目立った行動を控えていた。ハリーはまた、ブリテンにリードをつけることで、ほかの住民に手本を示すようにもなった（ただし、人の目が届かない場所に行くとリードを外した）。

森林局もロミオが再び姿を現すようになると、急に存在感を増して取り締まりに精を出し、たびたび警告ビラを配布するとともに、高額の罰金チケットを切るようになった。罰金チケットを渡された犬の飼い主たちは、なぜ自分たちで、なぜ今なのかと文句を言ったが、ほとんどの人たちはそうした厳しい取り締まりが必要な時期に来ていることを実感していた。

湖には静かな春が戻り、すべてが順調に進んでいると思われた。だが実際には、対立の渦は別の場所に移っただけだった。

話は2004年にさかのぼる。この年、メンデンホール氷河から少し離れたアマルガ地区を中心とする海岸エリアでも、黒い雄のオオカミが目撃されるようになった。ここは民家が数十軒ほどしかない静かな地区で、広大で豊かな生態系の2つの渓谷——ハーバート川とイーグル川——と隣接している。どちらの川も、毎年夏から晩秋にかけては遡上するサケであふれ返り、それをねらってビーバーやミンク、カワウソ、水鳥などが集まってくる。もちろん、ヒグマやクロクマ、オオカミも集まる。その中には黒いオオカミもいた。ロミオかもしれないし、そうではなかったかもしれない。どちらにしても、その地区にいる黒い雄のオオカミは、地元の犬たちに強く惹きつけられ、友だちになろうとしていた。

そのオオカミは気に入った犬がいる何軒かの家を定期的に訪れ、しばしば犬を外に誘い出そうとして吠え声を上げた。それは間違いなくロミオだ、とアマルガ地区の何人かの住民は信じていた。常識的に考えれば、その見解は支持できる。だが一方で、この遊び好きのオオカミはロミオとは別だと断言する人たちもいた。彼らの間では、ロミオよりは小さく見えるそのオオカミは「ジュニア」と呼ばれていた。彼らは、氷河からはかなり離れていることと、オオカミは一度に2つの場所に顔を出せないという当たり前の事実を指摘した。その黒オオカミとロミオは、湖の上とアマルガ近くで同じ日に目撃されることが何度かあり、ときにはほとんど同じ時間帯ということもあったのだ。

アマルガからメンデンホール氷河までは車だと40キロ以上の距離があるが、オオカミならもっと楽に移動できる直線的なルートが存在する。ロミオの縄張りの中心に近いモンタナ・クリーク上流から延びる、人間がつくったトレイル網を通り、小さな支流の川を越え、ウィンドフォール湖近くでハーバート川に出るのだ。そうすれば海岸から800メートル圏内に入る。このルートなら約20キロの距離ですみ、天候などの条件がよければオオカミの足なら2時間ほどしかかからない。しかも、そのルートはオオカミが餌にしている小動物が多く生息するエリア内にあり、サケのほか、まれにシカやシロイワヤギ、屍肉なども見つかる。

もしロミオが、どんなオオカミでも利用するそのルートを使わず、もっと北の道路を通っているのだとしたら、そちらのほうがよほど奇妙だ。「たしかに彼は、よくそのルートのほうに向かっていた」と、ハイドはのちに僕に教えてくれた。「一定の季節、とくに雪が硬くなる春には、踏み固められたトレイルを通っていた」。さらに彼は、地元住民が撮ったスナップ写真で、アマルガ近くにロミオがいるのを確認したとも付け加えた。

ただし、ハイドは同じころ、その地域で少なくとも別の2頭の黒い一匹オオカミにも遭遇していた。少し小さめの雄と、平均的な体格の雌で、それぞれ排尿するときの姿勢――片方は左足を上げ、もう片方はしゃがみ込んだ――で雄雌を識別できた。巡回獣医のネネ・ウルフ（偶然にもこの話題にぴったりの名前だった）も、冬のある日、小さめでおとなしい黒と灰色が混ざった毛色のオオカミがハーバート川河口近くの海岸を歩いているのを間近で見て、それがロミオではないことを確認している。

また、湖に現れた当初からロミオを何度も見ているアマルガ在住の作家リン・スクーラーも、隣人や彼自身が2006年から翌年にかけてアマルガ周辺で見た黒い雄のオオカミは、ロミオとは別のもっと小さいオオカミだったことを「100パーセント確信している」と言った。「その冬、アマルガ付近では数頭のオオカミが活動していたと思う。ジュノーの歴史の中でもとくに雪がひどかった冬で、すべてのものが海岸線にまで押しやられた。オオカミはシカを追って海岸まで来たのだろう」

動物の個体を識別するのは簡単なことではない。ロミオがいた何年かの間に、僕は数回、ロミオとは思えない黒いオオカミがメンデンホール湖にいるのを遠くから見かけた。明らかにもっと小さいうえに、姿形や動き方も違っていた。ところが近づいてみると、光の変化やアングルのために、自分の目がだまされていただけだったとわかった。とはいえ、ハイドやネネ・ウルフ、スクーラーらの証言は細部の観察と専門知識に裏づけられていて、それを補う別の人たちからの追加情報もあった。そのすべてが、アマルガ地区には複数のオオカミが出没していて、その1頭はほぼ間違いなくロミオだという主張を支えていた。

アマルガの黒オオカミたちは、オオカミ嫌いの何人かの住民からの激しい抗議がなければ、地域の住民にとって地ビールを片手に話す他愛もない話題のひとつにすぎなかっただろう。その何人かの住民というのは、同地区の口うるさい少数派の中のさらに少数派で、どんなオオカミでも近所をうろついていることが気に食わなかった。アマルガは自然保護区やレクリエーションエリアとして指定されてはいないが、自分たちの家族が暮らしている場所だ、と彼らは主張した。季節によってクマが家の近くをうろつき、ときおり迷惑な行動を起こすことはある程度仕方ない。だがオオカミは、こっそりゴミ箱をあさり、遠吠えをし、犬の近くに寄ろうとし、そして……今のところはそれですんでいるが、いずれ取り返しのつかないことが起こるかもしれない――彼らはそう興奮してまくしたてる。生物学者たちも、それを聞いてうなずいた。野生動物の管理は彼らの仕事の一部だからだ。しかし何かが実際に起こらないかぎり、行動を起こす根拠がない。だが、その何かが実際に起こってしまった。

漁業狩猟局に勤めるデニーズ・チェイスと彼女のパートナーのボブ・フランプトンは、めずらしい犬を2頭飼っていた。アメリカ・ケンネル・クラブに2008年に承認されたばかりのルンデフンド（パフィンドッグ）という犬種で、アメリカ全体でも登録数は400頭にも満たない。この小さくて自立心旺盛な犬は、野生動物に近く、キツネに似て優美で、前足の指が6本あり、驚くほど高いところに登りたがる（もともとはノルウェー沿岸部の崖に巣をつくるツノメドリ［パフィン］を追っていた）。チェイスとフランプトンは最寄りの道路から400メートルほど離れた、アマルガ港を望む山小屋で暮らし、周囲の森では犬を自由に放していた。2人が飼っていたルンデフンドは腹違いの姉妹犬で、それぞれコルクとボバーと名づけた。2頭はいつも離れることなく一緒で、コルクが過保護なほどボバーを守っていた。

そのため、ボバーが2007年3月のある雪の日に、足を引きずりながらひとりで家に戻ってきたのを見て、チェイスは不安になった。ボバーの肩に噛まれたような深い傷があるのを発見し、その不安はさらに増した。降り積もったばかりの深い雪の中を、犬の足跡を追っていくと、攻撃された形跡が残っていた。「雪の中で何が起こったのかをはっきりと物語っていたわ」と、彼女は振り返る。コルクとボバーの足跡は、1頭のオオカミの足跡と交差していた。そのオオカミの足跡は丘を登ってきて、2頭の犬の前まで続いていた。そこに争った跡があり、そばには犬の毛の塊がいくつか落ちていた。そこからは犬の足跡は1頭分しか残っておらず、オオカミの足跡はくねくね曲がりながら森のほうに続いていた。「片方の犬が消えてしまったの」とつぶやくチェイスの声は、いまだ悲しみに満ちていた。

漁業狩猟局のライアン・スコットが現場を調べたときには、新しく降った雪のために足跡がはっきりせず、あとを追うのはむずかしくなっていた。彼は犬が殺された形跡だけでなく、オオカミが関与しているかどうかすら確認できなかった。一方、ボバーの深い傷口は18針も縫う必要があり、獣医はその噛み跡を「非常に大きな犬科の動物」によるものと推定した。チェイスは、オオカミが最初にボバーを攻撃し、コルクが妹を守ろうと立ち向かい、連れ去られたのだと信じている。生物学者であるスコットの見解がどうであれ、その事件のことを知るほとんどのアマルガ住民も、オオカミが犬を殺したと考えていた。

それでもまだ疑問は残った。連れ去ったのがオオカミだとしても、果たしてどのオオカミの仕業なのだろうか？　その日の朝、黒いオオカミが事件現場から数キロ離れた家で、2頭の黒いラブラドールと遊んでいるところが目撃されていた。それはロミオだったのだろうか、それともジュニアだったのだろうか？　あるいはまた別のオオカミだったのだろうか？　チェイスはこう話している。「私たちには、ロミオがコルクを殺したのかどうかはわからない。この家の近くでは、ロミオも別のオオカミも見たことがなかったから。ときどきオオカミの足跡と、3回ほど糞を見かけたくらいで……。私たちはロミオを非難したりはしないわ。私が犬を森に放していたのがいけないんだもの。野生の生き物に出くわすことはわかっていた。ただ、こんな恐ろしいことが起こるとは予想していなかったの」

チェイスとフランプトンは寛大だった。彼らも隣人たちの多くも、そして当然ながら漁業狩猟局もこの事件については騒ぎ立てなかったので、話が広く伝わることもなかった。それでも、オオカミの動向に目を光らせる地元の何人かのオオカミ嫌いの住民の耳には入ったようで、2人は彼らからオオカミの駆除を要求するよう直接的な圧力を受けた。そのうちの1人の年配の男性は、必要とあらば自分がその仕事を引き受けるとも言っていたという。だがチェイスとフランプトンは、そういった声に静かに抵抗した。

漁業狩猟局もスコットの検証結果から結論を下すまでには至らなかったので、今回もやはり慎重な措置をとった。チェイスとフランプトンの山小屋のそばに、動きに反応して作動するカメラを設置し、彼らにオオカミの姿や新しい足跡を見かけたときには通報するよう依頼するにとどめたのだ。しかし、それから何週間たっても、彼らの家の近くにオオカミが近づいた気配はなかった。さらに、積雪が深くなるにつれ、そのエリアでのオオカミの目撃情報自体も減っていった。そうしてアマルガのオオカミ問題は下火になっていったが、少数の反オオカミ派の感情はくすぶり続けた。彼らの間では、この事件を終わらせるつもりは毛頭なかったのだ。

湖では、2頭のパグに対する出来事が起こった後、いっとき不穏な空気が流れたものの、ロミオを中心としたいつもどおりの光景がまた戻ってきていた。記録的なペースで降り続ける雪が大人の頭の高さにまで積もり、すべてを覆い隠したかのようだった。ロミオは縄張りの中心からあまり離れず、なじみのトレイルを使ってエネルギーを温存していた。豪雪の影響か、最初の冬に見たときよりも、彼の体つきはほっそりしているように見えた。野ウサギのトレイルは例年より少なく、ビーバーのドームも深く埋まってしまっていた。それでも春は近づいていた。3月から4月に移ると日も少し長くなり、晴れた午後には雪解け水が滴り、それが一筋の流れとなって水たまりができた。

そんなある日、僕がスキーを履いて外に出ると、近くに住むデビーと彼女の友人が目を丸くしてたたずんでいた。「信じられないものを見たのよ」とデビーは驚いた口調で言い、デジタルカメラを僕のほうに差し出した。液晶画面には、ロミオが毛足の長い茶色の小型犬をあごからぶら下げて走り去っていくところが写っていた。「どこで?」と僕が尋ねると、彼女は河口のほうを指さした。

僕は全速力でスキーを滑らせたが、ロミオは去った後だった。もろい雪の上にはたくさんの足跡がありすぎて、選別しながらあとを追うことはできそうもなかった。おまけに、そのあたりには誰もいなかった。引き返してから、僕はデビーに詳しい話を聞いた。彼女によると、河口近くのドレッジ・レイクスから続くトレイルのひとつで、1人の女性がポメラニアンを散歩させていた。犬は怪我をしているのか、足を引きずりながら彼女の数十メートル後ろをついてきていた。そして彼女が立ち止まり、犬を待っていると突然、オオカミがやぶの中から飛び出してきて犬の腰上あたりに飛びかかり、そのままくわえて走り去ったのだという。

パソコンの画面上で拡大した写真を見るかぎり、ポメラニアンはぐったりして死んでいるように見えた。今回はパグたちのときとは違って、近くに「ノー！」と叫ぶ人間はいなかった。また、幼い秋田犬のように柳の木立の中から駆け戻ることもなかった。そしてビーグル犬のときとは違い、今回は目撃者と証拠の写真があった。結局、ポメラニアンが戻ることはなかったが、ハリーは何人かと、1頭の犬の小さな足跡をドレッジ・レイクスで見つけたという。また彼は、その犬が氷河近くをさまよっているのが見つかり、どこかの家に引き取られたといううわさも聞いたそうだ。本当にそうなら不幸中の幸いだが、真相がわからず、ロミオを愛する人たちの心配は募るばかりだった。

しかし僕たちが心配していたほどの大事になることはなかった。『ジュノー・エンパイア』紙では、ほかのニュースとの兼ね合いのせいなのかどうか理由はよくわからないが、この一件については、第2面に数行の記事が載っただけだった。そこには取り乱した飼い主の言葉もなければ、憤慨した市民の声もない。懸念を表明する生物学者からの今後必要な措置についての提案もなく、怒りの投書が掲載されることもなかった。まるでジュノーの町全体が肩をすくめて、こうつぶやいているかのようだった。「まあ、ここはアラスカだ。オオカミがこのあたりにいることはわかっている。だとしたら、こんなことが起こるのも仕方のないことさ」

ポメラニアンを連れ去ったロミオの動機を推測することは、それほどむずかしくはない。長く厳しい冬が続き、そこへ明らかに足を引きずっている小さな動物がやってきた。願ってもない獲物が、彼のいつもの狩り場のひとつに入り込んだのだ。そこで思わず飛びかかったというのが最も考えられる顚末だが、本当のところはわからない。いずれにせよ、その後の数週間に見られた数え切れないほどの犬と彼との接触は、これまでとまったく変わらなかった。

春のある日の早朝、僕が窓から外を眺めていると、近所のモーリーン夫妻が飼っているボーダーコリーのジェシーの姿が湖に見えた。ジェシーは体重が13キロだから、パグより少し重い程度だろう。この牧羊犬が湖上でロミオと跳ね回っていた。雪が解け、春がやってきて、またこの冬もロミオはしたたかに生き延びた。

第 12 章

フレンズ・オブ・ロミオ

2008
April

湖は春の雪解け水で光が屈曲し、あちこちによどんだ水や割れた氷のパッチワークができていた。日差しを浴びて腐食しているように見える。うねりのある氷河の縁が湖にぶつかるところでは、そこから解けた水が流れ落ち、それが徐々に勢いを増していた。秋に分離した氷山はまた元の定位置に収まり、きしんだ音を立て始めている。

僕は遠くから、ロミオがドレッジ・レイクスの湖岸の西の端にたたずみ、反対岸に視線を送るのを見ていた。それから彼は意を決したように、湖岸にできた雪解け水の流れを飛び越え、ぷかぷかと浮いている硬そうな氷の上に乗ると、進むべき道を爪と鼻と目で慎重に確かめながら、ときには体重を分散するようにゆっくり進んでいった。だが途中で不安定だと判断したのか、危なそうな場所を避けながら元の場所に引き返す。そして今度はビッグロックのすぐ北にあるターン島のほうに向きを変えると、氷について学んだすべての知識を総動員し、彼の祖先たちが遺伝子に刻み込んだ本能に頼りながら、安全に通れる別の道筋をたどって湖の上を進んだ。

アラスカ南東部のオオカミが生き残ろうと思えば、液状であれ氷であれ、その混ざったものであれ、水をうまく通り抜ける能力が必要になる。山の中の険しい渓谷、滝、クマを溺れさせるほどの激しい勢いの川、山を引き裂いてフィヨルドを形成する氷河……。場合によっては、このフィヨルドそのものも泳いで渡らなければならない。こうした自然の障害を克服できないオオカミは、狭い土地では飢えから逃れられない。しかし大胆すぎるオオカミもまた、足を滑らせることも判断ミスも許されない土地では同じくらい厳しい状況に置かれる。

ロミオはようやく安全な場所に足を下ろすと、滑らかな速足に切り替えて湖を渡り切った。そして何度か体を振るわせて水しぶきを上げるると、ウエスト・グレイシャー・トレイルが延びる森林の中へと消えていった。あと何日かすれば冬も終わる。湖の冷たく灰緑色の水面は再び息を吹き返し、風に波立つようになるはずだ。オオカミが湖を渡る回数も残りわずかだろう。

2007年から翌年にかけての冬はドラマが少なく、いつもロミオをめぐって火花を散らしていた対立感情も全般的に穏やかだった。ジュノー住民のほとんどが、どうしたら集団としても個人としても、このオオカミと共存し、彼を完全に隣人として受け入れられるのかをようやく理解したかのようだった。両陣営間の言葉での応酬がときおり激しくなることはあっても、やがて収束していった。客観的に見ても、大きな問題はなさそうに思えた。しかし実際には、ロミオの身はこれまで以上に危険にさらされていた。僕たちの間でも、もっと広いところでも、彼は不確かな氷の上をずっと渡り続けているようなものだったのだ。

僕たちは自分自身に、あるいは互いにこう問いかけていた。彼はある日ふと、どこか別の土地に姿を消すのだろうか、それとも、どこでどのように彼の最期が来るのかを僕たちが決めることになるのだろうか？　そしてもし、その最期を知るか、知らずに終わるかを選べるのだとしたら、僕たちはどちらを選ぶだろう?

この冬、ロミオはもう新たな活力をみなぎらせることはなかった。かつては真っ黒だった上毛も、今ではもっと明るい赤みを帯びた毛や灰色の毛が混じり、鼻口あたりにも白い毛が増えていた。うたたねから起き上がるときも、以前よりゆっくりした動作で時間をかけて体を伸ばし、最初の一歩がこわばっていることもあった。それでも彼の歯は、摩耗することなく3歳のときとほとんど変わっていなかった。すでに述べたように、歯はオオカミの健康状態を測る重要な目安になるとともに、生存のための最も重要な要素である。

彼の遊びや移動のときの動きには老いが目についたものの、それでもオオカミらしい優雅さは変わらなかった。彼は多くのオオカミがそれが原因で寿命を縮めてきたような、深刻な怪我を負うこともなかった。少なくとも6歳、おそらく7歳に近づいていたが、成熟期の状態を維持し、平均的なアラスカのオオカミより頭半分くらい背が高く、体重も5キロ以上重かった。もし本当に小柄と言われているアレクサンダー諸島オオカミの血統なら、その中ではそびえ立つような大きさだ。

イヌ科の基準を超える並外れた体軀もさることながら、もっと驚かされるのは、ロミオの内面の成熟度だ。若いころのあり余るほどの元気は、年月とともに鋭い感覚と深い知性に変わり、生まれつき備わっている本能が生き残るための知恵を与えた。彼はひとつの場所で一生を過ごす群れのオオカミたちと同じくらい、自分の選んだ縄張りとそこを通りかかるすべてのものを理性的な琥珀色の目で見通し、理解していた。トレイルと移動ルート、罠のある場所、ランデブーポイント、その近くにある獲物が見つかる窪み、さらにはそのすべての道沿いの特徴と危険性が頭の中で地図となって記憶に織り込まれていたのだ。

その並外れた能力のためか、ロミオは一般的に予想されうる寿命よりはるかに長く生きていた。しかもその中で、つねに的確な判断と複雑な反応が要求され、間違いが許される余地もほとんどない過酷な生存競争に直面しながらも、大きな野生の捕食動物がこれまでほとんど実現できなかったことをやってのけた。生涯のほとんどを数千人もの人間の近くで、ときにはその真っただ中で生きてきたのだ。それも影のように隠れながらでも、キャンプ地をこっそりあさるのでもなく、また大規模な保護の恩恵を受けるのでもなく、人間の居住区と重なり合う縄張りで自由に行動しながら生き抜いてきた。

僕たちと一緒に過ごした時間を通して、境界線を決めるのはつねに彼のほうだった。ロミオの移動とともに2つの世界の境界線は動き、そのたびにぼくら人間の調査や指標は意味のないものになった。さらに言えば、メンデンホール氷河レクリエーションエリアの中心部では法律によって彼は守られてはいたが、実際の取り締まりは（それが導入された後でも）、せいぜい見物人の訪れがピークに達する昼間の時間帯に犬との接触を制限する程度だった。そのため、このオオカミの生命は縄張りの中心地でさえ安全であるとはとても言えず、それ以外の場所では生き延びる可能性はわずかしかなかった。

たとえば、ロミオが北のモンタナ・クリークに向かうルートのひとつは、ほとんど監視もされていなかった。しかもそこには、多くのハンターが集まる射撃練習場の的や弓矢の的がある地域が含まれていた。そこを越えても今度は、若者たちが夜間に火を燃やしながら騒いだり、不届き者がマットレスやタイヤを不法投棄したりしている、普段は人気《ひとけ》のない道路のUターン場所を通らなければならない。その地域を過ぎ、モンタナ・クリーク・ロードに至ると沼地や湿地、樹木が生い茂る丘が連なるが、そこでは少数ながらつねに銃を持った住民がうろついている。その多くはオオカミ、とくにロミオのような有名なオオカミの姿を目にすれば、大いに歓迎しただろう。

しかし、湖では人間を信頼して近づくロミオも、3キロも離れていないこうした場所では人目を避けていた。どうやってその切り替えを学んだのだろう？　彼は当初から相手によって行動を変え、危険を回避していた。彼が生き延びてきたことが、何よりの証拠だ。しかも危険な場所は、このモンタナ・クリークの回廊だけではなかった。

そのひとつが、1年ほど前の2007年3月にルンデフンドのコルクが連れ去られる事件が起きたアマルガ地区だ。前述のように、この周辺でのオオカミの目撃情報は次第に減り、アマルガのオオカミ問題は収束したように思われたが、実は何人かの地元の反オオカミ派の間では少しも終わっていなかった。しかも2007年の秋までに、彼らを勢いづけるのに十分な情報が積み重ねられていた。しかし漁業狩猟局は、この事件とオオカミを結びつける証拠は確実性に欠けると判断し、相変わらず行動を起こさなかったため、しびれを切らした少数派の1人――必要とあらば自分がオオカミを駆除する役を引き受ける、とコルクの飼い主に語っていた年配の男性――が、自分の手で問題を解決しようと毒入りの餌を仕掛けた。

アラスカの保守派の反オオカミ派の1人として、彼はコミュニティに貢献しているつもりだった。明らかな脅威から地域全体を守ろうとしているのだ、とでも考えていたのだろう。だがアラスカでは、毒入りの餌を仕掛けることは、どんな状況でも、どんな理由があろうとも厳しく禁止されている。それでも彼の違法行為が問題視されたときには、毒餌のいくつかはすでに消えていた。おそらく、何頭かのミンクと何羽かのカラスくらいは痙攣《けいれん》を起こして死んだはずだ。実際に、1羽のハゲワシの死骸が近くで見つかっている。もしかしたら、クマやオオカミもよろめいて倒れたかもしれない。

そして何とも皮肉なことに、毒入りの餌を食べた動物の中には、ルンデフンドのコルクの妹のボバーも含まれていた。毒を盛った張本人がそんな行動を起こした大きな理由のひとつが、このルンデフンドの姉妹犬が襲われたことだったはずなのに――。幸いボバーは、獣医の適切な診断と治療で一命をとりとめたものの、神経を損傷して生涯足を引きずって歩くことになった。自責の念に駆られた年配の男性は、毒餌キャンペーンをただちに中止した。

ではロミオはと言えば、その毒餌にもかからなかった。それは、このオオカミが死の脅威を避ける魔法の能力を持っているためか、彼が結局のところアマルガでトラブルを引き起こしたオオカミではなかったかのどちらかだ。だが、毒殺計画はこうして終わりを迎えたものの、アマルガの反オオカミ派からの漁業狩猟局への苦情はなおも続いた。毒殺キャンペーンが終わって少しすると、黒オオカミがまた周辺をうろつき始め、ゴミなどをあさるようになったからだ。危険な兆候だった。繰り返しになるが、攻撃的な行動はオオカミが人間と食べ物を関連づけて考えるようになることから始まることが多いのだ。漁業狩猟局は、そうした問題について住民の安全のために介入する義務がある。そこで同局は静かに選択肢を探り始めた。

ライアン・スコットやニール・バーテンといった漁業狩猟局に属する生物学者や、当時の野生動物保護局長ダグ・ラーセンは、自分たちがターゲットにしているオオカミはロミオなのではないかと疑い始めていた。犬と遊ぶ別の黒オオカミの確かな証拠がないために、複数オオカミ説を受け入れられなかったのだ。いずれにせよ、アマルガのオオカミ問題はもはや静観できる状況ではなかった。そして問題を解決するには、そのオオカミを捕らえるしかない。だが、あらかじめ考えておかなければならないのは、その後、捕らえたオオカミをどうするかだ。

結局、彼らは、アマルガの問題の黒オオカミが本当にロミオだったときのことを考え、移送という手段をとることにした。ここに置いておくことができない以上、ほかに生き長らえさせることができる選択肢はそれしかなかった。それに、GPS機能付きの首輪を装着すれば、彼の動きを追い、研究用のデータを集めることもできる。もちろん同じジュノーの住民として、彼らはみな、自分たちがロミオを捕獲してほかの場所に移せば、ロミオが生き延びるかどうかにかかわらず、個人的にも局としても、その余波を被ることはわかっていた。それでも彼らは、自分たちには介入する理由があり、移送に成功するチャンスも十分にあると判断し、その準備を始めた。

自尊心の高いオオカミは、一般にクマの捕獲に使われるような大きな箱罠には入らない。また、樹木が生い茂り起伏も激しい土地では視界が狭まるため、麻酔銃をうまく撃ち込める確率も低い。くくり罠も問題外だった。致命傷を負わせる可能性が高すぎるからだ。結局のところ、生きたまま安全かつ確実に捕獲するための選択肢は、足用の直径10センチほどのとらばさみを仕掛けることくらいだった。ただし、怪我をしないように鋼鉄の歯をパッドで覆っておく。

オオカミも他のたいていの野生動物と同じように、雪の深い冬の間は踏み固められたトレイルに依存する。そこでスコットはまず、捕獲の確率を高めるために罠を仕掛けるのに適した、よくオオカミが出没するエリアを探った。トレイルの両側に雪が深く積もっていればいるほど、罠を仕掛けるのに都合がいい。罠自体の存在を隠せるだけでなく、そばを通る生き物がいれば雪の上にその足跡を残してくれるため、オオカミを引き寄せることも容易になるからだ。そうしてオオカミを実際に捕らえることができたら、鎮静剤を打っておとなしくさせ、目的地まで移送する。

実際に罠を仕掛ける際には専門家に依頼するが、生物学者たちはその前に、捕獲後の手順について決めておく必要があった。まず、オオカミが飼い犬から病気や寄生虫をうつされていないかを調べるために、数週間は檻の中に隔離しなければならない。これは、他のオオカミや野生動物への感染リスクを避けるために絶対に必要な措置だ。その結果しだいで、オオカミは安楽死させられるか、あるいは移送が承認されて適切な地域で放されることになる。移送する場所は、当然ながらオオカミが生きていくのに適した自然環境で、ジュノーからはもちろん、他のコミュニティからも十分に離れたところでなければならない。再び人間の近くで生活する可能性を最小限にするためだ。

しかし、これらの条件を満たす場所は、アラスカ南東部のように広大で人口が少ない地域であっても限られている。オオカミがかなりの距離を移動できることを考えれば、そして、これまで多くのオオカミが実際に移送された場所から元の土地に戻ってきたことを考えれば、ジュノーから数百キロ離れたくらいでは十分ではないかもしれない。もっとも、南東部のオオカミでさえ3キロ以上にも及ぶ広い水域を泳いで渡ることはめったにないから、ジュノーの北西150キロほどのところに位置するリン運河の反対側の端も候補として考えられる。あるいは、はるか南のアメリカ本土も候補に挙げられるだろう。いずれにせよ、できるだけ多くのフィヨルドを越えた遠方になればなるほど、戻ってくるのはむずかしくなる。
数少ない候補地のリストには、カナダ国境の町ヘインズの北と西に広がる山岳地帯の奥深くも含まれていた。同じエリアのチルカット川上流の人里離れた地域には、僕の友人のスティーヴ・クロスチェルが所有している前述の野生動物保護公園もある。実際、スティーヴは漁業狩猟局から、一時的にオオカミを預かってくれないかと打診されている。オオカミの移送に関して、僕の周りでは獣医のネネ・ウルフも、検疫中のオオカミの監視に参加する意思があるかどうか、漁業狩猟局から尋ねられたそうだ。ただし、どちらの打診も仮定の話だったようで、結局2人とも実際の依頼を受けることはなかった。

オオカミの移送計画は同局内で秘密裏に進行し、打診された2人も口止めされていた（僕は後年、2人からその話を聞いた）。それは完全に正当な理由からで、つまり、捕獲のための罠を仕掛ける可能性のある場所を秘密にしておくことで、住民と野生動物の安全を守ることも、自警団がおせっかいを焼くのを防ぐこともできるからだ。だが、漁業狩猟局の生物学者たちが移送計画を練っている間に、問題のオオカミはアマルガに出没することがどんどん減り、どこに現れるかも予想がつかなくなった。その結果、同局はこの問題に対処する理由をなくしてしまい、生きたまま捕獲し移送するという計画は棚上げになってしまったようだった。

しかしハリー・ロビンソンは、その点について別の見方をしていた。リークされたという内部情報をもとに、彼はその当時、「漁業狩猟局は間違いなくロミオを移送する気持ちを固めている。それはもう決定事項で、計画は進んでいるんだ」ときっぱりと言った。そこでハリーは、ジュノー山岳クラブの共同設立者であり、アウトドア界で一目置かれているキム・ターリー――その前の冬のある朝、妻と一緒に湖をスキーで回っているときにロミオがあとをついてきて、彼に心奪われた男性――にアプローチして、「フレンズ・オブ・ロミオ」を結成する話を持ちかけた。会議も会費も会則も公式の名簿もない、ロミオとの絆を感じる人なら誰でも参加できる団体で、その結成は貼り紙やメール、口コミで広められた。この団体の第一の目標は、広い範囲でロミオの支持者を増やし、彼の運命を決める権限を持つ漁業狩猟局を牽制することだった。

そのアイデアには、もちろん僕も共感するところはあったが、僕自身はこの動きからは距離を保つことにした。自分の名前が自分のものではない発言に結びつけられることを危惧したからだ。その代わりに、僕は直接、漁業狩猟局のニール・バーテンに電話して尋ねてみた。すると彼は、氷河近くでロミオを罠で捕らえる計画はないと請け合ってくれた。ただし、僕が聞きそびれたこともあり、それが実際にどのオオカミであれ、アマルガの一部の住民からの苦情を招いていたオオカミの移送計画が廃棄されたのかどうかまではわからなかった。

２００８年の冬には、３回にわたって「フレンズ・オブ・ロミオ」の会報が発行された。１月７日付の最初の会報では、「信頼できる情報源が明らかにしたところによると、漁業狩猟局は彼に麻酔銃を撃ち、ジュノーからはるか遠くに移送することを決定した。現在のところ……氷（と見物人）がメンデンホールエリアから消える春に移送を実施することが計画されている」と伝えられた。

続く２月１日付の会報は、「ロミオの命が危機にさらされている」という見出しで、さらに不安感をあおっていた。そこには次のような憂慮すべき情報もあった。「アラスカのオオカミの強制移送に関する研究では、移送されたオオカミが生き残る確率は10パーセント未満と結論づけられている。漁業狩猟局はもちろんそれを知っている。つまり、実際のところ彼らはロミオを殺そうとしているのだ」。しかし僕が調べたかぎり、移送されたアラスカのオオカミの生存率に関する調査データは見つからなかった。ローワー48州まで対象を広げてみるといくつかの調査研究があったが、オオカミの生存率はまちまちで、その地域の基準となる統制群《コントロールグループ》とほぼ同じものから、もっと死亡率の高いものまで幅広かった。

それでも、公表された調査データや経験豊富な研究者たちから聞いた見解を考え合わせると、移送されたオオカミの生存率は全体としては10パーセントよりはるかに高いと考えてよさそうだった。高いほうの数字については、20年前に驚異的な成功を収めたイエローストーン国立公園への移送の例がある。ここに移ったオオカミたちは、その後、着々と数を増やしていった。とはいえ、理想的とは言えない状況下での移送には、克服できないリスクが加わることも多いだろう。

「フレンズ・オブ・ロミオ」の会報はいずれも、事態の緊急性を訴えていた。そして、アマルガでの事件にロミオが関与していたことをはっきりと否定し（それどころか、ロミオがアマルガ地区を訪れた証拠はひとつもないと主張した）、漁業狩猟局は「誤った情報に基づいて行動している」と断言した。さらには、名前こそ明らかにしていないが、カリフォルニアから最近アマルガに移り住んだ局員が苦情のおもな出所だとほのめかし、支持者たちには黒オオカミを守るためにもっと声を上げるようにと訴えた。問い合わせ先には漁業狩猟局のバーテンやラーセンのほかに、当時の州上院議員キム・エルトンの名前も含まれていた。このキャンペーンの結果、同局はジュノーだけでなく世界中のロミオの支持者から、電子メールやその他の手段によって数多くの問い合わせを受けることとなった。

会報で名指しされたバーテンは、誤解を解こうとハリーと何度か連絡をとり、2号目の会報が出る前には直接話し合いの場も持った。バーテンは当時の状況をこう振り返る。「私はそのころ、フレンズ・オブ・ロミオにはかなり幻滅していた……彼らが心配していたことのいくつかは、筋が通っていないか根拠のないもので、彼らが得ていた情報の多くは信頼性に欠けていたと言わざるをえない……このグループの目的は漁業狩猟局を中傷することだとさえ感じた。私たちは彼らと正直に向き合おうとできるかぎり努力していたのだが」

オオカミの移送計画に関しては、バーテンはラーセンやスコットと同様、たしかにアマルガにいるオオカミに関してはその計画があったと話してくれた。「フレンズ・オブ・ロミオ」は、それはロミオではありえないと主張していたが、彼らの会報の行間から読み取れる不安を見ると、彼らもロミオだった可能性があると思っていたはずだ。

メンデンホール氷河付近にいるオオカミに関しては（そこではほぼ確実にどのオオカミかを特定でき、捕獲の際に目撃者がいる可能性も高かった）、ラーセンはこう語った。「湖へは一度も行かなかった。状況を考えれば、それは適切とは言えない対応だが……移すことを選択肢として考えることすら、多くの局員が反対していたんだ。でも、何か対策が必要なら、それも選択肢に入っていただろうね。局としても、特異な状況だという認識はあったし……このコミュニティにとっては、本当に目が離せない大変な時期だった」。そして彼はこう付け加えた。「オオカミが人間の近くで攻撃的になったという話は伝わってこなかった。実際にそんなことがあれば、われわれの対応もまったく違うものになっていたはずだ」。ラーセンははっきりとは口にしなかったが、その「対応」には、迅速な殺処分という選択肢も含まれていたと考えて間違いないだろう。

一方、ハリーの見解は数年たっても変わっていなかった。彼は、アマルガでもメンデンホール湖でも、どの黒オオカミも捕獲して移送する計画は実際に進められていたが、「フレンズ・オブ・ロミオ」の会報やそれに触発された住民の声の高まりがその計画をストップさせた、と言い切った。それに対して、漁業狩猟局の地域担当者であるスコットは冷静に反論する。「野生動物の管理に関するすべての問題で、私たちは住民に対して説明責任を負っている……それは対象が黒オオカミであろうとまったく変わらないし、オオカミに関して私が下した決定のすべてが批判の対象になる。だからその決定は……住民と野生動物の安全に関する局の方針に基づいたものでなければならない。住民の関与それ自体が私の管理決定に影響を与えることはなかったが、どの計画も十分に検討し、正当なものであることを確認したうえで実行に移したのは間違いない」

漁業狩猟局の計画がハリーの見方どおりだったのかどうか、そしてハリーたちからの圧力が局の決定を揺るがせたのかどうか、本当のところはわからないが、「フレンズ・オブ・ロミオ」のキャンペーンが黒オオカミに有利に働いたことは確かだ。実際、2号目の会報が出た後に漁業狩猟局のバーテンおよびスコットと、「フレンズ・オブ・ロミオ」の共同設立者で代表を務めていたキム・ターリーとの間で行われた話し合いでは、互いに誤解を解き、協力していくことが確認された。その結果、2月28日付の3号目の会報では、関心を示してくれたすべての人に感謝の意を述べるとともに、同局がオオカミを移送する計画をすべて保留にしたことと、住民からの情報提供に対して「オープンに歓迎している」ことが明記され、さらに、将来の行動については事前に「フレンズ・オブ・ロミオ」に連絡することで合意したと伝えられた。

注目すべきは、記事の半分がロミオを含む野生動物を安全に観察するための正しい行動を呼びかけることに費やされている点だ。適切な距離を保ち、犬と子どもたちから目を離さず、餌を与えることは控える、といったことである。そうすれば、どの地域でも、オオカミをめぐる問題が再び表面化することもなくなる。もっとも漁業狩猟局の側からすれば、そうした結論は、オオカミ自体の行動と、何より住民の苦情が減ったおかげだと言うこともできただろう。いずれにしても、これは双方にとって丸く収まる取り決めだった（会報もこれが最後となった）。こうしてまた嵐がひとつ去り、黒オオカミは僕たちのもとに残った。

ハリーはその後も、彼自身が「友だち」と呼ぶオオカミの相棒、そして「守護者」という自らに課した役割を続け、ロミオとの絆をますます深めていった。ときには無意識に互いの体に触れていることもあった。一方で、人前ではブリテンにリードをつけて歩き、ロミオに危険が及ぶおそれのある状況では、間に入って人々に手本を示した。自分の行いを省みずに食ってかかってくる相手に対しては厳しい態度で臨み、場合によっては威圧したりもした。

なかでも、夕暮れにピックアップトラックに乗ってスケーターズ・キャビン・ロードの端まで定期的にやってくる男性の行動は目に余った。男はまず、荷台に乗せた黒いラブラドールを使ってオオカミを駐車場に呼び寄せ、それからゆっくりとトラックを走らせる。するとロミオが、そのあとを走ってついていく。ときには、もう少しで後輪に接触しそうな距離まで近づくこともあった。僕自身、その光景を二度、目撃したことがある。二度目に僕が目にしたときにはハリーがやってきて、この男に注意した。すると男は胸倉をつかみそうな勢いで、彼が「楽しみ」と呼ぶこのちょっとした遊びを邪魔するおせっかい焼きに向かって怒りをあらわにした。しかしハリーは一歩も引かず、男は先に殴りかかるのはまずいと思ったのか、結局、捨て台詞を残して猛スピードで去っていった。

ほかにも、すぐにヒステリックに反応する犬を連れて定期的にやってくる見物人が数人いた。調子に乗ってオオカミに近づこうとする彼らを追い払うために、ハリーと僕と何人かはできるだけのことをした。また、何が問題なのかがわかっていない人や、まったく自分の行動を気にかけない人もいた。そうした問題行動をとる人たちには、森林警備隊のデイヴ・ズニガが罰金チケットを手渡した。とくに湖に人が多く集まる時間帯にパトロールしていたこともあり、その効果はてきめんだった。ハリーが何度か話のタネにしていたことだが、恰幅のよいズニガにはこんな微笑ましいエピソードがある。彼はハリーに罰金チケットを切ることを期待して、一度ハリーとブリテンとロミオのあとを追ってきたのだが、息を切らしながらもついてこられたのは途中までで、ハリーが大股で斜面を登るとみるみるうちに離れ、ついには姿が見えなくなったというのだ。

こうしてほとんどの人がうまく機能するバランスを探り当てたように見え、ロミオも結局、かなりの年齢になるまで生き続けられるのではないかと思えた。しかし実は、オオカミにとって最大の脅威のひとつがすぐ目の前に迫っていた。それは人間がもたらすものでも、土地がもたらすものでもなく、彼の同類によってもたらされた脅威だった。

2009年4月の穏やかなある朝のこと、僕はスキーのストックを支えに、何人かの友人と一緒に、マクギニス山の斜面にこだまする遠吠えに凍りついたように立ち尽くしていた。なじみ深いロミオの風格のある吠え声ではなく、ひとつの群れが発する薄気味の悪い不協和音のコーラスが、半マイルも離れていないあたりから聞こえてきたのだ。僕は4〜6頭のオオカミの声を聞き分けた。彼らの重なり合う吠え声が上下して空気を震わせ、それぞれの声が別の声と同じになるのを避けるように調子を変えていた。

マクギニス山の立ち木の生い茂る険しい南西の斜面にある自然の円形劇場を選んで、彼らがその存在を高らかに宣言していたのは偶然ではないだろう。そこは、ロミオが好んで使っていた遠吠えのための舞台だった。彼らはきっとロミオが注意深く守ってきたマーキングスポットやトレイルを見つけ、ロミオの遠吠えも聞いたに違いない。いずれもオオカミが自分の縄張りであることを示すしるしであり、対立を避けるために使っている合図だ。

その不穏な遠吠えの響きからして、群れは移動の途中に、たまたまその場所に迷い込んだのではなく、ロミオの縄張りを奪い取るという明確な意志を持ってやってきた可能性が高かった。本当にそうなら、数の上では絶望的に不利な状況にあるロミオに勝ち目はない。群れ同士の対立による死亡率の高さを考えれば――地域によっては死因の3分の1ほどを占める――、命を落とす危険性はかなり高いと言わざるをえない。もしかしたらロミオはもうすでに殺され、群れが彼の引き裂かれた死骸を前に祝福しているのかもしれない。

だがそのとき、僕たちが立っている場所からほんの数百メートル先の、ウエスト・グレイシャー・トレイルの下のほうの木立の中から、長くたくましい特徴的な遠吠えが聞こえてきた。偶然にも、侵略者に対するロミオのそのときの反応を間近で見ることができたハリーは、彼の様子をこう振り返る。「それまで彼があんなふうに吠えるのは聞いたことがなかった。足を広げて、背中と尻尾の毛を逆立たせ、吠え返すたびに、自分を奮い立たせるかのように荒い息をしていた」

しかし、もし侵略者たちが力づくでロミオの縄張りを奪うためにやってきたのなら、そして遠吠えによって目的地に着いたことを知らしめているのなら、それに応じるのは彼にとって死を呼び込む吠え声になる。本能からも、おそらくは経験による学習からも、ロミオはその危険を察知していたはずだ。彼が優位に立てる点があるとすれば、例外的に大きな雄のオオカミで、威圧的な吠え声を持っていることと、自分の縄張りの真ん中にいることだけだった。

ロミオがこの地域に現れる以前から、つねに他のオオカミがここを通過することはあった。その中には、彼の群れの仲間だったと思われる黒い雌のオオカミもいた。彼が初めてここに現れたころにタクシーに轢かれた、あのオオカミだ。ロミオがこの地に縄張りを構えてからも、たびたび他のオオカミが姿を見せることはあったが、いずれも、少なくともにおいと吠え声を通してロミオが知っているオオカミで、相手も彼のことを知っていたはずだ。2年目の夏の終わりには、3頭の灰色のオオカミが、僕の家の向かい側にある大きな採石場のそばで近隣の住民から目撃されている。僕自身も、静かな夜に、ロミオの遠吠えに応える別の声を何度か耳にしたことがある。そのいくつかは明らかに人間がまねしたものだったが（おそらくハリーが夜の逢引きを試みたのだろう）、何度かは間違いなく本物のオオカミの声だった。

そのほかに僕は、ロミオが白い毛のオオカミらしき動物と一緒にいるのを目撃したこともある。2006年10月のことだ。北西の湖岸沿いにうっすらと氷の霧が立ち込めるなか、ロミオは僕から100メートルほど先の樹木のラインに沿って、その動物と一緒に小走りしていた。実は、そのとき僕は、ロミオと一緒にいるのは大きなハスキー・ミックスだと思っていた。しかしスキーで近くまで行くと、その明るい毛色の動物はすでに姿を消していたため、確かめることはできなかった。自分の見間違いかもしれないと思ったのは、ひょんな出会いがきっかけだった。

それからおよそひと月後、僕はジュノーの公設市場内にブースを設け、野生動物の写真を展示していた。そこに年老いたエスキモーの女性がふらりとやってきて、ロミオの写真をあごで指しながらこう言ったのだ。「このオオカミは見たことがある。白いオオカミと一緒だった」。彼女が2頭を見たのは、サンダーマウンテン近くにある自宅の裏庭だった。僕が何気なく「おそらく逃げ出したミックス犬でしょう」と言うと、彼女はその言葉をはねつけるような鋭い視線を投げかけた。「私はオオカミを知ってるんだよ」。その力強い言葉に、僕はうなずかざるをえなかった。僕が見たのも、オオカミだったに違いない――。さらに数年後、彼女の言葉を裏づける証言と証拠が現れた。ほとんど白に近い毛色のオオカミがメンデンホール渓谷上流で何度か目撃され、写真も撮られたのだ。

ロミオがたびたび訪れていたと思われるほかの土地でもまた、別のオオカミたちが目撃されている。すでに述べたスポールディング・メドウズとアマルガ周辺もそうだ。そう考えると、ロミオは僕たちが考えていたように、同じ種の仲間から完全に孤立していたわけではなかったのかもしれない。僕たちには想像すらできないような形でもうひとつの生活スタイルを持ち、そこで他のオオカミと交流していた可能性だってある。

仮に、ハリーが1日に4時間、ロミオと一緒に過ごしていたとしよう。そのほかハイドが2時間、それ以外の人たちが全部合わせて6時間とすると、1日に12時間、ロミオは人間の周りにいた計算になるが、それでもまだ、ロミオが少なくとも1日の半分は人間の目の届かないところにいたことになる。しかも、彼が断続的に姿を消している間や、季節ごとの移動の間は、人間の目に触れない時間はもっとずっと多くなる。僕たちにわかるのは、自分たちが見ているときに彼が何をして、どこに行ったかだけだ。このように彼の生活は謎に包まれたままであったが、それこそがロミオに対して僕が最も心惹かれる部分でもあった。

僕たちが知っていることから考えると、彼には子どもすらいた可能性もある。あまり一般的ではないが、群れの中の上位のオオカミたちでさえ、一時的、周期的、または永続的に自分の群れから離れて放浪することが知られている。犬たちに強く惹かれたことが原因で、ロミオもそうした異例の行動をとる、めったに家に戻らない父親だったのかもしれない。実際のところ、僕たちのペットは社会的関係を築く相手としてロミオに選ばれたのであって、代理ではなかった可能性もあるのだ。あるいは、ロミオは本当にこの湖の岸に打ち捨てられたのけ者で、たまにやってくる仲間と接触したり、たびたび偵察にやってくる敵対者に立ち向かうことを繰り返していたのかもしれない。いずれにしても、また新たな敵が今、彼に近づいていた。

ロミオの縄張りにオオカミの群れがやってきてから数日後の朝、僕が地元で獣医をしているヴィック・ウォーカーと一緒に、ウエスト・グレイシャー・トレイルの駐車場の近くから霧と小雨が煙る湖を眺めていたときのことだ。「ほら、あそこ」とヴィックがつぶやき、カメラを構えた。見ると、ロミオが湖にやってきて、僕たちのほうに顔を向けて横たわった。そして数分後、別のオオカミが彼のあとを追ってきた。少し小さいが、それでも胸幅のある、明るい灰色のオオカミで、黒い顔と背中の模様が特徴的だった。そのオオカミは、僕たちのほうを頭を下げてじっと見つめ、居心地悪そうにしていた。一方、ロミオは周囲をちらっと見渡し、耳を立て、いつもどおりリラックスしている。彼は人間とオオカミの仲介役を演じ、両者に対して「大丈夫だ、心配いらない」と安心させているように見えた。

それ以降、ロミオは毎朝、ほぼ同じ時刻にそのオオカミを湖の上まで導いてきた。そのオオカミはびくびくした様子ではあったが、それでも好奇心を持ち、明らかにロミオに夢中だった。僕はその光景を見るたびに動揺してしまい、何枚もカメラのピント合わせに失敗した。いったい何が起こっているのだろう？　彼はようやく、つがいの雌を見つけたのだろうか？　残りの群れはどこにいるのだろう……？

だが、その灰色のオオカミは、大きな頭と体格から僕たちが推測していたとおり、雄であることがわかった。片足を上げて排尿しているところを見た人がいるのだ（雄のほうがかえってよかっただろう。この限られたエリアの中で、つがいのペアと子どもたちが生活してもうまくいく見込みはない）。その後の観察から、彼は独り立ちする寸前の孤独なオオカミで、次に何をすべきかを決めようとして、愛想のよい先輩オオカミから教えを受けているように見えた。2頭のオオカミの足跡は一緒になったり離れたりして、ときにはドレッジ・レイクスにまで続いていることがあった。しかし、若いオオカミがロミオの孤独な世界に適応できなかったとしても、何ら驚くことではない。

実際に1週間ほどたったある日、その若いオオカミは姿を消した。それから間もなく、僕たちは彼をここにやってこさせた原因と思われるものを見つけた。マクギニス山の樹木が生い茂る南西の斜面に残されていた、2頭のヤギの毛と骨だけの死骸だ。おそらく彼はそのヤギを殺した群れの一員で、みんなで食べ尽くすまでそのあたりにいて、その間ロミオとも交流していたのだろう。そして、次の獲物を探すために先へ進むときがやってきたに違いない。死骸が見つかった場所から考えると、その群れはロミオの縄張りで吠え声を上げていたオオカミたちに間違いなかった。結局、ロミオと彼らとの間に何が起きたのかはわからなかったが、ロミオが無事だったことだけは確かだ。

実際、ロミオが彼らと対決した様子はなかった。足を引きずることもなければ、傷も負っていないようだった。そしてロミオがこの土地に残ったという事実は、ロミオとその群れが何らかの休戦協定、おそらくはそれ以上のものを結んだことを示唆している。その証拠にロミオは、ハリーとブリテンを何度かヤギの死骸があるところまで連れていっている。そこで彼は、犬の飼い主ならよく知っているであろう、「ぼくの手に入れたものを見てよ」とでも言うような得意げな様子で骨にかじりついたという。ただし、ロミオ自身もその狩りに参加したのか、それとも、ただ群れが残していったものを自分のもののように扱っていたのかは定かではない。とにもかくにも、この黒オオカミは再び、勝ち目がなさそうな状況を生き延びる能力を示して見せたのだった。

実は、この2009年の春先、僕たちはこれまでの生活環境に別れを告げることにした。将来に目を向け、氷河に一番近いこの家を売り、もっと郊外に近い、メンデンホール渓谷の反対側の端にある家に引っ越すことにしたのだ。苦渋の決断だった。たとえ、たまにクロクマが庭をうろつくことがあっても、湖から車で10分の距離でも、僕たちの生活はこれまでとはまったく違ったものになる。もちろん、自分たちが何をあきらめようとしているのかはよくわかっていた。実際、失ったものを悔やみもした。

だから僕たちはしばしば夕暮れ時に、この元のホームグラウンドに車で戻った。シェリーや犬たちと一緒のこともあったが、僕ひとりのことも多かった。そこではたいてい、またロミオに会うことができた。湖を横切って走ってきて、あのオオカミ笑いを見せる。彼の真正面からのアプローチに解釈は必要ない。彼はもう遊びも、短いリードの先にいる犬たちとにおいを嗅ぎ合うこともできないとわかっていたが、それでもあいさつをしにやってきた。尻尾を高く上げ、小走りでやってきては、あの甲高い鳴き声を漏らす。それから僕たちの通った跡のにおいを嗅いで回る。僕たちが腰を下ろすと、ロミオも数十メートル先に横たわった。犬も人間もオオカミも、誰もがくつろいで、数分間とはいえ一緒にいられることに満足していた。やがてロミオは立ち上がり、体を伸ばしてあくびをすると、周囲を見渡して、夕方の用事のために小走りで去っていく。途中で一度か二度立ち止まり、なぜついてこないのかと尋ねるように振り返ることもあった。

僕たちが引っ越してから間もない2009年4月半ばの夕方、犬を連れずに散歩に出かけたときも同じだった。ロミオは湖を横切って近づいてきて、ビッグロックの反対側に僕たちと向かい合うように立った。6年前、僕らが初めて会ったのは、ここからわずか数メートルの場所で、今と同じように山頂がピンク色に染まり始めたときだった。もし終わりが来るのなら、この場所で終わりになればよかったのにと思う。しかし、運命は別の糸を紡いでいた。

第 13 章

殺害者たち

2009
September

2009年4月

ハリー・ロビンソンは眠れないまま横になり、夢と現実の間を行ったり来たりしていた。「ロミオが叫ぶのを感じた」と、彼は言った。「頭の中で聞こえたんだ。彼が苦しんでいる。そして彼が自分の脇腹を噛むのを見た。その瞬間、撃たれたとわかったんだ」

２００９年9月の第3週のことだった。彼とブリテンはその夢を見た前日の朝、いつものようにロミオと会い、数時間一緒に歩き、遊び、休憩した。だが翌朝、まだ暗いうちにハリーがウエスト・グレイシャー・トレイルの駐車場に車を停めたとき、そこにロミオは待っていなかった。ハリーの遠吠えに応えることもない。以前にも数日間、ときには数週間、ロミオが姿を消すことはあったが、ハリーは前の晩にそんな夢を見たことで、何かが起こったのだと思わずにはいられなかった。怪我をして倒れているか、あるいは数年前に仕掛けられた罠にはまって動けず、助けを待っているのではないだろうか……。

彼とブリテンはドレッジ・レイクスをくまなく探して回り、ウエスト・グレイシャー・トレイル沿いのコケで覆われた森林にも足を延ばしてみた。彼らがこの何年かの間にロミオと落ち合ったことのある、すべてのけもの道とランデブーポイントも見て回ったが、何も見つからなかった。足跡ひとつ、ロミオが通ったことがわかる新しい糞すら落ちていない。ハリーは捜索範囲を広げ、ほとんど寝食を忘れ、仕事をすばやく片づけて、何度も探しに戻った。

次第に秋の色が深まり、やがて色褪せ、最初の雪が高地に舞い降りた。そして彼が愛したオオカミは、跡形もなく姿を消してしまった。

同じころ、ヴィック・ウォーカーも似たような夢を見ていた。それまでの3年間にロミオとの静かな関係を築いていたこの地元の獣医は、夢の中の光景をこう描写した。「ロミオはビジターセンターの近くで怪我をしていた。どうもあごのあたりを銃で撃たれたらしい。骨が完全に粉々になっていた。ハリーもそこにいて、こう言ったんだ。『ロミオが死んでしまった』。だから僕は言ったよ。『違う。僕が治してみせる』って」

ヴィックからこの話を聞いたのはそれから3年後のことだったが、声は重く、目はどんよりと曇っていた。それは夢というよりは幻覚に近いものとなって彼につきまとい、あまりにも生々しく現実と混ざり合っていた。彼はハリーも同じころに同じような夢を見ていたことを何年も後になってから知った。というのも、当時、彼はハリーのことを湖の上で見かける程度にしか知らなかったからだ。もちろん、夢はただの夢で、僕たちの恐れが投影されただけだったのかもしれない。また前のように、ロミオは〝死〟からよみがえるかもしれないではないか――。

そのころ、僕は1600キロ北の川を旅していた。コブク川とノアタック川が分岐する、ブルックス山脈西部の僕の第二の故郷だ。ロミオからも氷河からも遠く離れた場所だったが、そこにはオオカミの最後の生息地のひとつがあった。山脈とツンドラの平原が広がる広大な土地で、道路があるにはあるが、外に続く道は1本もない。

そんなある日の夜明け、僕はテントのすぐ近くでパシャパシャと水がはねる音に眠りを妨げられていた。川の水深の浅い場所を渡るムースかカリブー、もしかしたらクマかもしれない。寝袋から裸足でそっと滑り出ると、僕はカメラもライフルも持たずにテントから出て、斜面をゆっくりと川に向かって下りていった。そして秋色に染まった柳の木立の後ろに身をかがめ、そこに何がいるのか確かめようと目を凝らした。すると45メートルほど先の土手に、灰色のオオカミがメタリックブルーの空と薄いバラ色に染まった雲を背景に立っていた。そのすべての風景が澄み切った水に映り込み、川の底にある風景のように見えた。

僕が息を呑んで見つめていると、繊細そうな顔をした若い雌のオオカミはあたりのにおいを嗅ぎ始めた。そして間もなく、僕が見つめていることに気づいた。「ハロー、ウルフ」と、僕はささやくように言った。彼女は明るい黄色い目で僕を見据えた。僕は彼女が目にした最初の人間だったかもしれないが、おそらく最後にはならないだろう。峰をひとつ越えたところには3つの村があり、いずれもここから80キロ以内の距離で、イヌピアックのハンターたちが暮らしている。その何人かは僕のかつての隣人で、一緒に旅もしていた。雌オオカミはこれから彼らを知ることになるだろう。それから、彼らが所有する最高時速160キロのスノーモービルや突撃銃も知るだろう。やがて彼女は視線を外し、二度と振り返ることなく木立の中に消えていった。僕は彼女が去るのを見守り、その瞬間、ただただ満ち足りた気分に包まれていた。

10月初めにジュノーに戻ると、息つく間もなくまた数週間の予定で、今度はアメリカ本土に向けて出発した。ひとつは、もうオオカミがいない土地で、オオカミとその管理方針についてのプレゼンテーションを行うためで、もうひとつは、その後、シェリーの故郷フロリダで冬の休暇を過ごすためだった。

もちろんシェリーも僕も、ジョエル・ベネットやヴィックやハリー、そして情報を耳にしたほかの人たちと同じようにロミオのことを心配していた。僕たちの不安は距離が離れていることでさらに深まったが、できることは何もなさそうだった。ロミオはついに誤って罠にはまったか、ライフルの標的になってしまったのかもしれない。あるいは、自然の中で直面する危険に屈してしまったのかもしれない。どんなオオカミも永遠に生きることはできない。それにロミオは少なくとも8年目を迎えていたので、アラスカの野生のオオカミの基準では老年に達している。だから、これが彼の寿命だったのかもしれない。

それでも、なぜ別の終わり方ではなかったのか、という気持ちはぬぐい去れなかった。彼はこの年の春に出会った群れに加わって、移動する生活に戻ることだってできただろう。もしくは、つがいの相手を見つけて子どもをもうけ、どこか理想的な場所——樹木の下には巣穴に適した花崗岩の窪みがあり、近くには泉が湧くところがある谷の奥で、そこからトレイル網がマーモットのいる草原まで続き、谷を下りていけばビーバーやサケも豊富にいるような場所——で育児や狩りをすることもできただろう。ハリーは悪夢を見た後、今度はそういう夢を見たという。別の日には、夢の中に現れたロミオに手を伸ばし、彼の黒い背中をなで、そのふさふさした長い毛を指にからめる。ハリーがしようと思えば何度もできる機会があったのに、実際には一度もしなかったことだ。やがてその光景は消え、今度は雌の灰色のオオカミが姿を見せ、黒い子オオカミを産む。一緒のときも、1人でいるときにも、僕たちはそうした夢の世界になぐさめを求めていた。

秋が深まっても、ハリーはロミオの捜索を続けていた。彼の秘めたる忍耐力は衰えることがなく、木々の葉とともに希望がしおれていっても、決してあきらめなかった。生死にかかわらず、とにかく友だちを見つけようとする努力が、かつてハリーとロミオが一緒に過ごしていた時間と空間を埋めた。実際にロミオの縄張りの中を探すだけでなく、調査も並行して行っていた。そもそも、この狭いジュノーの町で秘密を隠し通すことなどできない。

そしてロミオが消えて数週間がたったころ、彼の友人の1人がアウトドア用品と銃を扱う地元の店で、あるうわさを耳にした。ロミオは本当に撃たれたらしい——。もちろん僕たちは、ロミオに関してはつねにうわさ話と真実の間に隔たりがあることを知っている。そこでハリーは1500ドルの懸賞金を用意して、町じゅうにチラシを貼って情報を募った。さらにはインターネットの世界にも目を向け、狩猟関係のブログやウェブサイトをチェックするとともに、潜水艦の技師のようにソナーを発信して反応に耳をそばだてた（彼はソフトウェアのベータ版のテスターでもあり、インターネットを自由に使いこなすことができた）。

すると、背筋が凍るような情報に行き当たった。ユーチューブのロミオ関連の動画に、次のようなコメントが投稿されていたのだ。「あいつは死んで、皮をはがれ、剝製になった……みんな早く忘れたほうがいい」。オンラインではめずらしくないことだが、その投稿者は偽名を使っていた。そこでハリーはスキップトレーシングと呼ばれる追跡テクニック――基本的には、電子のパンくずを追って、その発生源を突き止めるという方法――を使って男性の身元を明らかにすると、偽のメールアドレスを通して怪しまれないように質問を送った。それに対し投稿者は、興味を持ったハンターからのメールだと思い込んだらしく、匿名性が保たれているという安心感も手伝って、こう返信を寄こした。

「オオカミを狩った人間を知っている。狩ったのはアラスカの人間じゃない。俺はそいつがアラスカに旅したときの写真を見たんだ。ロミオは今、アラスカの剝製師のところにいる。これはよくあるネット上のホラ話なんかじゃない……まったくもって真実だ。欲しいなら、剝製が完成してそいつが受け取ったときに写真を送るよ」

その文面は、殺害者と直接の知人であることをにおわせていた。ハリーは自分が核心に迫っていることをひしひしと感じた。だが、急ぎすぎて、まだ何も気づいていない情報提供者に不信感を抱かせてしまっては元も子もない。そこで真相を早く知りたくてうずうずしながらも、じっくり時間をかけることにした。

それから数日後、彼のもとに『キャピタル・シティ・ウィークリー』（地元のフリーペーパーで、『ジュノー・エンパイア』紙の姉妹版）の知り合いの記者、リビー・スターリングから電話がかかってきた。彼女のところに、ロミオの運命を知っているというペンシルバニア州の男性が連絡してきたというのだ。彼女は、その話を詳しく聞いて記事にする代わりに（間違いなく地元では大スクープになったはずだ）、男性の電話番号をハリーに伝えた。ハリーはお返しに、もし彼の話が本当なら、適切な時期に記事にできるように、必ず彼女に一番先に知らせると約束した。

その晩ハリーは早速、その男性、マイケル・ローマンに電話をかけて会う約束をとりつけた。ローマンはペンシルバニア州ランカスターの印刷会社に勤めている人物で、ユーチューブにコメントを書き込んだ投稿者のことをたまたま仕事を通じて知っていた。だが、投稿者とハリーの間でのやりとりについては知らず、当然ながら2人がつながっているとはまったく思わなかったようだ。

そしてローマンと投稿者はどちらも、この会社のもう1人の従業員、ジェフ・ピーコックのことを知っていた。クジャクを意味する彼のラストネームは、自分の狩りの成果を自慢げに語らずにはいられない気取り屋にはぴったりだった。彼は2004年からアラスカに何度も出かけて、以前の同僚でジュノーに移り住んだ友人とともに狩りをしていた。ローマンや投稿者をはじめ、ピーコックを知る者はみな、彼が自分の携帯電話や職場のパソコンに保存している死んだ動物たちの写真を、彼から誇らしげに見せられたことがあった。印刷工場で働くナンシー・マイヤーホッファーという別の従業員――自称「狩猟愛好家、罠仕掛け人、剝製師」――も、のちにこう語った。「ジェフが狩るものはすべて一番大きくて最高のものばかり。彼は威厳のある動物をひとつずつ手に入れて、皮をなめすか剝製にして自分の居間に飾りたいみたい。家を訪れた人に自分がすごいハンターだとわからせるためにね」

北米大陸の反対側の遠く離れた地に住むローマンから話を聞いて、ハリーは自分の見た夢が正夢だったことを悟った。どうやらピーコックが、9月のジュノーへの旅で「有名なオオカミ」を殺したと職場の同僚に自慢していたそうなのだ。しかし、彼がオオカミ狩りの細部まで話し終えたときには、そこにいた従業員たちの中でもとくに筋金入りのハンターとして知られる何人かでさえ、ショックを隠せなかったという。語られた内容のむごたらしさだけでなく、見せられた大きな黒いオオカミの写真——血にまみれた状態のものと、皮をはがれた後の状態のもの——が、あまりに衝撃的だったからだ。ピーコックはまた、何カ月か後にはこのオオカミの剝製を自宅の居間の真ん中に飾る予定だとも語っていた。

ピーコックが周囲の人たちにこの話をしたときには、ロミオがどんなオオカミで、ジュノーにとってどんな存在だったのかを、彼もはっきりと知っていた。ローマンはのちにこう言っている。「知っていたどころか、ピーコックがこの特別なオオカミを殺した大きな理由は、そうすればジュノーの住民たちが大きな苦痛を味わうとわかっていたからだ。そう自分で言っていたよ。わざわざ人々の気持ちを傷つけることで、彼は大きな満足感を得ていたんだ」

もちろん、ジュノーに移り住んだ元同僚で今は狩り仲間のパトリック・マイヤーズ3世も、そのことを知っていた。ピーコックとマイヤーズがやったことはスポーツハンティングとは程遠く、むしろギャングの襲撃に近い。彼らのねらいは、誰にも見られずにオオカミをすばやく殺し、何の痕跡も残さずに死体を持ち去ることだったからだ。ピーコック自身が語ったところによれば、この狩りの醍醐味はオオカミを追跡することではなく殺すこと、さらには、それによって引き起こされる人々の苦しみを見ることにあった。そして、そのすべてが剝製となって記憶されるのだ。

ピーコックとマイヤーズは2008年の秋にもロミオをねらっていた。しかし、そのときは見つけることができなかった。その後、ピーコックは2009年5月にもジュノーを訪れたが、このときは狩りの対象からロミオを外した。次に訪れる9月まで待てばふさふさした冬毛に変わるからだ。

代わりにその春、2人は秋のロミオ狩りの前哨戦とも言える形でクロクマを仕留めることに成功した。彼らはそのクマを、イーガン・ドライブを走っていたときに見つけた。クマは、1軒の民家と聖テレーズ聖堂との間にある海岸で若草を食べていた。そこは狩猟禁止区域だったが、彼らはおかまいなしだった。それに足を忍ばせる必要もなかった。なぜなら、保護地域のクマたちは人間が脅威ではないことをすぐに理解し、人間を見ても無視するようになるからだ。

ピーコックがローマンに語ったところによると、自慢の460S&Wマグナム（ムースを倒すのに十分な口径）でクマを1発で仕留めたという。それからマイヤーズが死んだクマを嘲るように蹴りつけてから内臓を抜き、トラックのバンパーに結びつけたロープで引きずって運んだ。ピーコックが職場で自慢げに見せた写真には、テニスボールより大きな射出口がぽっかり開いているクマの死体が写っていた。そしてその写真の中でピーコックは、完全な違法行為でスポーツとはとても呼べない狩りでありながら、自分の腕前を証明する新しい勲章としてクマの死体を指さしていた。

ピーコックの相棒のマイヤーズも、モラルに欠ける人物のようだった。ペンシルバニアの印刷会社の従業員たちは、彼の性格を物語る2つのエピソードを覚えていた。ひとつは、彼が自分のトラックで出勤してきたときのことだ。その荷台には、撃ったばかりの雁《ガン》が山ほど積まれていた。何羽かはまだ生きていて、苦しそうに息をしながらもがいていたが、マイヤーズは片っ端から首を絞めていった。そのとき従業員が通りかかり、なぜそんなにたくさん殺したのかとびっくりして尋ねた。どうみても法的な制限を超える数だったのだ。それに対し彼はこう答えた。「なぜも何も、殺せるからさ」。もうひとつは、ほかの従業員が見ている前で、マイヤーズが駐車場を横切るオポッサム（フクロネズミ）を捕まえ、爪先に鋼鉄の入ったワークブーツでサッカーボールのように蹴り回した後、周りの人たちが止めるのも聞かずに踏みつけて殺したというものだ。

マイヤーズのこうした態度が彼の日常の行動に表れたとしても、何ら不思議ではない。1999年のペンシルバニア州における刑事告発の記録によれば、マイヤーズと彼の妻パメラは、未成年の少女2人（13歳で、1人は彼らの家のベビーシッターだった）に「アルコールとマリファナ」を与えた後、ストリップポーカー［訳注：1回負けるたびに衣服を脱いでいくゲーム］を始め、最後には全員が下着姿になり、少女の1人はマイヤーズに「胸と臀部」を愛撫されたという。

この件に関しては、少女たちが被告側弁護人の反対尋問で精神的苦痛を与えられることを防ぐために司法取引が提案され、マイヤーズ自身も2件の軽犯罪を認めた。未成年者に対する性的行為と彼らにアルコールを飲ませたことだ。地元のうわさによれば、裕福で顔も利くマイヤーズの祖母が弁護士費用を払っただけでなく、裏で圧力をかけたらしい。結局、マイヤーズは4年間の保護観察処分ですんだが、その規定に違反したために二度起訴されている。そんなこともあり、彼は妻と2人の息子を連れ、どこか遠くの土地で再出発することに決めた。そのどこかがアラスカのジュノーだったわけだ。

ジュノーに越してきたマイヤーズはビール会社のアラスカン・ブリューイングに、パメラは町で最も大きな動物病院にそれぞれ職を得、息子たちは地元の学校に転入した。当初、一家はレンタルトレーラーに住んでいたが、やがてメンデンホール渓谷の中心地バーチ・レーンに建つ小さな家をローンで購入して移り住んだ。マイヤーズはボウリング場の常連や地元のアウトドア愛好者の何人かと友人になったが、彼らの間では、マイヤーズが過剰に動物を殺し、それについて大っぴらに話し、法律には無頓着だという評判が立っていた。彼はまた、しばしば漁業狩猟局の本部に立ち寄って、規則をチェックしたり説明を求めたりもしていた。「熱心なのか変わり者なのか、よくわからないところがあった。細かい点について私を質問攻めにし、その質問の仕方はかなり攻撃的だった」。当時、同局の検査官をしていたクリス・フラリーはそう記憶している。

マイヤーズは地元のドラッグカルチャーにもどっぷり浸かり、自ら商業規模のマリファナ栽培を始めたり、マリファナパーティーを催したりもしていた〔訳注：2014年にアラスカ州では娯楽用マリファナが合法化されたが、当時はあくまで医療用マリファナの所持・使用のみ認められていた〕。うわさによれば、パーティーではつねにさまざまな規制薬物が提供され、未成年の男女も参加していたという。問題のある家庭で何らかの事情を抱えた子どもたちの何人かが、数日から数週間、彼の家に滞在することもあった。結局のところ、マイヤーズの本性はまったく変わっていなかったのだ。

ピーコックがローマンら職場の人たちに見せた写真は、携帯電話のカメラで撮影したものなので画質が粗くぼけているが、それでも黒いオオカミが砂利を敷き詰めた駐車場の端にいて、後ろに高速道路の補修用の機材が置かれているのがわかる。のちにその場所は、ハリーがアマルガ地区を走るイーガン・ドライブの28マイル地点近くにあるハーバート川の駐車場であると特定し、州警察のワイルドライフ・トルーパーズもそれを確認した。当時はそこで拡張と再舗装工事が行われていた。ローマンによれば、ピーコックはその黒オオカミを撃ったときの様子をこう話していたという。「俺たちは前の日にあいつを見かけたんだ。でも、そのときはクマ用の大口径のライフルしか持っていなかったから、大きな銃声がするとまずいと思って撃つのをやめた……このオオカミのようなお宝を狩るときには、注意深く事を進めなくちゃいけない。次の日、22口径のライフルを持って戻ると、あいつは同じ場所にいた。そこで銃弾をぶち込んだんだ。1発で、見事に心臓をぶち抜いてやった！」

ピーコックはローマンに、その後トラックに乗ってオオカミのあとを追ったと語ったそうなので、道路の近くでの違法な狩猟であったことは間違いない。ピーコックはマイヤーホッファーにはこう言っていた。「オオカミの奴ときたら、間抜けなことに、ただ俺のほうを見ているだけだった。立ち止まって、こっちを見ていたから、あれほど簡単な標的はなかったよ。間抜けなジュノーの連中が、あいつを仕留めるのを楽にしてくれたってことさ」。オオカミは致命傷を負いながらも何とか逃げたが、20メートルも行かないうちに力尽きた。男たちがあとを追うと、オオカミは丸まって永遠の眠りについていた。不幸中の幸いは、比較的早く死が訪れたことだ。

マイヤーズはその後、宣誓したうえで、オオカミを撃ったのはピーコックではなく自分だったと述べ、場所はハーバート川の駐車場ではなく1キロ半かそこらトレイルを進んだところで、オオカミは2頭の灰色のオオカミと一緒だったとも語った。だから、黒オオカミがロミオだとは思わなかった。それに、銃を撃ったのはねらいを定めてというよりは「本能的」なもので、ましてや最初から計画していたなんてとんでもない。自分たちが22口径――大きな獲物を合法的に撃つには口径が小さすぎる――を持っていたのはライチョウを撃つためだった、と言い訳を重ねた。

しかしハリーは、オオカミが撃たれたのはそこから何キロも離れた、メンデンホール氷河近くのウエスト・グレイシャー・トレイルの駐車場だと信じている。その根拠として彼は、ローマンにピーコックが語った情報を踏まえ、オオカミが早朝に殺されたことと、マイヤーズとピーコックがその秋、まずウエスト・グレイシャー・トレイル方面へ行くのを習慣にしていたことを挙げた。それは完全に説明もつく。その駐車場は、マイヤーズの家からほんの数キロのところにあるからだ。もしそうなら、彼がハーバート川の駐車場から続くトレイルを殺害場所だと主張したのは、メンデンホール氷河周辺の狩猟禁止区域で発砲したことを隠ぺいするためだったと考えられる。ハリーは、殺害者たちが銃声の大きさを気にしていたことが、自分の説をさらに裏づけると考えた。それに、ハリー自身がそのころに、ウエスト・グレイシャー・トレイルの駐車場でロミオとたびたび会っていたという事実もある。すべての謎はそれで解決する――。

ハリーは、ピーコックの写真にぼんやり写っている黒オオカミがロミオかどうかは疑っていたが、その特徴的な姿から、僕にはロミオのように思えてならなかった。また殺害場所は、その写真が撮られたハーバート川の駐車場である可能性も捨て切れないのではないか、とも思っていた。ロミオはそれぞれの場所をすばやく行き来できたはずだし、1年のこの時期にはハーバート川にサケがたくさん遡上してくるので、オオカミにとっては魅力的な餌場でもあったはずだ。それに、銃声の大きさを気にかけるという点では、どちらの場所も当てはまる。

いずれにせよ、ピーコックとマイヤーズは死んだオオカミをトラックの荷台に乗せてシートをかぶせると、マイヤーズの家に戻り、近くに住んでいる剝製師のロイ・クラッセンに電話した。それから死体をクラッセンの家に運び込み、重さを測って写真を撮り、皮をはいだ。時刻は、携帯電話の写真に書き込まれている情報から、午後8時少し前だったことがわかっている。ただし、彼らが狩りから戻ってすぐに運び込んだのか、それとも早朝に殺して暗くなるまで待っていたのかははっきりしない。

そしてこれはまた、この不可解な事件の中のひとつの要素にすぎない。この事件については、さまざまな意見と矛盾する発言、異なる解釈が飛び交った。ときには僕たちとともに、ときには僕たちの知らないところで生きたオオカミは、死んでからも、生きているときと同じように人々の論争の的になったのだ。

クラッセンは死体から毛皮をはぐと、切断して皮をはいだ頭部（骨は記念品として漂白され、皮はなめし工場に送られる）とともに冷凍庫に入れた。これは通常の剝製づくりの手順だ。皮をはがれた後の頭部以外の身体部位はすべて処分される。剝製自体は、なめした毛皮にワイヤーで補強した発砲スチロールを詰めてつくる。クラッセンが注文されたのは、オオカミがベニザケをくわえているポーズだった。

なお、はいだ毛皮にはピーコックの非居住者用の大きな獲物の識別タグ（クロクマかオオカミを捕獲した際に、これをつけて漁業狩猟局に申請することが義務付けられている）がつけられた。おそらく、ロミオを殺したことが発覚した場合に、人々の怒りが地元住民であるマイヤーズに向くのを防ぐためだろう。また、クラッセンによれば、マイヤーズは頭蓋骨（剝製には使用しない）を使ってオオカミの銅像をつくりたいと考えていたという。

他言は無用のはずだったが、2人は誰かに自慢したいという欲求を抑えられずにいた。マイヤーズの近所に住むダグラス・ボサージと彼のパートナーのメアリー・ウィリアムズによれば、オオカミを殺した当日か翌日、マイヤーズが彼らの家にやってきて、こう言ったそうだ。「今、あのロミオってオオカミを殺してきたぜ」。そのときの彼の様子を、ボサージは「かなり興奮して、自分がしたことに満足して踊り回っていた。殺したときの状況を再現して見せたりもしてね」と語る。その姿にボサージは不快感を覚え、それからはマイヤーズと付き合わなくなったという。ウィリアムズも、「彼になぜそんなことをしたのか尋ねたけれど、まともな答えは返ってこなかったわ」と言葉を添えた。

またクラッセンも、自分がジュノーの黒オオカミをこの手で剝製にするのだと吹聴して回った。その相手には、別の用事でクラッセンの作業場に立ち寄った、連邦魚類野生生物局のクリス・ハンセンも含まれていた。クラッセンの場合は、誰も何も悪いことをしていないと思っていたので余計に、その話を人に聞かせたいという欲求を抑えることができなかったようだ。

彼らの軽率なおしゃべりは、そこで終わらなかった。1年以上たってから、僕のところにトリンギット［訳注：アラスカ・カナダの先住民族のひとつ］の1人の女性がどうしても話したいことがあると言ってやってきた。彼女はロミオが死んだ秋、ハーバート川近くのイーガン・ドライブで行われていた拡張工事の現場で、交通誘導員として働いていた。そんなとき、彼女が担当していた一時停止ポイントで車を停めたピーコックとマイヤーズから、ぼんやりと黒いオオカミが写っている例の携帯電話の写真を見せられたのだという。ボサージと同じように、彼女も男たちの異様な興奮ぶりを見て嫌悪感を覚えたと言った。彼らは、待機中のほかの車のドライバーたちにも順番に写真を見せて歩いていたらしい。

ピーコックがジュノーを離れると、マイヤーズは今度はボウリング仲間たちにロミオを殺したことを吹聴し始めた。ペンシルバニアに戻ったピーコックも、すぐに自慢話を始めた。冬に入って湖に硬い氷が張り、黒オオカミがいないことにジュノー住民が気づき始めると、彼らはますます得意気にロミオ殺害を触れ回るようになった。ローマンは、そのころのピーコックの様子を次のように語っている。「殺してから何カ月間も、ピーコックは彼らの行動がどれだけジュノーのコミュニティに衝撃を与えたかを自慢していた……ピーコックは休憩室でパソコンをインターネットに接続し、周囲の人たちにも一緒に見るように誘っていた……ユーチューブにアクセスしたり、『ジュノー・エンパイア』紙のロミオについての記事に対するコメントも読み上げたりしてね……そして得意そうに『能なしめ！　間抜けもいいところだ！　俺が奴らの大事なオオカミを殺してやったんだ！』と言っていた。画面に向かって、こう叫ぶこともあった。『間抜けな連中め！　かわいそうな行方不明のオオカミをなつかしんで、泣きべそかいていやがる！』工場の従業員の多くは、彼のそうした振る舞いを不快に思っていた。彼が満足そうにしているのを見ると、何とも言えない気分になったね」

『ジュノー・エンパイア』紙の記事の中でも、ピーコックは２０１０年1月22日に掲載された「Where art thou, Romeo?（ロミオ、汝はどこへ?）」という見出しの記事にはとくに大喜びだったようだ。同僚のマイヤーホッファーが聞いたとおりに、そのときの彼の言葉を伝えている。「あんたたちのロミオがどこに行ったかは、俺が知っている。あいつはもうすぐうちの居間にやってくる。ジュリエットにこう伝えてくれ。俺のひざに頭をのせてロミオの思い出話でもしてくれってな」

同じころ、僕のエッセイ集『氷河のオオカミ』に1件のオンライン注文が入った。この本はロミオが遠吠えしているシルエットの写真を表紙に使い、彼が僕たちの近くでどんな暮らしをしていたか、いくつか短いエピソードを綴ったものだ。このときの注文には特別に献辞を入れてほしいというリクエストが添えられていた。「Wherefore art thou, Romeo?」という『ロミオとジュリエット』の中に出てくる有名な台詞だ。注文者はどうやらこの台詞の意味を誤解しているようだった。彼と同じように、これを「Where are you, Romeo?（ロミオ、あなたはどこ?）」と解釈している人は多いが、「Wherefore」は

「where（どこ）」ではなく、「why（なぜ）」。つまりこの台詞は、「Why are you called Romeo?（どうしてあなたはロミオなの?）」という意味なのだ。

そんな間違いと、注文者の名前がピーコックというめずらしい名前だったことで、この注文のことは記憶にずっと残っていたが、そのときにはまだ、この名前は僕にとっては何の意味も持っていなかった。当然ながら、彼が自分の戦利品を僕の本と並べ、オオカミの名声と彼自身のサディストぶりを証明するつもりだったことなど知るよしもなかった。

いま振り返れば、マイヤーズとピーコックはあれこれ自慢して回ったとはいえ、その話のほとんどが断片的で、しかも限られた範囲の人たちとの会話にとどまっていた。そのため、州でも連邦でも法執行機関のレーダーに引っかかることはなかった。ロミオと彼の殺害者たちを結ぶたくさんの、しかしあちこちに散らばった点と点をつなげることができたのは、ハリーの執念と、それを支えたローマンの熱意のおかげだ。ローマンは、何千キロも離れた場所で起こった野生動物に対する犯罪の解決に手を貸し、一度も会ったことのない住民たちや1頭のオオカミのために奔走した。しかも、そこにはリスクさえあった。

2010年2月、ローマンとピーコックの間でこんなやりとりがあった。「職場でピーコックと話しているとき、ロミオの殺害者の特定につながる情報に1500ドルの懸賞金が出されていることについての話題になった。それで僕が冗談半分に、『もっとたっぷりもらえるんなら、僕が君を突き出してやるのに』と言うと、ピーコックは僕をにらみつけてこう言ったんだ。『そんなことしたら、おまえを撃ってやる』って」。その脅しに屈することなく、ローマンはピーコックのその言葉を記録し、悪事の証拠のひとつに加えた。

一方のハリーは２００９年から翌年にかけての冬の間もずっと、粘り強く事件を追っていた。そしてローマンから寄せられた情報と公的な記録、さらにはアラスカ州と連邦の法律を突き合わせ、マイヤーズとピーコックを告発できるような事案を集めていった。そこにはロミオの件だけでなく、２００６年にピーコックが氷河グマとして知られる、ブルーグレーのめずらしい毛色のクロクマを殺したことも含まれていた。そのときも彼は、「ジュノーのスピリットベア」を殺したと自慢していた。スピリットベアは劣勢遺伝により生まれた白い毛色のクロクマで、「伝説のクマ」とも言われることから、そのネーミングは自分の戦果を大きく見せるために彼が自らひねり出したものであろう。実際のところは、そのクマは推定2歳の子グマで、毛皮があまりに小さかったために、彼の同僚たちからは嘲笑されていたのだった（僕の友人の1人は、そのクマの大きさからスーツケースベアと呼んでいた。背中にハンドルをつければ、持ち上げて歩けるくらいの大きさだったからだ）。

起訴事由として加えられそうなものには、それ以外にも、狩猟禁止区域での数々の野生動物の狩猟（前述した２００９年の大きなクロクマを含む）、州境を越えての拳銃の郵送、数多くの嘘の証言、さらには何年にもわたって無免許で狩猟と釣りを行っていたことなどがあった。

そうして自ら集めた証拠を、ハリーはジョエル・ベネットや地元の弁護士であるジャン・ヴァン・ドートからの助言も踏まえ、州ではなく連邦に持ち込むことにする。連邦レベルのほうがはるかに重い罪に問えるからだ。とくに、レイシー法（違法な狩猟で得た動物の部位を、州をまたいで輸送することを処罰対象とする）に違反したとなると罪は重い。連邦魚類野生生物局の特別捜査官サム・フリバーグは、ハリーの書類の徹底ぶりとその量に驚いた。その証拠の山は、2人の常習密猟者の動きを事細かに書き込んだ日誌とも言えるものだった。さらにはローマンからの情報で、ピーコックが春にまたアラスカに狩りにやってくることがわかった。こうしてついに、ピーコックとマイヤーズ2人の逮捕に向け、事態が動き始めた。

予定どおり5月初旬にアラスカに到着したピーコックは、自分とマイヤーズが尾行されていることにまったく気づいていなかった。そのころにはすでに2人は連邦魚類野生生物局、連邦森林局、州警察ワイルドライフ・トルーパーズによる共同捜査のターゲットになっていた（こうした共同捜査は、それぞれの管轄領域が重複するアラスカ州では一般的だった）。フリバーグと同じく魚類野生生物局の特別捜査官であるクリス・ハンセンは、マイヤーズがピーコックの到着前にアウト・ザ・ロードにつくっておいたベイト・ステーション（クマをおびき寄せるために食べ物を置いておく場所で、近くに人間の隠れ場所をつくる）の張り込みをした。

規制について調べ上げているはずのマイヤーズが、ジュノー一帯ではその設置が認められていないことを知らなかったはずはない。だが、そんなことはおかまいなく、彼とピーコックはパンと焼いたはちみつをそこに補給していた。フリバーグとハンセンはその場所を監視し、密猟者が出入りする様子をビデオに撮った。そして5月14日の夕方、1発の銃声を聞く。するとほどなくして、マイヤーズとピーコックが現れた。2人は1頭のスーツケースベアを運んできて、マイヤーズのトラックの荷台に乗せた。フリバーグたちはもちろん、その一部始終も撮影した。がりがりにやせたクマは2歳か、もしかしたらまだ1歳だったかもしれない。

　雑用に追われていた僕は5月20日の午後、たまたま車でマイヤーズが勤めるアラスカン・ブリューイングの前を通りかかった。捜査車両のSUVが停まっているのを見て、すぐに逮捕劇が始まるのだとわかった。僕を含め、事情を知る一部の人間にとっては待ち焦がれていた瞬間だ。建物の中で、マイヤーズがワイルドライフ・トルーパーズのアーロン・フレンゼルと、連邦魚類野生生物局の特別捜査官スタン・プルゼンスキの尋問を受けていた。

　同時に、マイヤーズと剝製師のクラッセンの自宅に対する捜査令状も出され、トルーパーズと連邦の捜査官は大きな黒いオオカミの毛皮と頭蓋骨、クロクマの毛皮、ピーコックの携帯電話などを押収した。さらに彼らは、マイヤーズの家のガレージでマリファナが栽培されているのも見つけた。トルーパーズの報告書には、栽培されていたおよそ27本の上質の植物は、末端価格で数万ドルになるだろうと記載されている。さらにマイヤーズは、配送途中の郵便局員が以前盗まれたという30-30カービン銃を所持していたこともわかった。それだけでも連邦の重犯罪に問われる可能性がある。

　一方のピーコックはまた1頭、征服した獲物の記録を携帯電話に加えて揚々と帰途についたが、ペンシルバニアに到着後間もなく、魚類野生生物局の捜査官が家宅捜索に入り、職場のパソコンも押収された。彼は虚偽の供述、禁猟区での狩猟、許可を得ずにクマを餌でおびき寄せたことに加え、3件の獲物の不法所持で起訴された。

　これらの容疑のそれぞれが、最高1万ドルの罰金と300日の禁固刑に相当する。マイヤーズはそれが5件、ピーコックは6件あった。ただし、これはアラスカ州法が適用される分だけだ。それだけでも犯罪者の気力をくじくには十分だろうが、これに連邦の捜査によってさらに起訴事由が積み上げられる。しかし法廷に召喚されたマイヤーズとピーコックは、被告側弁護人のデイヴィッド・マレットのアドバイスのもと予想どおり無罪を主張し、ピーコックは1万ドルの保釈金で州外に出ることを許された。それでも、2人が複数の違法行為によって高額の罰金の支払いと禁固刑を免れることはないだろうと思われた。

2人の逮捕と罪状認否は『ジュノー・エンパイア』紙や地元ラジオで伝えられ、この事件は一般市民の知るところとなった。ジュノーの住民たちは何カ月も前からロミオの運命を予想してはいたが、春が来るころにはほとんどの人がため息とともに自分たちの生活に戻り、本当のところを知ることはないだろうと思っていた。ましてや、ロミオの殺害者の1人の顔を新聞の朝刊で目にすることになるとは思ってもいなかった。それは、だぶだぶのセーターを着て、うつろな顔にメタルフレームの眼鏡をかけ、冴えない髪型をした平凡な男だった。僕も、その男のことを知っていた。実はマイヤーズは、3年前の感謝祭のクラフトフェアで息子たちと一緒に僕の写真ブースにやってきて、自分たちが皮をはいだオオカミがロミオに似ていないか、と聞えよがしに話していた男だったのだ。

一部の住民の間で感情的な行動が起こるのも無理はなかった。マイヤーズの自宅前まで車で行って石を投げつける、屋根に電飾を取りつけたけばけばしいオレンジ色の彼のジープのタイヤを切り裂く、公の場でののしる、といったことだ。僕はと言えば、ロミオと関係の深い他のジュノー住民と同様に、彼を完全に無視し、外で彼を見かけても、そこにいないものとして扱った。

一方で、マイヤーズとピーコックのことを、ごく普通の屈強なスポーツマンで、自然保護主義者たちから不当な虐待を受けていると思っていた仲間たちからは、こんな声も聞こえた。「忌々しいオオカミや役立たずのクマの1頭や2頭、ちょっとばかりルールを曲げて殺したからって、それが何だっていうんだ?」しかし、ときどきそういった悪態をつく『ジュノー・エンパイア』紙やネット上への投稿があったことを別にすれば、自制心からか慎みからか、全体的に不気味なほどの静けさが保たれていた。おそらくみな、あまりのショックで麻痺状態に陥っていたのだと思う。それでも、僕たちは法を守る市民で、必ずや法が正義の審判を下してくれると信じていた——たとえ完璧なものではなくても、僕たちが認められる程度の正義を。

しかし、その行方を見守っていたほとんどの人が、ガードナー地方検事が裁判所に提出した宣誓供述書やその他の法廷記録に2つの不備があるのを見逃していた。それは、彼の宣誓供述書にマイヤーズに前科がないと記載されていたことと（連邦魚類野生生物局が証拠を州と共有したときに、彼はマイヤーズの前科についての記録を見せられていたにもかかわらずだ）、どの記録にもマイヤーズのマリファナ栽培に関する言及がなかったことだ。そのため、マイヤーズがペンシルバニアにいたころのベビーシッターへのみだらな行為やマリファナ栽培については、ほとんどの市民の知るところとはならなかった。

そのことを知っていた一部の人たちは、どちらの罪も見えない手によって闇に葬られたように感じた。僕たちはその後、マイヤーズが裁判所と司法取引をしたことを知った。情報を提供することで、マリファナ栽培についての起訴を取り下げてもらったのだ。きっと、別の取引も存在していたはずだ。なぜなら、捜査過程のどこかで、郵送途中に盗まれた30-30カービン銃を所持していたことも抜け落ちてしまったからだ。

その間、死んだオオカミの正体——ほとんどのジュノー住民にとっては、それこそがこの事件の核心だった——については、一般市民には不確かなままだった。彼らはローマンの宣誓供述書を読む機会もなければ、ハリーやジョエルや僕ら何人かが数カ月前に知った事件の詳細について知らされることもなかった。「オオカミはロミオだったのか?」という5月26日付の『ジュノー・エンパイア』紙の見出しは、多くの人が持つ疑問を代弁していた。それを突き止める有力な物証、つまり黒いオオカミの毛皮は、ピーコック名義のタグをつけて規則どおりに漁業狩猟局の検査を受けていたが、同局の記録と照合すると、そのタグ番号の毛皮は黒ではなく灰色とされていた。この食い違いは、一部の住民の間にすぐに疑念を生じさせた。漁業狩猟局、あるいは警察までが隠ぺいに関わっているのではないのか、と。

今でも、漁業狩猟局で毛皮の検査とタグの記録を担当していたクリス・フラリーは不思議に思っている。彼は当時、黒いオオカミの毛皮を調べた記憶はまったくなかったのだ。だがフラリーは、のちに同局の特別捜査官であるフリバーグとトルーパーズのフレンゼルからこの件について厳しく追及されている。それは、法執行当局が隠ぺいに加担したのではという疑いを晴らすためだったように思われる。フラリーはもう引退しているが、いまだにこの一件について当惑している。

僕自身もフラリーに質問したことがあるが、彼の話の内容は十分に信頼できるものだった。問題のタグは、漁業狩猟局に申請する際にはどこで狩ったものかわからない灰色のオオカミの毛皮につけられていて、申請後にロミオの毛皮に移し替えられた可能性は大いにある。規制について細かく知っている密猟者なら、いかにも使いそうな手である。

しかしマイヤーズは、罪状認否後に受けた『ジュノー・エンパイア』紙のインタビューが足枷となって、足場が揺らぎ始めていた。そこで彼は、きっぱりと黒いオオカミを撃ったことを否定した。「あれがロミオだなんて言う奴は頭がどうかしている……俺にだって灰色と黒いオオカミの区別くらいつく。30キロのオオカミと60キロのオオカミの区別も」。だが前述のように、そのほんの数日前に、マイヤーズは宣誓したうえでガードナー地方検事に、自分が殺したオオカミがロミオかもしれないと気づいて「パニックになった」と言っているのだ。要するに、問題のオオカミが大きな黒いオオカミだったことは百も承知していたはずなのに、そんなことはおかまいなしだった。それに、ピーコックの携帯電話で撮られたオオカミの写真の何枚かにも「ロミオ」というタイトルがつけられているし、タグ付きの黒いオオカミの毛皮も見つかっている。

また、法廷に提出されたどの書類にも、先の漁業狩猟局の記録を除くどの文書にも、マイヤーズかピーコックが灰色のオオカミを撃ったことを示す記録はまったくなく、その言い訳を裏づけるような毛皮もどこにもなかった。そして、マイヤーズが口にした「60キロのオオカミ」という数字はどこから来たのか？　マイヤーズは自分が知っているはずのない詳細をうっかり口にするという、うそつきが陥りやすいミスを犯したようだ。このように、すべてが何らかのごまかしが行われたことを示していた。実際に裁判が始まるのはまだ何カ月も先だったが、矛盾、疑い、欠落はどんどんと積み重なっていた。

だが、いくら彼がうそを重ねても、そこには法律の壁があった。州の立場からすると、オオカミはオオカミであり、特定のオオカミを殺したことに対する法律や罰則は存在しない。そのオオカミがどれほど有名でも、大切にされていたとしてもだ。何人かの市民はロミオの毛の束を記念に持っていたので、それと押収された黒い毛皮のDNAが一致するかどうかを調べることもできたはずだ。あるいは、ハリーやジョン・ハイド、僕を含む何人かはロミオのことをよく知っていたから、特定の傷や模様から、その毛皮がロミオのものかどうかを判断することもできただろう。しかし、たとえ州が毛皮をロミオのものと特定するための手段を持っていたとしても、彼らにはそうする法的理由はなく、そうしようと思う動機もなかった。特定すると問題がややこしくなるだけだとわかっていたからだ。

法執行当局にとって最も困るのは、適応可能な罰則が市民感情から乖離《かいり》し、市民から非難の声が上がることだった。たとえば、マイヤーズがアラスカの財産とも言えるオオカミを違法に殺害した罪で有罪になったとして、その直接の損害補償のために彼が支払う額は500ドル、クロクマなら1頭につき600ドルだ。さらに、2人の罰金の総額は最終的にかなり高額になる可能性はあるものの、彼らが今のところ訴えられている違法行為はすべて軽犯罪だった。

それでも、これはスタートとしては悪くなかった。実際、僕たちは互いにそう言い合った。積み上げられた彼らの数々の罪に、間もなく連邦政府がさらに厳しい告発を加えることになると思っていたからだ。しかし数週間が過ぎても、第二の起訴の波がやってくることはなかった。そして結局、閉じられたドアの向こうで、この件の追及は州レベルだけにとどめるという決定がなされた。のちに聞いたところによれば、州のほうが強い法的権限を持っているから、という理由だった。レイシー法違反と銃砲所持に関する違反で、ピーコックとマイヤーズをそれぞれ重犯罪として起訴できたことを考えれば、その理由付けはとても信じることなどできない。州と連邦は互いを補い合うものであり、両者が起訴することは間違いなく可能だったはずだ。もちろん、起訴するかどうかを決めるのは個々の捜査官ではない。何年も後に、連邦魚類野生生物局のフリバーグ捜査官は僕に、その決定には彼自身も失望したと胸の内を明かした。この事件の追及は州にとっても連邦にとっても大きな負担となるだけで、捕まえるべきもっと重大な犯罪者がいる。結局、これはオオカミと2頭のクマをめぐる犯罪にすぎず、しかもその命が軽く扱われる州で起こった些細な密猟事件にすぎなかったのだ。

第 14 章

夢の重さ

2010
November

上：ジェフ・ピーコックとスーツケースベア
右：出廷したパーク・マイヤーズ

春が夏に変わり、やがて秋が訪れた。パーク・マイヤーズとジェフ・ピーコックの裁判は被告側弁護人デイヴィッド・マレットの求めにより、二度延期された。時間を引き延ばして市民の関心が薄れるのを待とうという、打算的だが賢い戦略だ。どのみち、オオカミが消えてからすでに1年がたっていた。しかも裁判日程をめぐる対立が、さらなる延期につながった。しかし裁判が遅れても、地元の正義は小さな形ではあったが自らの役割を果たした。聞くところによると、マイヤーズはバーの外で小突き回されたり、スーパーで見知らぬ男性から脅されたりしたらしい（後者はショッピングモールの警備員が呼ばれる騒ぎになった）。

さらに僕は、マイヤーズが逮捕されてから数カ月後、ある女性からこんなエピソードを聞いた。空港の近くで彼女の車がパンクしたときのこと。彼女が困っていると、1人の男性が車を停めて手を貸してくれたのだが、彼はジャッキを使いながら、こう聞いてきたというのだ。「ロミオを殺した男に助けてもらうのはどんな気分だい？」そのとき、彼女は男が『ジュノー・エンパイア』紙に写真が載っていた人物だと気づき、驚いてその助けを断ったそうだ。

結局、マイヤーズはアラスカン・ブリューイングでの職を失い、妻のパメラも動物病院で働けなくなった。その後、一家は、彼が知り合いにせびったり片手間仕事をしたりして、妻がスーパーのレジ係をして何とか糊口をしのいだ。そんななか、何人かの近隣住民が援助を（食べ物から仕事まで）申し出たが、マイヤーズはそれにつけこんで、とことん同情を引くという作戦に出た。彼は涙を誘うような話をするのがうまく、自分がどのようにはめられたかを説明し、いかに迫害に苦しんでいるかを訴え、銀行による自宅の差し押さえが明日にでも迫っているかのように話したりした。そのくせ別の場所では、銀行をだまして家賃を払わずに生活していると自慢していたらしい。「彼にはすっかりだまされた」と、隣人のジョン・ステットソンは僕に語った。

逮捕から5カ月以上、ロミオの死から1年以上たって、ようやくマイヤーズの判決の時がやってきた。２０１０年11月初旬のよく晴れた日の朝、40人ほどの傍聴人と、10人ほどの関係者がジュノーの地方裁判所の法廷を訪れた。週半ばの平日午前9時開廷の軽犯罪の裁判では、それまでにない注目度だ。僕はハリー・ロビンソンやジョエル・ベネット、ヴィック・ウォーカー、そしてシェリーらとひとかたまりになって座った。周りにも、ロミオもよく覚えていたに違いない顔が数多く見られた。法廷の後方には、騒動が起きた場合に備えてか、2人の州警察官が立っていた。しかし傍聴席はひっそりと静まり返り、全員が行儀よく座っていた。みな、法廷という慣れない環境と重要な瞬間を前に緊張していたのだ。

マイヤーズの取り巻きたち――パメラ、息子の1人、明らかにマイヤーズを男として尊敬している10代の不良少年たち――は前列右側に陣取っていたが、完全に周囲から孤立していた。マイヤーズの弁護人であるマレットは、ワシントン州からスピーカーホン越しに裁判に参加した。「アラスカ州対パーク・マイヤーズ3世」を担当する裁判官は地方裁判所判事のキース・レヴィで、どこから見ても公正で、コミュニティにもよく配慮している人物だった。この朝、彼はまるで現代のポンティオ・ピラト［訳注：イエスの処刑を承認したローマ帝国のユダヤ総督］のように深刻そうな表情を見せていたが、それも当然だった。

これは通常の裁判ではなかった。つまり、リアルタイムでドラマが繰り広げられる場ではなかったのだ。通常の裁判では、双方の代理人が証拠と目撃者をめぐって主張を戦わせ、判事が法と手続きに基づいてそれぞれの主張を裁定し、被告が有罪か無罪かは陪審員の評決に委ねられ、最後に判決が言い渡される。しかし、この裁判では、そうした事細かな事実がさらけ出され、カタルシスにつながるような舞台劇は最初から予定されていなかった。マレット弁護士は、住民の感情を刺激しやすいこの裁判で、自分のクライアントを衆目にさらした状態で、あれこれ細かい事実を持ち出すほど愚かではなかった。

意図的にぐずぐずと日程を引き延ばしながら振り付けを進めてきたマレット弁護士がこの舞台で用意していたステップは、罪状認否の修正だった。これは最初から計画のうちで、初めに無罪を主張することで、マレットはマイヤーズが法的な抜け道を利用できる可能性を広げた。そして勝ち目のなかったこの訴訟で、彼は形勢を逆転させる交渉の糸口を見出した——罪状認否を修正して罪を認めれば、寛大な措置を受けられる可能性が最大限に高まる。この計算ずくの懺悔《ざんげ》の直後に、正当で公平な判決を下す仕事が裁判長ひとりに委ねられる。レヴィ判事は、自分がどんな立場に置かれているのかをよくわかっていたに違いない。

検察側の論告は短かった。罪状認否が修正されたことと、そもそも公訴事実が野生動物に関することに絞られていたことで、細かい部分の意見陳述はほとんど意味をなさなくなっていた。しかも、ガードナー地方検事が召喚した証人はたった1人だった。ワイルドライフ・トルーパーズのアーロン・フレンゼルだ。彼は検事からの間延びした質問をうまくさばき、証拠として提出した短いスライドショーに説明を加えた。その中にはピーコックの携帯電話の写真も含まれていた。しかし、この事件に詳しい人たちにとって、検察側が語る事件の経緯は意見陳述というより、型にはまった大げさな芝居のようにしか見えなかった。結局、2人の犯罪を暴き、起訴を可能にする膨大な証拠まで集めたハリーもマイケル・ローマンも、証言台に立つことはなかった（ローマンなどは、証言できるならフライト代を自腹で払ってでも大陸の反対側から飛んでくる、と申し出ていたにもかかわらずだ）。そのため、彼らの功績については人々の知るところとはならなかった。

最終的にガードナーは、高額の罰金と禁固の求刑で論告を締めくくった。それに対し、マレット弁護士からの最終弁論はないに等しかった。マレットは公判が早く終わることだけを望んでいた。早ければ早いほうがいい。検察側からの異議が出なかったので、結局マレットは、問題のオオカミが30キロで灰色だったというマイヤーズのうそを繰り返し、自分の依頼人には前科がないと主張し、最後にそうした小さな違法行為は禁固刑には値しないと訴えて弁論を終えた。

枝葉を落として法的な本質部分だけを残すなら、レヴィ判事の前に提示された事例は次のようにまとめられる。野生動物に対して同じ違法行為を何度も繰り返した被告には、アラスカでの逮捕記録はなく、彼は犯した罪を悔いてもいる――たったそれだけだ。一方で法的手続きについての知識を持たない大部分の傍聴人は、判事にはマイヤーズのそれぞれの罪に対して最大限重い判決を下す権限があるか、あるいは少なくとも地方検事が求めたように、何年かの禁固刑を言い渡す権限があるのだろうと思っていた。

しかしレヴィ判事は、アラスカ州の正義の裁定者として、一連の判例に従う必要がある。そして、アラスカの野生動物の価値についてどれだけ称賛の言葉が贈られようと、州法とその適用事例は別のストーリーを物語っていた。過去の判例では、アラスカでの野生動物に関する違法行為に関して、初犯で実刑判決を受けた者は1人もいない。複数の罪のそれぞれに罰金の最高額が科された例もめったにない。したがって、たとえレヴィ判事が判例という境界線を越えた判決を下したとしても、控訴で覆されるのは間違いない。つまり、僕たちに代わって正義の裁定を行う判事には、マイヤーズに対し、その手をぴしゃりとたたく程度で、自由の身になって去っていくことを認めるほかに選択肢はなかったのだ。判事は、判決の前文としてそのことを説明した。

僕たちの何人かは裁判がどんな結末を迎えるかを早くから見通していたが、それでもレヴィ判事が言葉を詰まらせながら判決を言い渡し、誰ともほとんど視線を合わせないまま、多くの罪についての刑期と罰金、その執行または執行猶予の別を述べていくのを、重苦しい気持ちで黙って聞いていた。

最終的に、ロミオを殺したこの犯人は合わせて330日の懲役を言い渡されたが、そのすべてに執行猶予がつき、罰金についても最高1万2500ドルのところが5000ドルになった。それにクマとオオカミ各1頭に対する賠償金と裁判費用が加わったが、それでもマイヤーズが支払いを命じられた総額は6250ドルにすぎなかった。そのほかに言い渡されたのは、100時間の社会奉仕と、3丁の銃の没収（そのうちの1丁は実際にはピーコックの460S&Wマグナムだった）、それに2年間のアラスカでの狩猟特権の剝奪（それまでも法的制約は意味をなしていなかったが）などだった。僕たちのなぐさめは、2年の執行猶予期間に保護観察が付されたことだった。その間に彼が遵守事項に違反すれば、猶予された罰金や刑があらためて適用されるからだ。しかしそのとき僕たちが、もしマイヤーズが最終的に支払う罰金を知っていたら、そのささやかななぐさめすらも消えていただろう。

判決の内容と、マイヤーズがその型どおりの謝罪を「みな、先へ進むべきだ」という言葉で締めくくったことのほかに、もうひとつ失望したことがあった。レヴィ判事が、ジュノー住民に代わって公の場で厳しく叱責《しっせき》することで法的な制約の埋め合わせを少しでもできれば……と考えていたとしても、市民感情への配慮という点では、それがまったく不十分だったことだ。以下が、裁判記録からそのまま抜き出した彼の言葉だ。「私は、この裁判のもうひとつの大きな目標は、コミュニティからの非難を表明することだと考えています。あなたたちは、自分が何をしているかをわかっていました。そして、法をないがしろにする多くの行動をとった。その行動は、他者に対しても正しいとは言えないものでした。あなたがたの行動は、間違いなく環境保護努力に悪影響を与えたのです」

法廷内のあちこちで、傍聴人たちは無言で視線を交わした。懐疑的な目もあれば、怒りに満ちているような目もあった。僕たちは、市民がどれほど軽んじられているかをはっきりと思い知らされた。法を遵守して州の財産であるオオカミを温かく見守ってきた市民は取るに足らない存在で、法的手続きに何の影響力も発言力も持たない傍観者なのだ。僕たちには、マイクの前に立つ機会も、ロミオの殺害者に詰め寄る機会も与えられなかった。傍聴席のほとんど全員が、もしその機会が与えられていたら喜んで立ち上がっていただろう。マイヤーズが自由の身になり、扉のすぐそばに立っていた僕の横を通り過ぎたとき、僕は彼を通すためにわざわざ肩を引かざるをえなかった。

判決後、息苦しくなるような重い沈黙が法廷を覆っていた。「アラスカ州対パーク・マイヤーズ3世」の裁判においては、たしかに法の言葉が適用された。では、果たして正義はどうだろうか？　そこに正義などなかったことと、これからもないであろうことは子どもにだってわかったはずだ。僕たちは枯れた花を蘇らせてくれる機械を信じていたようなものだった。

とはいえ、その失敗を許したのはほかならぬ自分たちだった。車で自宅に戻る途中、シェリーはまっすぐ前を見つめ、あごを震わせていた。「私たち、いったい何をしていたの？」彼女はそうつぶやいた。「みんな、どうしちゃったの？　何も言わずにあそこに座っているだけだなんて。みんなで立ち上がって叫ぶことだってできたはずよ。『ろくでなし！　このオオカミ殺しって！』それだけが私たちに与えられたチャンスだったのに。何か言ったり、何か意味のあることをしたりする唯一のチャンスだったのよ。それなのに、座ったまま何もしなかった。みんな、ただあそこに座っているだけだった……」

そんな騒ぎを起こしていたら、裁判所はどうしていただろう？　僕たちみんなを逮捕し、留置所に放り込んだだろうか？　しかしどんな罰を受けようと、そうするだけの価値はあったのではないかと今さらながらに思う。きっと、僕たちがいつまでも忘れずにいる瞬間や、自分が何者かを僕たちが思い出すためのストーリーをつくることができていただろう。それなのに、僕たちは沈黙を課されたみたいに、ただ座っているだけだった。

それでも裁判でひとつだけ、僕たちのやりきれない気持ちを静めてくれる出来事があった。ガードナー地方検事がロミオを見守ってきた人たちのために、心憎い演出を用意していたのだ。検察側は、レヴィ判事の判決の読み上げが終わりに近づいたタイミングで最後の証拠を提示した。フレンゼル捜査官が黒いビニール袋の中身を広げ、それをイーゼルの上にかける。すると、法廷中がハッと息を呑んだ。あごのあたりの灰色の模様、あちこちにある小さな傷跡、前足の後ろの灰色の斑点は間違いようがない。それは、今回の裁判の行方に直接の影響を与えることはなかったが、僕たちにとってはすべてと言っていいものだった。僕たちがロミオと呼んでいたオオカミの、もう命のない抜け殻になってしまった毛皮だ。

裁判官の小槌が振り下ろされると、なめし皮は法廷のロビーに移された。警察官が見守るなか、僕たちはそこに集まり、順番にロミオの近くへ行った。背中の毛をなで、見えない目をのぞき込み、「さよなら」とつぶやく。ロミオが逝ってしまったことはわかっていたが、僕たちはそこであらためて永遠に癒えることのない痛みを感じた。

もう1人の殺害者であるジェフ・ピーコックに与えられる法的な罰は、さらに大きな不満が残るものになりそうだった。レヴィ判事は当初、ピーコックがジュノーに戻り、自ら裁きを受けることになるだろうと話していたが、結局は健康上の理由で、ペンシルバニアから電話を通して尋問に応じることになった。だが、僕も含め裁判の行方を見守っていた誰もが、その理由には疑いのまなざしを向けていた。一方で、ほとんどのジュノー住民は翌日の新聞を読むまで、この裁判が開かれたことすら知らなかった。というのも、この裁判はあまり話題にのぼることもなく、裁判予定表の欄にひっそりと記載されていただけだったからだ。

2011年1月初旬、マイヤーズと同じように罪状認否を修正して裁判に臨んだピーコックは、やはり執行猶予付きの判決（18カ月の懲役）を受け、罰金と賠償金も合わせて2600ドルの支払いを命じられただけですんだ。そのほかには、3年の執行猶予期間中の保護観察処分とアラスカでの狩猟と釣りの権利の剝奪を言い渡されたのと、レヴィ判事の穏やかな訓戒を受けたくらいだった。それが州にできる最大限のことだった。オオカミも、死んだクマも、僕たちも、報われることはなかった。単に、州法の定める条件のもと、州のための正義が行使されただけだ。法制度は果たすべき役割を果たした。僕たちのことは、僕たちでどうにかしなければならないということだ。

もちろん、僕たちは悲しんだ。当時も今も。何年もロミオと一緒に歩いてきたトレイルに入ると、いっそう胸が痛くなる。つい、揺らめく影の中になじみの姿が見えないかと目を凝らし、風に乗って遠吠えが聞こえてこないかと耳を澄ます。僕たちが見守ってきたものがきれいさっぱり消えてしまったことを悲しみ、1人ひとりが行えたかもしれない行動、あるいは行うべきではなかった行動について悔やんだ——そのときには気づくこともないままやり過ごしてしまった小さな選択を。鳴り響く電話に出たきり外に出ていかなかったこと、その日にどのトレイルを進むかを気軽に決めたこと。それに、コーヒーを飲みにどこかに立ち寄ったことも？　いったい誰のどんな行為が無数の出来事の連続で構成されている流れを変えることができたのだろう？　どうすればロミオはもっと走り続けることができたのだろう？　それは誰にもわからない。

僕自身について言うなら、もしこの1頭のオオカミを助けることが、過去に奪ってしまったたくさんの命に対する小さな贖罪になるのだと思っていたとしたら、僕は間違いなく失敗した。ハリーは、おそらく誰よりも、自分にできていたかもしれないことの亡霊に悩まされていただろう。彼の自責の念は、単純で絶対的なものだ。「僕が友だちを殺した」と、彼は静かに言った。「彼が僕を必要としているとき、僕はそこにいなかった」

だが、誰かのちょっとした行為がオオカミを救っていたかもしれない、と信じるのは愚かな過ちだろう。シェイクスピア劇の同じ名前の主人公のように、ロミオの死は天が彼に与えたもので、彼や僕たちを超越した力によって定められたのだ。結局、ハリーも含めロミオを愛した人たちはみな、気まぐれな運命の女神に翻弄された道化にすぎなかった。

ロミオを知ることもなく理解もしなかった人、そしてこの先も理解するつもりがない人たちは、首を振り、傲慢《ごうまん》な態度で嘲った。「たかがオオカミ1頭じゃないか」と。まるでロミオが錆びついたおんぼろトラックか、腐りかけた材木の山ででもあるかのように。そして追い打ちをかけるように、こう付け加える。「さっさと忘れることだ」。彼らから『ジュノー・エンパイア』紙へ寄せられた悪意に満ちた投書の1通は、「毛皮をはがれたロミオの最後は資源活用の完璧な例だ」と指摘していた。

公式見解——僕たちがニュースの断片で耳にすることや、当局から直接伝えられる内容——も、非常に辛辣なものだった。人間がオオカミを愛したあまりに死に追いやった、よく考えもせずに彼をおびき寄せた、その利己的な行動を考えれば完全に予想された結末だった、というものだ。この事件には4つの機関の捜査官が関与した。2つは州で、もう2つは連邦機関の捜査官だ。彼らはこうした見解を信じるだけでなく、それこそが真実だと言った。彼らにとってはほとんどいつも、自分たちが知るストーリーが正しいストーリーなのだ。

そう聞くと、ロミオの話は一見、野生動物が人間に慣れすぎたことが不幸な結果を招いた警告の物語に思えるかもしれない。だが、事実は物語とは必ずしも一致しない。ロミオは時間をかけて人間が慣れさせたのではなく、自らやってきたのだ。最初のころは飼い犬とじゃれ合い、おもちゃを奪って遊んでいた。それは餌づけの産物のようには見えなかった。そうした負の徴候はまったく見られなかったのだ。そして、彼を追い払うことはできなかった。そうしようとしても、戻ってきた。結局のところ彼は、鋭い感覚と知性を持つオオカミとして僕たちの近くで生きることを選び、人間や犬たちと交流することを望んだのだ。それは彼自身の社会性によるだけでなく、僕たち人間のルールを次第に理解することを通しての選択だった。

マイヤーズとピーコックは「有名なオオカミ」を殺すことで大きな満足を得たかもしれないが、彼らは別の動物だったとしても同じように撃ち殺していただろう。ほかのハンターたちなら撃つことをためらうような、まだ幼いクマを撃ったように。たしかにロミオは、有名になったことで自らの死を呼び込んでしまった。しかしそれ以上に、驚くほど長い時間、有名であることが彼を守ることにつながったのも事実だ。それに、ロミオはどこかの民家の裏庭ではなく、自然の中でほかのオオカミと一緒にいるところを殺された。人間に慣れたことによる行動のためではなかったのだ。

そもそも「人間がオオカミを愛したあまりに死に追いやった」と批判する側（州）の見解には、矛盾がある。州は、「ロミオの死は人間に慣れすぎたせいだ」と主張しながら、「ロミオが民家の裏庭ではなく、ほかのオオカミと一緒にいるところを殺された」という証拠を受け入れているのだ。しかし、ロミオがどこで、どのように死んだかにかかわらず、ひとつだけ揺るぎない事実がある。彼は人間の愛のせいで殺されたのではなく、強い悪意によって殺されたということだ。

では、ロミオは僕たちの近くにいてどれくらい安全だったのだろう？　それほど安全とは言えなかった、というのが正解だろう。この何年間、僕は問われれば、いつもそう答えたと思う。しかし振り返って考えれば、ロミオはデナリ国立公園の平均的な野生のオオカミの寿命――平均3年――の3倍近くも生きたのだ。ジュノー市と黒オオカミは、この地球上では対立関係にある異なる種の共存と相互安全という面で前例のない基準をつくった。彼が生き残れたのは、少数の人間の行動のためではなく、多くの人々が見せた寛大さと、州と連邦機関の自制のおかげだった。もちろん、オオカミ自身の行動が功を奏したことは言うまでもない。もしゆがんだ欲望を持つ2人のはみだし者がいなければ、彼は今もまだそこにいて、ビッグロックのそばで群れをつくれそうな仲間たちが現れるのを待っていたに違いない。

僕はよく、数年前のあの春の日を思い出す。まるでそれが最後になるかのように、ロミオが雪の中で丸くなっていた姿を――。静まり返った深夜、横で眠るシェリーと犬たちの寝息を聞きながら、僕はひとり、その光景を思い出し、胸が苦しくなる。そして誰も起こさないように、静かに涙を流す。自分のために泣くのでも、オオカミのために泣くのでもない。僕たちすべてのために、ますます空虚になる世界に漂流する僕たちすべてのために泣くのだ。これほどの悲しみから、どうやって希望を見出せばいいのだろう？

だが、この物語にはもうひとつの側面がある。それは、ぼんやりした光を発しては消え、また戻ってくる、暗い空を横切るオーロラの光のようだ。ロミオという奇跡、そして僕たちが彼と一緒に過ごした年月を、誰も奪うことはできない。憎しみではなく愛こそが、僕たちが背負う重荷なのだ。しかし、だからといって、その荷が軽くなるわけではない。

僕たちと一緒に過ごしている間に、ロミオは彼を見ようとやってきた何千という人々に驚きを与え、風景を生命力であふれさせた。多くの人に、オオカミという種と僕たちが暮らす世界をもっと新鮮な目で見ることを教えた。知らず知らず、あるいは気にもせずに、ただそこに自然体として存在するだけで、人々を近くに引き寄せた。友人と家族だけでなく、彼がいなければ一度も会うことのなかったであろう人たちをひとつの場所に集めた。

人々は、ここに2人、あそこに6人といった具合に、続々とグループでやってきては、湖の上という舞台に繰り出した。彼らはスキーのストックにもたれながら、あるいはおしゃべりをしながら、オオカミが犬たちと遊び、氷の上を小走りで横切り、湖の端のお気に入りの場所に寝そべる様子を観察していた。僕自身も何度となく、そうしたおしゃべりに参加した。会話は最初はロミオのことが中心だったが、やがて小さなことから大きな問題まで——誰かの結婚話から、キングサーモンがよく釣れる場所、そして地元の政治に関することまで——さまざまな話題へと広がり、1人ひとりのコミュニティ意識を深めていった。

ロミオのおかげで、こうして僕も含めて、あらゆる背景を持つ人たちが出会い、お互いをよく知るようになった。そして人々が親しくなり、顔なじみになることで、オオカミの存在と他人の存在を許容する空気もつくり出された。つまりロミオは、僕たちの生活に共通の背景を与え、コミュニティの人々の距離を縮めたのだ。その結果、意見が異なる人とさえ、たとえばオオカミにどう対処するかについて意見を戦わせている相手とさえ、直接考えや言葉を交換するチャンスが生まれた。個人的にも集団としても、お互いにどんな人間であるかを知る機会になり、相手が何を信じているかも理解できるようになった。こうして、オオカミはジュノーという町のストーリーに溶け込み、僕たちの一部になったのだ。

マイヤーズの裁判から2週間後の２０１０年11月末、痛みは冬の冷気のようにまだ鋭く胸を刺していたが、１００人以上がロミオを思い出し、悼むために、そして心の内でさまざまな思いに浸るためにビッグロックの近くに集まった。遠くには氷河を抱くように山々がそびえ、僕たちみんながその腕に抱えられているようだった。それからの数カ月間、僕のところには友人のみならず見知らぬ人たちも次々とやってきては、その会に参加できなかったことを詫びていった。ロミオの追悼の会は、ちょうど感謝祭の直前の忙しい週末にあたったからだ。おそらくアラスカでオオカミのために行われた初めての追悼式、いや、人類の歴史上でも初めての追悼式だったと思う。それもまったく不自然なものではなく、それどころか、状況が自然とそれを求めたように思えた。この追悼式には、ありとあらゆる年齢の人とありとあらゆる職業の人――ハンターや罠猟師も含む――がやってきた。もちろん、そこには犬たちも含まれていた。僕たちは全員で一緒にそこに立ち、冷たい空気を胸いっぱいに吸い込み、透明な時間が流れるのを感じた。そうしてオオカミが僕たちと一緒にいたすべての瞬間が、澄

ロミオの記念碑：ロミオ。2003～2009年。ジュノーのフレンドリーな黒オオカミの霊は、この自然豊かな土地で生き続ける

んだ川の流れの中の石となって記憶に刻まれた。

僕はジョエルとハリーに続いて岩の上に立ち、スピーチをした。そのときの感情を思い出すことはできるが、何を話したかは覚えていない。覚えているのは、ジョエルが彫刻家のスキップ・ウォーレンに委託した重いブロンズのプレートをみんなで協力して運んで、湖の向こう端の大きな岩の上に設置したことだ。その岩は毎年やってくる数千人、数万人の観光客に見てもらえる小道にあり、おそらくそこを通りかかるオオカミたちの目にも入るだろう。記念碑にはロミオがビッグロックの上でくつろいでいる姿が描かれ、その下には僕たちが彼のことを思い出せるようにシンプルな碑文が刻まれている。何が書かれているかは、みなさん自身で読んでもらいたい。録音された彼の遠吠えが青空に響き渡ると、犬たちが一緒に歌い出し、人間の声よりもずっと完璧なコーラスを完成させた。

何年にもわたって、僕たちはこの物語を伝えるだろう。むかし、あるところに僕たちがロミオと呼んだオオカミがいた。僕たちはみんなで、彼が湖を横切り、夕暮れの中に姿を消すのを見送った。その姿を忘れることはない。

何年たっても、ロミオはまだ僕たちと一緒にいる。会話の中でよく彼の名前が挙がり、彼の写真がたくさんの家の壁を飾っている。氷河の近くには、ローン・ウルフ・ドライブやブラック・ウルフ・ウェイという名前がついた道があり、湖岸にはジョエル・ベネットが設置したベンチがある。彼の妻ルイーザが病気で亡くなる前によくそこに座り、オオカミがやってくるのを待っていたところだ。ナゲット滝に向かう途中の花崗岩の上にはロミオの記念碑があり、僕たちはときどきそこで立ち止まり、彼の思い出に浸る。そのプレートは風景に溶け込み、ジュノーの物語の一部になっている。そして、コーヒーとビールが人気のこの町には、その両方にロミオに敬意を表したブランドがある。ヘリテージ・コーヒーの「ブラック・ウルフ・ブレンド」と、アラスカン・ブリューイングのビール「ブラック・ウルフＩＰＡ（インディア・ペール・エール）」だ。

晩冬の午後の一定の時間になると、「ロミオの幽霊」と一部の人が呼ぶものを目にすることができる。オオカミの頭の形をした影が、ジュノーのダウンタウンを見下ろす山肌に差しかかるのだ。もっと氷河に近い場所では、湖の西岸とドレッジ・レイクスをよく散歩していた人の多くが、今では別の場所に向かうようになった。このあたりのトレイルを歩けば、つい、あのなじみのある足跡を探し、彼の声が風に乗って聞こえないかと耳を傾けてしまうからだ。ハリーが言うように、それはあまりに寂しすぎる。

ときどき、別のオオカミが通りかかることもある。ロミオの死の翌年には、ほぼ真っ白な雌のオオカミがモンタナ・クリークや氷河エリアで繰り返し目撃された。もしかしたら、何年か前に年配のエスキモーの女性が目にして、僕も霧の中でロミオと一緒にいるのをちらっと見かけた、あの白いオオカミと同じかもしれない。ときには1頭だけで、ときには灰色の雄のオオカミと一緒にやってきては、犬を連れたハイカーの車に近づき、あとを追っていた。しかし、その白いオオカミと遭遇した人たちは、そのオオカミはこちらを不安にさせるような、威嚇とも言える態度だったと語った。愛想のよさはなく、冷たい、謎めいた視線を向けるというのだ。結局はロミオとは違う別のオオカミなのだ。何週間かすると、その雌オオカミは一緒にいた雄オオカミとどこか別の土地に行ってしまった。

判決から数カ月もすると、パーク・マイヤーズはまた元どおりの生活に戻っていた。「ロミオの未亡人」と名づけたマリファナを売り歩き、自分は不死身なんだと吹聴して回っていた。実際、そのとおりに見えた。だが、彼は再び法に触れる罪を犯した。今回は失業給付金の詐欺で、重罪で保護観察違反にもなった。最初のときとは違って、彼は刑務所で数日過ごした。だが、裏で行われた、それ自体がひとつの物語になりそうな複雑な法的手続きの末に、州はこの件を追及することをやめ、ロミオ裁判で執行猶予になった罰金や刑期をあらためて執行することをあきらめた。そうしてマイヤーズは再び自由の身になり、その数カ月後、家族とともにペンシルバニアに戻っていった。2000ドルの保釈金を別にすれば、彼はロミオを殺したことで科された当初の罰金を1セントも払わなかったことになるし、記録に残る形で社会奉仕をすることもなかった。ジェフ・ピーコックに関しては、彼の健康問題は偽りではなく本当だったようで、狩猟を楽しむ生活は終わりを告げた。ともあれ、僕たちはこの2人についてはもう話題にすることもない。結局、彼らのことなどどうでもいいのだ。

2013年11月、この原稿を書いている僕のそばのカウチの背には、ロミオの毛皮がかけられている。手を伸ばせば、その背に沿って絹のように滑らかな外毛に指を滑らせることができる。最初にそのなめした毛皮と漂白された頭蓋骨が入った箱を開けたとき、僕はどう反応していいのかわからなかった。それでも、その存在から静かななぐさめを得ることができた。この毛皮は何日かここで預かり、その後は博物館レベルの技術を持つ剝製師のところに送ることになっている。完成したら、メンデンホール氷河ビジターセンターに展示される予定だ。岩の上でくつろいでいる様子のオオカミのまわりからは、録音された遠吠えが聞こえてくる——。この教育目的の展示のアイデアは、同センターのロン・マーヴィン所長からの依頼でハリーとジョエルと僕が中心になって話し合い、決めたものだ。

ジョエルをはじめ何人かは、毛皮や骨は処分すべきだと考えていた。たとえばマクギニス山の頂上近くで焼くのはどうだろうか、と。僕もその考えに傾いたが、展示への賛成意見のほうが多かった。シェリーは静かにこう言った。「それが私たちに残された、彼のすべてなんだもの」。僕は、ロミオの目に幻の命を吹き込んでくれる剝製師を探すことを自ら申し出た。剝製が完成するには、少なくとも1年はかかる。センターでの展示には間違いなく反対意見も上がるだろうが、支持してくれる人も多いはずだ。ロミオが僕たちとともに過ごす将来はまだ不確かだが、考えてみれば、これまでだってずっとそうだったのだ。

左からジョエル・ベネット、ハリー・ロビンソン、ニック・ジャンズ、ヴィック・ウォーカー

原注

第1章

黒いオオカミと犬をつなぐ遺伝子マーカーについてさらに詳しくは、以下を参照。"Molecular and Evolutionary History of Melanism in North American Gray Wolves," Tovi M. Anderson and others, *Science*, vol.323（March 6, 2009）

気まぐれなオオカミOR-7と彼の放浪（2013年秋の時点で、彼はまだ健在だ）については、インターネットで「OR-7」と検索すると、追跡マップなどの資料が見つかる。カリフォルニア州魚類野生生物局のホームページ（http://www.dfg.ca.gov/wildlife/nongame/wolf/）にも、OR-7の詳しい情報が掲載されている。そのほか、OR-7のフェイスブックページもある。

アレクサンダー諸島オオカミについてさらに詳しくは、http://www.adfg.alaska.gov/index.cfm?adfg=wolf.aawolf と、http://akwildlife.org/wp-content/uploads/2013/02/Alexander_Archipelago_wolves_final.pdf を参照。

ジョン・T・コールマンの *Vicious: Wolves and Men in America*（Yale Press 2004）は、北米でのオオカミ撲滅計画とその背景を詳しく論じた文献のうちの1冊。本書でも紹介した、ジョン・ジェームズ・オーデュボンが落とし穴でオオカミを捕らえたばかりの農夫と遭遇した話を詳しく論じている。

メリウェザー・ルイスとウィリアム・クラークがオオカミと遭遇したときの描写については、http://www.mnh.si.edu/lewisandclark/index.html?loc=/lewisandclark/journal.cfm?id=984を参照。

イエローストーン国立公園へのオオカミの再導入については、ウィリアム・J・リップルとロバート・L・ベスチャの以下の優れた記事がある。"Trophic Cascades in Yellowstone: The First 15 Years After Wolf Reintroduction," http://fes.forestry.oregonstate.edu/sites/fes.forestry.oregonstate.edu/files/PDFs/Beschta/Ripple_Beschta2012BioCon.pdf

アラスカのオオカミの生息数についての数字は、外挿法——調査結果に基づく推定値——に基づいている。これほど広大な土地に生息するオオカミを実際に数えるのは、ほぼ不可能なためだ。しかし、推定値の上下の差（５０００頭）が大きすぎるので、どの科学的基準から見ても不確実性が高く、管理上の大きな疑問が生じる。

第2章

黒オオカミがジュノーに現れた当初の様子については、"Black Wolf Near Glacier Brings Locals Delight — and Some Concern," *Juneau Empire*, January 11, 2004, http://juneauempire.com/stories/011104/loc_wolf.shtml を参照。

オオカミの遊びについてさらに詳しくは、次の文献を参照。*Wolves: Behavior, Ecology, and Conservation*, edited by L. David Mech and Luigi Boitani（University of Chicago Press 2007）

オンラインマガジン *Science Nordic* の２０１２年6月13日付の記事は、ヨーロッパで実施された重要な遺伝子研究の結果をわかりやすく説明している。35の犬種のＤＮＡを調べたその研究では、犬は約3万～1万５０００年前にかけて、独立した多くの地域でオオカミから進化したと結論づけられた。http://sciencenordic.com/dna-reveals-new-picture-dog-origins

第3章

イヌピアックの友人ネルソン・グライストとは1979年に知り合ったが、彼は2012年に90歳で他界した。かつて彼は、くつろいだ様子の友好的なオオカミの群れのそばで数日間、僕が1人でキャンプをしたことを知り、「奴らは君を餌にしようとするかもしれない。そんなことがないとは言い切れないんだ」と警告した。

オオカミの縄張りの大きさや境界線などに関する研究の要約は、次の文献を参照。*Wolves: Behavior, Ecology, and Conservation*, edited by L. David Mech and Luigi Boitani（University of Chicago Press 2007）. 同書176〜181ページには、オオカミの群れ同士の抗争に関する研究がわかりやすくまとめられている。

ゴードン・ハーバー、デイヴィッド・ミーチ、ヴァン・ボーレンベルグ、その他多くの研究者が、オオカミの分布について研究してきた。それがオオカミの保護と管理の鍵となるからだ。ハーバーは、駆除することで、自然のままで放置するよりも速いペースでオオカミの個体数を増加させることができるかもしれないと主張する。生き残ったオオカミにとって、そのぶん制約が少ない環境下での自由な繁殖が可能になるからだ。

ニコス・グリーンらは、オオカミが群れの仲間からの離脱を表明するために遠吠えをすることを確認した。ほかのオオカミとの関係が近いほど、遠吠えが増えるという。詳しくは"Wolf Howling Is Mediated by Relationship Quality Rather Than Underlying Emotional Stress"（*Current Biology*, vol.23, issue 17, 2003）を参照。

第4章

著者によるインタビュー：ピート・グリフィン、ハリー・ロビンソン、ゴードン・ハーバー、ドワイト・アーノルド、ジョセフ・アレイ・シニア、ネルソン・グライスト・シニア、クラレンス・ウッド。

ゴードン・ハーバーが*Among Wolves*（推薦図書リスト参照）でまとめた研究は、オオカミのファミリー集団の社会的結束と交流についてとくに詳しい。

デナリ国立公園内のオオカミの死亡率についてのレイン・アダムスとデイヴィッド・ミーチの研究については、以下を参照。http://www.nps.gov/dena/naturescience/upload/wolfmonitoring2011-2.pdf（訳注：２０１５年３月現在アクセス不可）

同じくオオカミの死亡率については以下も参照。*Wolves: Behavior, Ecology, and Conservation*, edited by L. David Mech and Luigi Boitani（University of Chicago Press 2007）

飼育下のオオカミと犬の学習パターンを比較した研究は、ヴァージニア・モレルの *Animal Wise*（推薦図書リスト参照）にわかりやすくまとめられている。アダム・ミクロシらの以下の記事も参照。"A Simple Reason for a Big Difference: Wolves Do Not Look Back at Humans, but Dogs Do,"（*Current Biology*, vol.13, issue 9, 2003）,http://www.sciencedirect.com/science/article/pii/S096098220300263X

第5章

著者によるインタビュー：ダン・サドロスク、レム・バトラー、ジュディス・クーパー、ジョエル・ベネット、ザック・ヒューゴ。

最近のテレビや映画では、多くの場合、オオカミは人間を食い殺す野獣として扱われているように感じる。また、テレビＣＭにも数多くのオオカミが登場する。商品は、つなぎの作業服（頑丈なパンツに攻撃的なオオカミが噛みつくが、引きちぎることができない）からデオドラント製品（「肉のシャツ」を着た男性が飢えたオオカミたちに追いかけられる）まで、多岐に及ぶ。

インド、アフガニスタン、その他のアジア諸国の辺境地域でオオカミが人を襲ったという記録のほとんどは、信頼性に欠ける。その多くは明らかに反オオカミの立場をとるウェブを経由した情報なので、裏づけをとるのは不可能だ。誇張されたものやでっち上げも、間違いなく含まれている。しかし、過去数百年の間に寄せられたおびただしい数の報告の中には、正確な情報も一部含まれている可能性がある。だとすれば、実際に犠牲になった者の多くは貧しい遊牧民の子どもたちだったに違いない。また、インドでは20世紀に、ある州でオオカミの人間への攻撃が相次いだそうだが、その詳細を記した文献は、インドの全国紙『ヒンドゥー』がオンライン版に書評を掲載しているので信頼ができそうだ（http://hindu.com/2001/05/08/stories/1308017f.htm）。

スタンリー・P・ヤングの１９４４年刊行の著書 *The Wolves of North America*, part1 and 2（Dover Publications）からは、オオカミに関する１９００年以前の伝承や人々の態度、調査、知識がどのようなものだったかを垣間見ることができる。ヤング自身も数年間、アメリカ農務省で捕食動物と害獣の管理の仕事を担当していた。その彼でさえ、北米でオオカミが人間に致命的な怪我を負わせたという確実な証拠は得られなかったという事実が、すべてを物語っている。

アラスカ州漁業狩猟局の生物学者マーク・マクネイが、42ページの調査報告書をしたためている。*A Case History of Wolf-Human Encounters in Alaska and Canada*（Alaska Department of Fish and Game Wildlife Technical Bulletin 13, 2002）, http://www.adfg.alaska.gov/static/home/library/pdfs/wildlife/research_pdfs/techb13p3.pdf

キャンディス・バーナーの死亡事件についてのアラスカ州漁業狩猟局の報告書 "Findings Related to the March 2010 Fatal Wolf Attack Near Chignik Lake, Alaska" は、以下よりアクセスできる。www.adfg.alaska.gov/static/home/news/pdfs/wolfattackfatality.pdf

ケントン・カーネギーの死亡事件は、バーナーの事件と同じくメディアで大きな関心を集めた。その論調の多くは反オオカミの立場に傾いていた。公式報告書は、カルガリー大学のポール・パケット博士とサスカチュワン大学のアーネスト・G・ウォーカー博士が２００８年8月8日に発表（*Review of Investigative Findings Relating to the Death of Kenton Carnegie at Points North, Saskatchewan*）したが、入手は困難である。

カーネギーの死とその後の捜査についての「ウィキペディア」の記事は徹底的に調べ上げられた詳細なもので、信頼できる筋の証言の引用も多く、これまでのところ、この件に関して最も総合的で優れた情報源と言える（http://en.wikipedia.org/wiki/Kenton_Joel_Carnegie_wolf_attack）。

非営利団体の「Wolf Song of Alaska（アラスカのオオカミの歌）」（推薦図書リスト参照）は、オオカミと人間の対立に関する2001年から2011年までの記事のアーカイブを提供している。同団体のウェブサイト（http://www.wolfsongalaska.org/）にアクセスし、右下の「Browse Our Archives」のボタンをクリック。

第6章

著者によるインタビュー：ハリー・ロビンソン、ジョン・ハイド、ニール・バーテン、クラレンス・ウッドとネルソン・グライストをはじめとするイヌピアックの友人、ロバート・アームストロング（アラスカ州漁業狩猟局の元生物学者）。

野生のオオカミの寿命についての推定値には幅があり、また生息地の環境にも左右される。ある地域では当てはまることも、別の地域では当てはまらない場合もあるのだ。ほとんどのデータは無線とＧＰＳ機能付きの首輪をつけたオオカミから集められたものだ。レイン・アダムスとデイヴィッド・ミーチが3年にわたりデナリ国立公園で追跡調査を行った結果得られた数字は驚くべきものだった。http://www.nps.gov/dena/naturescience/upload/wolfmonitoring2011-2.pdf

（訳注：2015年3月現在アクセス不可）

アドルフ・ムリー、ヴァン・ボーレンベルグ、デイヴィッド・ミーチは、オオカミが用いる狩りの戦略と戦術について集中的な調査を実施した。このテーマの研究をまとめた文献としては、やはりミーチとルイージ・ボイターニ編著、*Wolves: Behavior, Ecology, and Conservation*, edited by L. David Mech and Luigi Boitani（University of Chicago Press 2007）が欠かせない。とくに119～125ページを参照。また、ゴードン・ハーバーは狩りのパターンについても記録し、オオカミの熱心な食糧あさりや小動物狩りについて論じている（*Among Wolves*, pp.119～145。推薦図書リスト参照）。

レイン・アダムスらは、アラスカ内陸部に生息するオオカミが相当量のサケを食べている可能性があると指摘した。
http://www.esajournals.org/doi/abs/10.1890/08-1437.1

デイヴ・パーソンらは、オオカミが海岸部でも内陸部でも相当な量の魚を食べていることを発見した。http://www.adfg.alaska.gov/index.cfm?adfg=wildlifenews.view_article&articles_id=86

レム・バトラーらは、海岸部のオオカミが海産物をよく食べていると報告している。http://www.wildlifebiology.com/Volumes/2010+-+Volume+16/2/814/En/

第7章

著者によるインタビュー：アニタ・マーティン、ジョエル・ベネット、ハリー・ロビンソン、ピート・グリフィン。

ティモシー・トレッドウェルのエピソードについては、拙著 *The Grizzly Maze*（Dutton 2005）を参照（ヴェルナー・ヘルツォークのドキュメンタリー映画『グリズリーマン』とは視点が大きく異なる）。

第8章

著者によるインタビュー：ニール・バーテン、マット・ロブス、ハリー・ロビンソン、ジョエル・ベネット、ヴィック・ヴァン・ボーレンベルグ、エリーズ・オーガストソン（ロミオと日常的に接触していた地元住民）。

リック・ヒュートソンが、ビーグル犬が消えたときの様子について『ジュノー・エンパイア』紙に語った内容については以下を参照。"Lake Wolf Apparently Kills Beagle," http://juneauempire.com/stories/032005/loc_20050320004.shtml

ヒュートソンの母親が『ジュノー・エンパイア』紙に送った抗議の投書については、以下を参照。"Safety More Important Than Wolf," http://juneauempire.com/stories/032705/let_20050327018.shtml

第9章

著者によるインタビュー：ハリー・ロビンソン、ジョエル・ベネット、ジョン・ハイド。

デイヴ・パーソンらの調査は、道路に近い地域に生息するオオカミが人間の狩猟や罠猟の標的になりやすいことを明らかにした。http://onlinelibrary.wiley.com/doi/10.2193/2007-520/abstract

第10章

著者によるインタビュー：ハリー・ロビンソン、ジョン・ハイド、キム・ターリー。

アラスカにおけるオオカミ駆除計画は、アメリカの野生生物管理計画の歴史の中でもとくに激しい論争を引き起こし、著名な生物学者がまっぷたつに分かれて意見を戦わせている。

アラスカ州漁業狩猟局の２００７年の報告書は、駆除を支持する側の意見を代表している。http://www.adfg.alaska.gov/static/home/about/management/wildlifemanagement/intensivemanagement/pdfs/predator_management.pdf（訳注：２０１５年3月現在アクセス不可）。一方、野生動物保護団体「ディフェンダーズ・オブ・ワイルドライフ」は、科学的根拠に基づく強固な反対意見を表明している（表紙の写真はわが家の裏口から数十メートルのところにいるロミオを撮ったものだ）。http://www.defenders.org/sites/default/files/publications/alaskas_predator_control_programs.pdf

１９９７年、当時のトニー・ノウルズ知事の求めにより、アラスカの捕食動物駆除計画に関する中立的立場からの分析が、米国学術研究会議のブルーリボンパネルによって実施された。http://www.nap.edu/openbook.php?record_id=5791

２００８年、アラスカ州上院議員のキム・エルトンは、アラスカ担当特別内務次官に任命され、バラク・オバマ大統領にロミオの写真を贈った。その写真は現在、ホワイトハウスの壁にかかっているらしい。

ユーチューブで「Man and crocodile best friends（人とワニ、親友）」で検索すると、海水ワニのポチョと漁師チトー・シェッデンの関係性がわかる一連の動画を見ることができる。その中には2011年のポチョの葬儀の動画もある。いくつかの動画に書き込まれた冷笑的、批判的なコメントもまた興味深い。同じくユーチューブで「Christian the lion（ライオンのクリスチャン）」と「JoJo the dolphin（イルカのジョジョ）」で検索すると、異種動物間の友情物語の動画を見ることができる。

キム・ターリーの妻バーバラは転落事故の影響が遅れて表れ、ロミオと並走した数週間後に突然亡くなった。ロミオを知る人間が、こうして1人また1人と消えていく。

第11章

著者によるインタビュー：ピート・グリフィン、ハリー・ロビンソン、ジョン・ハイド、ライアン・スコット、リン・スクーラー、ネネ・ウルフ、デニーズ・チェイス、スティーヴ・クロスチェル。

アラスカ州漁業狩猟局による信号弾の発砲措置に対するアニタ・マーティンの『ジュノー・エンパイア』紙への怒りの投書は2007年2月14日付の紙面に掲載された。"One Solution to the Wolf Problem: Bean the Lamebrains," http://juneauempire.com/stories/040407/sta_20070404009.shtml

第12章

著者によるインタビュー：デニーズ・チェイス、ライアン・スコット、ニール・バーテン、ダグ・ラーセン、ヴィック・ヴァン・ボーレンベルグ、キム・ターリー、ヴィック・ウォーカー、面識のないエスキモーの女性。

２００８年２月14日付の『ジュノー・エンパイア』紙に掲載された「フレンズ・オブ・ロミオ」に関する記事。"Juneau and the Wolf," http://juneauempire.com/stories/021408/loc_246928335.shtml

第13章

著者によるインタビュー：ハリー・ロビンソン、ヴィック・ウォーカー、マイケル・ローマン、ジンジャー・ベイカー（パーク・マイヤーズのボウリング仲間）、クリス・フラリー、ジョン・ステットソン、サム・フリバーグ、クリス・ハンセン、アーロン・フレンゼル、ハリエット・ミルクス（弁護士）、ジョエル・ベネット、交通誘導員として働いていた匿名のトリンギットの女性。

ジュノー地方裁判所への宣誓証人：ナンシー・マイヤーホッファー、マイケル・ローマン、ダグラス・ボサージとメアリー・ウィリアムズ。

警察の刑事告訴状と動機に関する宣誓供述書、訴訟番号 CR-271-99（ペンシルバニア州ランカスター郡、１９９９年12月21日）と、パーク・マイヤーズの判決記録。

『ジュノー・エンパイア』紙の２０１０年１月22日付の記事。"Where Art Thou, Romeo?" http://juneauempire.com/stories/012210/loc_553296141.shtml. 行方不明のロミオについて、ハリーやジョン・ハイドに意見を求め、ロミオのジュノーでの数年を振り返る。

『ジュノー・エンパイア』紙の２０１０年５月25日付の記事。"Man Arrested for Killing Black Wolf," http://search.juneauempire.com/fast-elements.php?querystring=Man%20arrested%20for%20killing%20black%20wolf&profile=juneau&type=standard. ジェフ・ピーコックとマイヤーズの逮捕の一報。

『ジュノー・エンパイア』紙の２０１０年５月26日付の記事。"Was It Romeo?" http://juneauempire.com/stories/025610/

loc_64479786.shtml. マイヤーズがロミオ殺害を否定し、殺したのは灰色のオオカミと主張した件など。

ジュノー地方裁判所の公開記録。証拠写真、告訴書類、裁判記録「アラスカ州対パーク・マイヤーズ３世」（訴訟番号1JU-10-651CR、２０１０年11月３日）を含む。

ジュノーの「スピリットベア」を殺したというピーコックの主張に関して。ピーコックがそう主張した当時、たしかにそれまでアマルガ港周辺地域に出没していたスピリットベアが姿を見せなくなったが、写真を見ると、彼が殺したクマがその個体でなかったことは明らかだ。

第14章

著者によるインタビュー：ハリー・ロビンソン、マイケル・ローマン、ジョエル・ベネット、ジェフリー・ソーヤー（弁護士）、ハリエット・ミルクス（弁護士）、スーパーマーケットの匿名のレジ係、タイヤがパンクした匿名の女性、シンディ・バーチフィールド（アラスカン・ブリューイングの社員）、ジョン・ステットソン、ジョエル・ベネット、ティナ・ブラウン（アラスカ野生生物協会会長）、アレックス・サイモン（アラスカ大学サウスイースト校社会学部元教授）。

ジュノー地方裁判所の公開記録。証拠写真、告訴書類、裁判記録「アラスカ州対パーク・マイヤーズ３世」（訴訟番号1JU-10-651CR、２０１０年11月３日）を含む。

以下は『ジュノー・エンパイア』紙のこの時期の記事へのリンク。この事件がジュノーにとってどれほど重要だったかを知ることができるだろう。やはり、多くの記事に続く匿名のコメントは、記事そのものと同じくらい多くを物語っている。

"Romeo Trial Delayed," September 21, 2010, http://juneauempire.com/stories/092110/loc_710505630.shtml

"Myers' Court Appearance Set for Nov.2," October 14, 2010, http://juneauempire.com/stories/101410/reg_720410479.shtml

"Guilty Plea Expected Today in Myers Hunting Violations," November 1, 2010, http://juneauempire.com/stories/110110/loc_729241648.shtml

"Hunter's Plea Hearing Moved to Wednesday," November 2, 2010, http://juneauempire.com/stories/110210/loc_729751503.shtml

"Juneau Man Receives Suspended Sentence for Hunting Violation," November 4, 2010, http://juneauempire.com/stories/110410/loc_730859127.shtml

"Helping Juneau Move On by Honoring Romeo," November 7, 2010, http://juneauempire.com/stories/110710/opi_732535770.shtml

"Spirit of Romeo Rises over Old Roaming Grounds," November 21, 2010, http://juneauempire.com/stories/112110/loc_739556163.shtml

"Second 'Romeo' Assailant Sentenced for Game Violations," January 6, 2011, http://juneauempire.com/stories/010511/loc_765565209.shtml

エピローグ

著者によるインタビュー：ハリー・ロビンソン、ジョエル・ベネット、ヴィック・ウォーカー、ロン・マーヴィン、ローリー・クレイグ（メンデンホール氷河ビジターセンター）。

ジュノー地方裁判所の公開記録。証拠写真、告訴書類、裁判記録「アラスカ州対パーク・マイヤーズ3世」（訴訟番号1JU-10-651CR）を含む。

『ジュノー・エンパイア』紙では、以下のように再びマイヤーズが法廷に戻ったことを集中的に論じていた。

"White Wolf Encounter," March 19, 2010, http://juneauempire.com/stories/031910/out_592882717.shtml

"Wolf Country," May 28, 2010, http://juneauempire.com/stories/052810/out_645917431.shtml

"My Turn: It's Not About the Wolf," January 6, 2011, http://juneauempire.com/stories/010611/opi_765993847.shtml

"Probation May Be Revoked for Man in 'Romeo' Case," January 23, 2011, http://juneauempire.com/stories/012311/loc_774966703.shtml

"Wolf Killer Back in Court as Judge Weighs Facts of Legal Filing, Previous Criminal History," April 5, 2011, http://juneauempire.com/local/2011-04-05/wolf-killer-back-court-judge-weighs-facts-legal-filing-previous-criminal-history#.UkSsP4YWJRo. この記事（とオオカミに関するそのほかの記事）へのコメントはとくに興味深い。

"Myers Sentenced for Probation Violation," July 17, 2011, http://m.juneauempire.com/local/2011-07-16/myers-sentenced-probation-violation. エンパイア紙の記事としては非常に奇妙なことに、この記事には署名がない。しかも事実を間違って伝えている。なぜマイヤーズが出廷したかについては言及すらせず、明らかにマイヤーズに同情的な内容になっている。

推薦図書

・*Of Wolves and Men*, Barry Lopez, Charles Scribner's Sons, 1978.（邦訳『オオカミと人間』、バリ・ロペスタン・ロペス著、中村妙子・岩原明子訳、草思社、１９８４年）

いくつかの点で情報が古いが（刊行後、オオカミに関連する政治、科学の分野で多くの変化が起きた）、オオカミに関するノンフィクションの中では今も変わらず必読の1冊。研究結果、オオカミに関する伝承、伝説、歴史、哲学、論争を幅広く扱い、知的好奇心をくすぐる。

・*Wolves: Behavior, Ecology, and Conservation*, L. David Mech and Luigi Boitani, editors, University of Chicago Press, 2007.

４４８ページに及ぶオオカミ研究の概要をまとめた書。写真、図解、表なども多く、包括的で読みやすい。現時点での最新の情報源として、強く推奨する。

・*Among Wolves*, Gordon Haber and Marybeth Holleman, University of Alaska Press, 2013.

アラスカのオオカミ研究者ゴードン・ハーバーが調査記録をまとめたもので、彼を知る他の研究者たちも寄稿している。ハーバーは、40年にわたりアラスカのデナリ国立公園内のオオカミを調査・研究してきた。オオカミの群れとそれぞれの個体についての個人の研究としては、これまでで最も長期的かつ詳細な実地調査と言えよう。しかも彼の文章は明快で説得力がある。ハーバーは強硬なオオカミ保護主義者で、自分の発見を学術誌で公式に発表することを拒否し、また気性が激しかったため、論争好きな人物という印象を持たれていた。そんな彼は２００９年、愛するオオカミの調査中に、飛行機事故で亡くなった。

・*The Wolves of Mount McKinley*, Adolph Murie, University of Washington Press, 1985.
生物学者のアドルフ・ムリーが１９３９〜１９４０年にデナリ国立公園で行ったオオカミの研究をまとめたもの。生きいきとした観察記録として、野生のオオカミの行動が詳しく分析されている。

・*The Wolf Almanac: A Celebration of Wolves and Their World*, Robert H. Bush, Lyons Press, 1995, updated 2007.
オオカミに関する概要書。よく調査され、図表も豊富で役立つ。参考文献も幅広く紹介されている。

・*Arctic Wild*, Lois Crisler, Harper and Brothers, 1958.
人工飼育後にアラスカ北極圏に放たれたオオカミの子どもたちとの交流を詳細に描いた観察記録の古典。

・*The Arctic Wolf: Living with the Pack*, L. David Meck, Voyageur Press, 1988.
オオカミ研究者として著名なデイヴィッド・ミーチによる観察記録。美しい写真と見事な文章で、カナダ北極圏で人間に慣れさせた白いオオカミの群れの調査結果を詳細に記している。

・*Romeo: The Story of an Alaskan Wolf*, John Hyde, Bunker Hill Publishing, 2010.
写真家ジョン・ハイドのロミオに関する作品。すばらしいカラー写真だけでなく、ハイドの視点から見たロミオの物語も６０００ワードで語られている。

・*Unlikely Friendships: 47 Remarkable Stories from the Animal Kingdom*, Jennifer S. Holland, Workman Publishing, 2011.（邦訳『びっくりどうぶつフレンドシップ』、ジェニファー・S・ホランド著、畑正憲訳、飛鳥新社、2013年）
異種動物間の友情についての心温まる実話を集めたもので、カラー写真もふんだんに掲載されている。

・*The Emotional Lives of Animals*, Marc Bekoff, New World Library, 2008.（邦訳『動物たちの心の科学』、マーク・ベコフ著、高橋洋訳、青土社、2014年）
生物学者のマーク・ベコフが、動物の感情表現能力や感情的な結びつきを確立する能力――かつては人間だけのものと考えられていた能力――について探っている。

・*Animal Wise: The Thoughts and Emotions of Our Fellow Creatures*, Virginia Morell, Crown, 2013.
著名な科学ライターのヴァージニア・モレルによる、動物の感覚を検証した包括的で示唆に富む1冊。最新の研究結果も参照している。第10章で、オオカミと犬の内面的な働きの類似点と相違点を扱っている。

・*The Last Light Breaking*, Nick Jans, Alaska Northwest Books/Graphic Arts Center, 1993.
アラスカ北極圏を舞台にした本書の著者の私的エッセイ集。イヌピアックとの生活や、本書にも関連するオオカミとの遭遇や狩りについて語られている。

・*A Place Beyond: Finding Home in Arctic Alaska*, Nick Jans, Alaska Northwest Books/Graphic Arts Center, 1996.
北極圏に関する本書の著者の私的エッセイ集の続編。本書でも言及した、オオカミの群れの近くでのキャンプ生活について書いたエッセイ3編も含まれる。

・*Never Cry Wolf*, Farley Mowatt, Atlantic/Little, Brown, 1963.（邦訳『狼が語る：ネバー・クライ・ウルフ』、ファーリー・モウェット著、小林正佳訳、築地書館、２０１４年）

カナダ北極圏での人間とオオカミの交流物語。信憑性については疑問の声も多いが、優れた娯楽作品として読み続けられている。

・アラスカ州イーグルリバーを拠点に活動する非営利団体「Wolf Song of Alaska（アラスカのオオカミの歌）」は、オオカミに関する情報を集めた巨大なオンライン・ライブラリーを構築している。収集対象は、芸術作品や文学からアラスカを含めた世界中のメディアで発表された特集記事や論説記事まで幅広く、反オオカミの立場の素材も含む。強く推奨するとともに、この団体の支援もお願いしたい。２００１～２０１１年のアラスカの記事については、タイトルでアーカイブ検索するといいだろう。http://www.wolfsongalaska.org/

・アラスカ州漁業狩猟局のウェブサイトには、オオカミを含むアラスカの野生動物の研究調査に関するリンクも載っている。http://www.adfg.alaska.gov/index.cfm?adfg=librarypublications.wildliferesearch

【著者】
ニック・ジャンズ(Nick Jans)

ライター、編集者、写真家。30年以上にわたってアラスカに暮らし、その間、オオカミの研究と撮影に取り組んできた。現在、『アラスカ』誌の外部編集者と『USAトゥデー』紙の編集委員会外部委員を務めるほか、『バックパッカー』誌や『クリスチャン・サイエンス・モニター』紙などに寄稿している。著書に *The Grizzly Maze*(グリズリーの迷宮)などがある。ジュノー在住。

【訳者】
田口未和(たぐち・みわ)

北海道生まれ。上智大学外国語学部卒。新聞社勤務を経て翻訳業。主な訳書に、『デジタルフォトグラフィ』(ガイアブックス)、『英国の幽霊伝説』(原書房)、『子どものための世の中を生き抜く50のルール』(PHP研究所)、『ビジネスについてあなたが知っていることはすべて間違っている』(阪急コミュニケーションズ)、『インド 厄介な経済大国』(日経BP社)など。

ロミオと呼ばれたオオカミ

2015年3月31日　初版第1刷発行
2019年7月5日　　第2刷発行

著者　ニック・ジャンズ
訳者　田口未和
発行者　澤井聖一
発行所　株式会社エクスナレッジ
〒106-0032 東京都港区六本木7-2-26
http://www.xknowledge.co.jp/

編集　Tel：03-3403-5898/Fax：03-3403-0582
mail：info@xknowledge.co.jp
販売　Tel：03-3403-1321/Fax：03-3403-1829